ATLAS GEOGRÁFICO MELHORAMENTOS

Editora Melhoramentos

Editora Melhoramentos

Atlas Geográfico Melhoramentos. 4. edição. São Paulo:
Editora Melhoramentos, 2017.

Edição revista e atualizada.
ISBN: 978-85-06-08206-5

1. Atlas. 2. Mapas

13/195 CDD 912

Índices para catálogo sistemático:
1. Atlas – Geografia 912
2. Mapas – Geografia 912

Coordenação editorial:
Diego Rodrigues (Obá Editorial)
Fernando Nuno (Estúdio Sabiá)

Cartografia:
Editora Melhoramentos (mapas do Brasil e dos estados brasileiros)
Sonia Vaz e Maps World (mapas temáticos do mundo e do Brasil)
Oxford Cartographers (mapa-múndi e mapas dos continentes)

Consultoria geográfica:
Professora Nara Raggiotti
Professora Regina Célia Pedro Noffs

Editoração eletrônica:
Patricia Ishihara
Flávia Jaconis
Huda Guimarães
(Obá Editorial)

Revisão:
Débora Tamayose
Leonardo do Carmo
(Obá Editorial)
Ceci Meira

Imagem de capa:
NASA

4.ª edição, 8.ª impressão, agosto de 2025
ISBN: 978-85-06-08206-5

Atendimento ao consumidor:
www.editoramelhoramentos.com.br
sac@melhoramentos.com.br
CNPJ: 03.796.758/0001-76

Impresso no Brasil

Sumário

Mundo
Mundo: mapa político 4-5
Mundo: mapa físico 6-7
América do Norte: mapa físico 8
América do Norte: mapa político 9
América Central: mapa físico 10
América Central: mapa político 11
América do Sul: mapa físico 12
América do Sul: mapa político 13
Europa: mapa físico 14
Europa: mapa político 15
África: mapa físico 16
África: mapa político 17
Ásia: mapa físico 18
Ásia: mapa político 19
Oceania: mapa físico e político 20-21
Ártico e Antártico 22

Mundo: mapas temáticos
Estrutura geológica / Placas tectônicas 23
Relevo submarino / Climas e correntes marítimas 24
Ventos predominantes e locais / Precipitação 25
Temperaturas médias em janeiro / Temperaturas médias em julho 26
Vegetação original / Biomas originais 27
Reservas de água / Desertificação e áreas críticas da biodiversidade 28
Problemas ambientais / Densidade demográfica e grandes cidades 29
Urbanização / Migrações 30
Emissões de carbono / Acesso a água potável 31
Pobreza extrema / Mortalidade infantil 32
Índice de Desenvolvimento Humano 33
Produto Interno Bruto / Produto Interno Bruto *per capita* / Agropecuária e pesca / Recursos minerais 34
Energia renovável / Produção industrial 35
Principais blocos econômicos / Área de litígios e conflitos 36
Armamentos nucleares / Refugiados – principais países de origem e de destino 37

Brasil
Brasil: mapa físico 38-39
Brasil: mapa político 40-41
Região Norte 42-43
Goiás 44
Distrito Federal 45
Mato Grosso e Mato Grosso do Sul 46-47
Maranhão e Piauí 48
Ceará 49
Rio Grande do Norte, Paraíba e Pernambuco 50-51
Alagoas e Sergipe 52
Bahia 53
Minas Gerais 54-55
Rio de Janeiro e Espírito Santo 56-57
São Paulo 58-59
Paraná 60-61
Santa Catarina e Rio Grande do Sul 62-63

Brasil: mapas temáticos
Estrutura geológica / Unidades de relevo / Tipos de clima / Massas de ar 64
Regiões hidrográficas / Vegetação original / Biomas originais / Domínios morfoclimáticos 65
Unidades de conservação da natureza / Terras indígenas 66
Densidade demográfica / Urbanização / Migrações / Estrutura fundiária 67
Índice de Desenvolvimento Humano / Produto Interno Bruto / Produto Interno Bruto *per capita* / Produto Interno Bruto por setor de atividade 68
Atividade agropecuária / Potencial de pesca 69
Recursos minerais / Fontes de energia / Distribuição da indústria / Valor da transformação industrial 70
Corredores de exportação e importação / Portos e hidrovias / Rede rodoviária / Rede ferroviária 71
Principais aeroportos / Fluxo aéreo / Telecomunicações / Saneamento básico 72

Regiões metropolitanas
São Paulo e Rio de Janeiro 73
Belo Horizonte, Porto Alegre, Fortaleza e Salvador 74
Recife, Curitiba, Campinas e Manaus 75
Goiânia, Belém, Grande Vitória e Baixada Santista 76
Natal, Grande São Luís, Maceió, João Pessoa e outras regiões (tabela) 77

Brasil: tabelas
Regiões administrativas – área e população / Estados – área e população / Capitais dos estados – localização, altitude, população e distância rodoviária de Brasília 78
Distribuição das pessoas ocupadas por setor de atividade / Concentração agrária / Taxa de natalidade e esperança de vida / Mortalidade infantil / Escolaridade / Analfabetismo funcional 79

Brasil: gráficos
Regiões hidrográficas / Rios mais extensos / Usos da água / Abastecimento de água e coleta de esgotos urbanos 80
Produção e consumo de energia / Principais reservas minerais / Principais portos (por movimento de carga) / Participação das regiões do Brasil na produção agrícola / Participação das regiões do Brasil na produção pecuária 81
Pirâmides etárias da população / População rural e população urbana / Evolução da população brasileira 82

Países do mundo: bandeiras e dados 83-88
Tabela do Índice de Desenvolvimento Humano (IDH) 88
Brasil: bandeiras e dados 89

Índice de topônimos 90-111

Legenda Geral

População dos Municípios

- Mais de 5.000.000 hab.
- De 1.000.001 a 5.000.000 hab.
- De 500.001 a 1.000.000 hab.
- De 200.001 a 500.000 hab.
- De 50.001 a 200.000 hab.
- De 25.001 a 50.000 hab.
- De 10.001 a 25.000 hab.
- 10.000 hab. ou menos

- Regiões alagadas
- Rios
- Rios intermitentes
- Lagos e açudes
- Lago salgado
- Represas
- Picos
- Cataratas
- Estradas e rodovias
- Ferrovias

Abreviaturas

Abreviatura	Significado
Aç.	Açude
Arq.	Arquipélago
Arr.	Arroio
B.	Baía
Barr.	Barragem
C.	Cabo
Cap.	Capital
Chap.	Chapada
Cord.	Cordilheira
Cox.	Coxilha
Est.	Estado
Estr.	Estreito
G.	Golfo
Gel.	Geleira
I., Is	Ilha, Ilhas
Ig.	Igarapé
L.	Lago
La.	Lagoa
Laj.	Lajeado
Mo.	Morro
Mte, Mtes	Monte, Montes
Pen.	Península
P.	Pico
Plan., Plans.	Planície, Planícies
Plto.	Planalto
Pta.	Ponta
R.	Rio
Rch.	Riacho
Repr.	Represa
Reserv.	Reservatório
Rib.	Ribeirão
S.	São
Sa	Serra
Sta, Sto	Santa, Santo
Vda.	Vereda

Países

Abreviatura	País
Al.	Alemanha
Arg.	Argentina
AS	África do Sul
Aus.	Austrália
Col.	Colômbia
CS	Coreia do Sul
Din.	Dinamarca
Eq.	Equador
Esp.	Espanha
EUA	Estados Unidos
Fr.	França
Índ.	Índia
It.	Itália
Jap.	Japão
Nic.	Nicarágua
NZ.	Nova Zelândia
Méx.	México
PB	Países Baixos
Port.	Portugal
RU	Reino Unido
Rús.	Rússia
Ven.	Venezuela

Mundo: Político

Projeção de Gall modificada © Oxford Cartographers

Mundo: Físico

Projeção de Gall modificada © Oxford Cartographers

América do Norte: Físico

América do Norte: Político

Projeção zenital equidistante © Oxford Cartographers

América Central: Físico

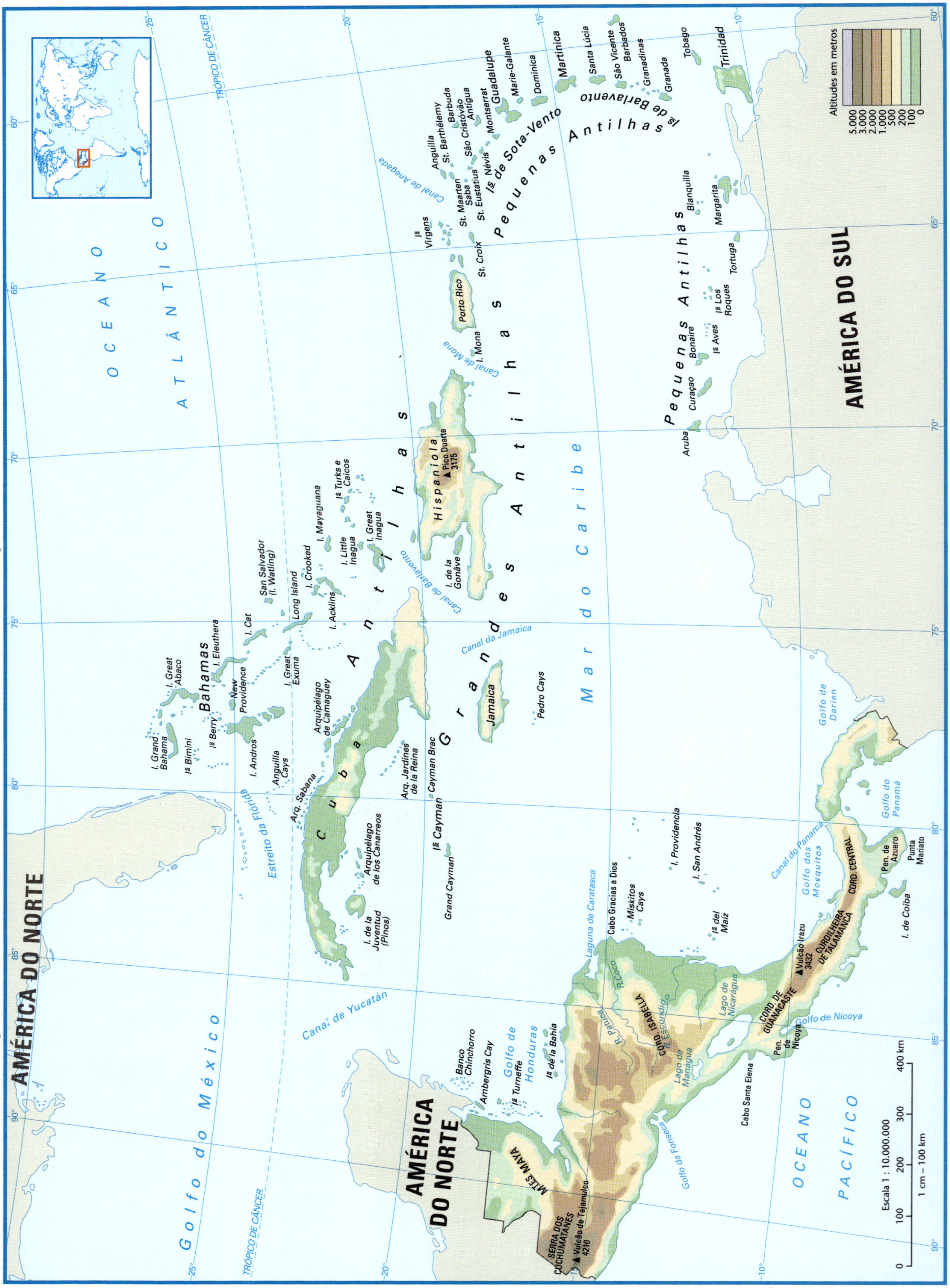

América Central: Político

América do Sul: Físico

Projeção zenital equivalente © Oxford Cartographers

América do Sul: Político

Europa: Físico

A parte europeia da Rússia se encontra no mapa Ásia: Físico, de modo a permitir a visualização completa desse país, tanto em sua porção asiática como na que fica na Europa.

Projeção ortomórfica cônica © Oxford Cartographers

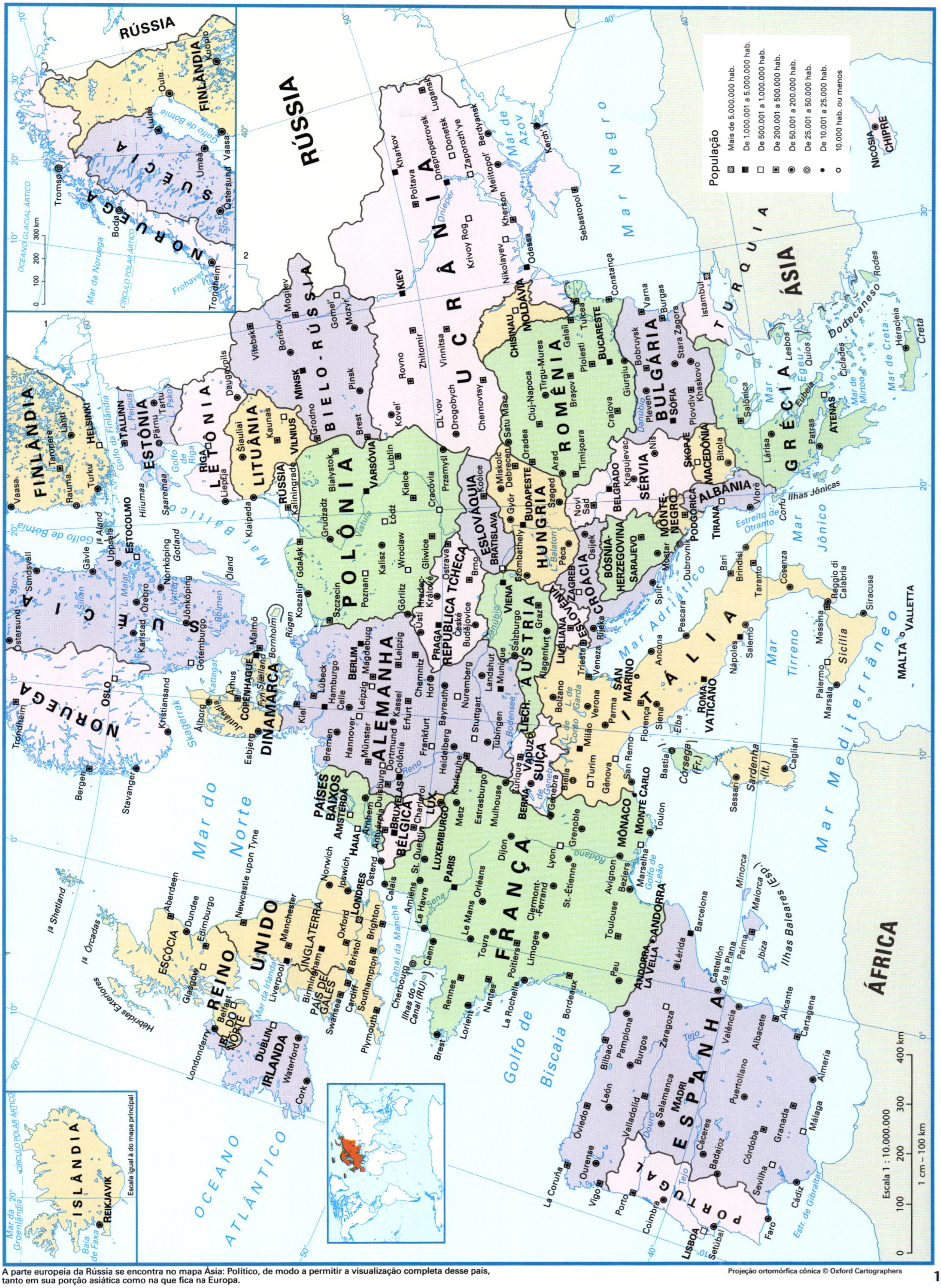

A parte europeia da Rússia se encontra no mapa Ásia: Político, de modo a permitir a visualização completa desse país, tanto em sua porção asiática como na que fica na Europa.

África: Físico

Projeção zenital equivalente © Oxford Cartographers

África: Político

Projeção zenital equivalente © Oxford Cartographers

Ásia: Físico

Para facilitar a visualização total da Rússia, como país que se estende por dois continentes – Europa e Ásia –, seu território é apresentado por inteiro neste mapa.

Projeção de Miller © Oxford Cartographers

Ásia: Político

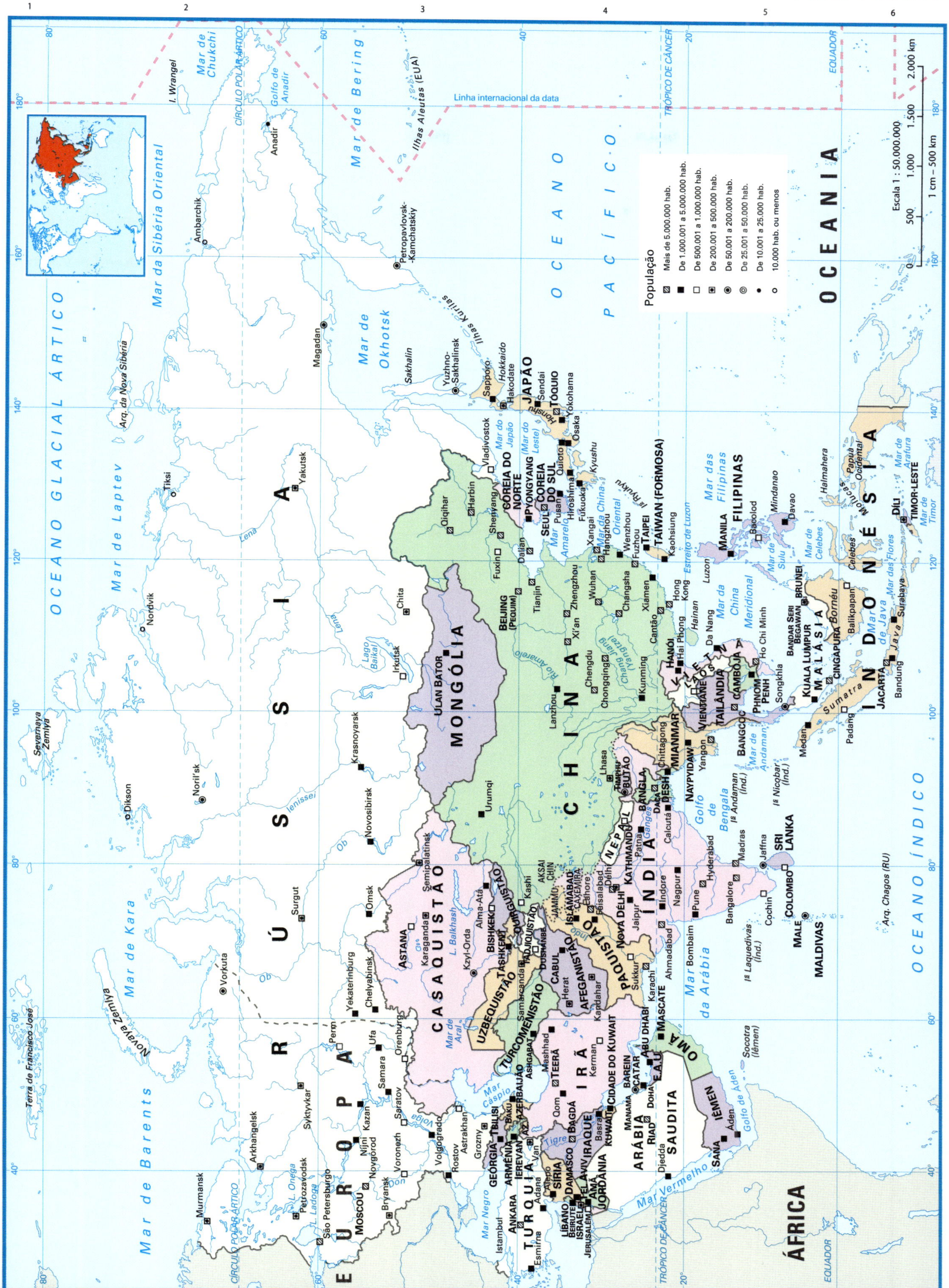

Para facilitar a visualização total da Rússia e da Turquia, como países que se estendem por dois continentes – Europa e Ásia –, seus territórios são apresentados por inteiro neste mapa. A Geórgia, a Armênia e o Azerbaijão podem ser considerados tanto europeus quanto asiáticos. Também estão apenas aqui por motivos de visualização.

Projeção de Miller © Oxford Cartographers

Oceania: Físico e Político

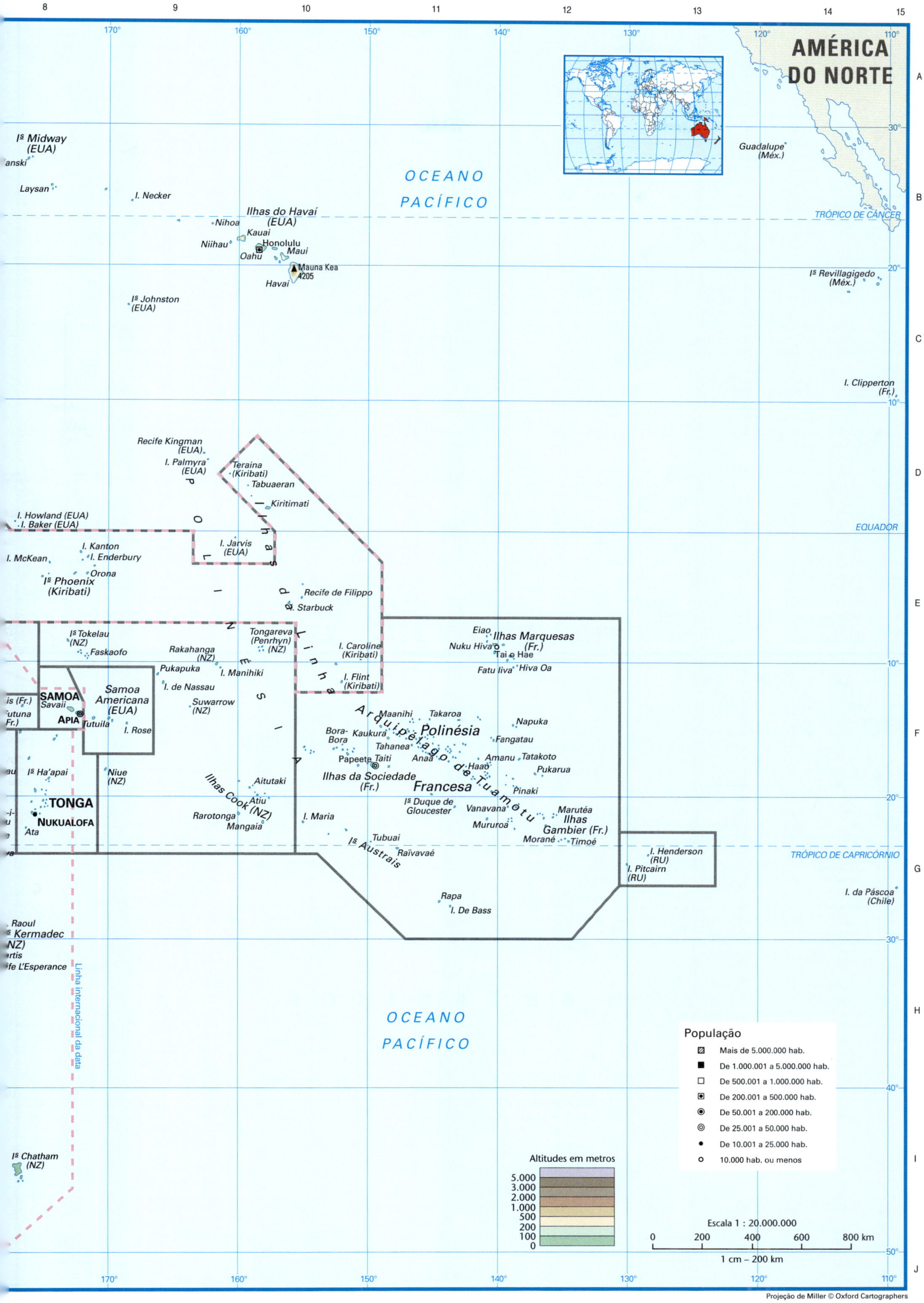

Projeção de Miller © Oxford Cartographers

Ártico e Antártico

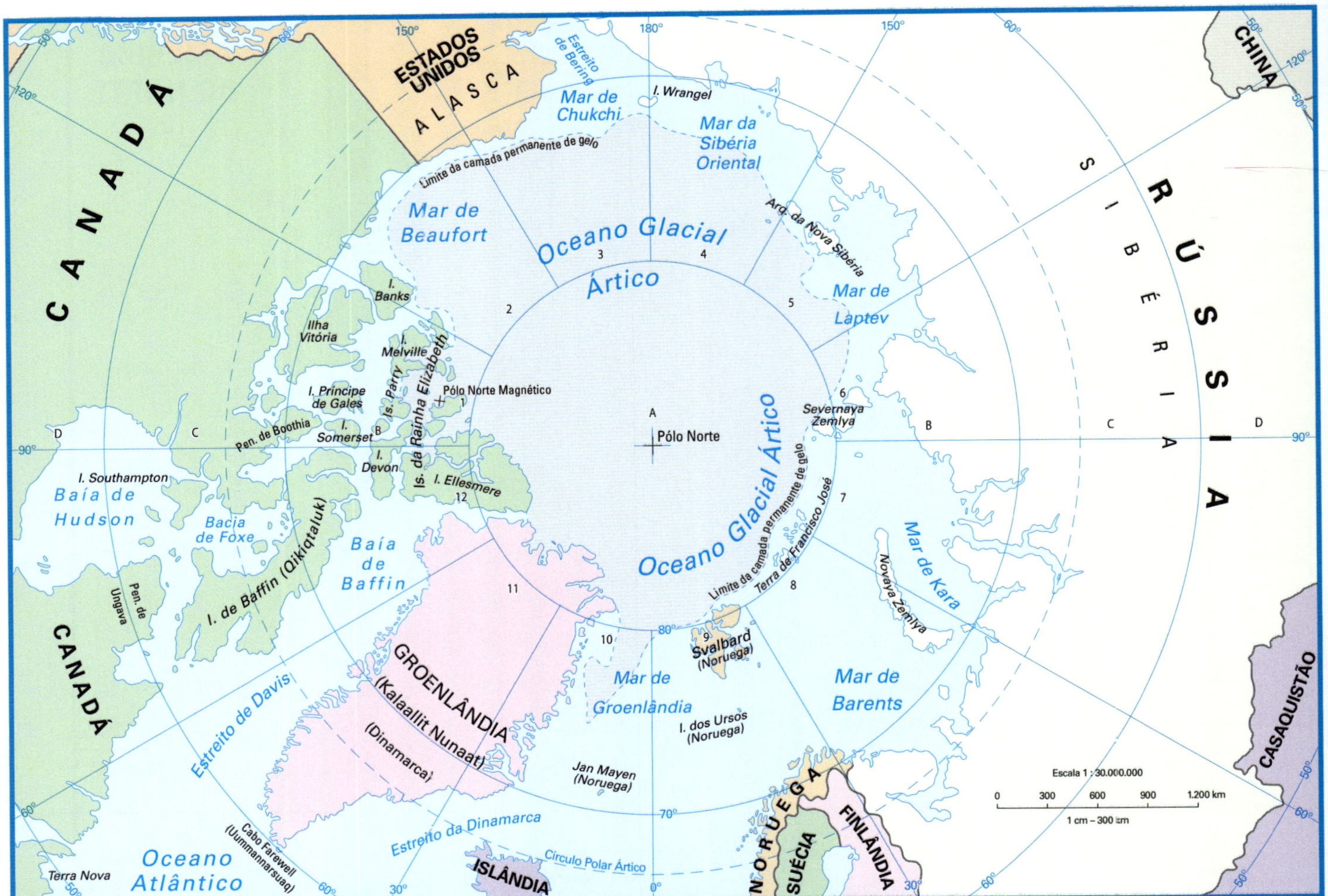

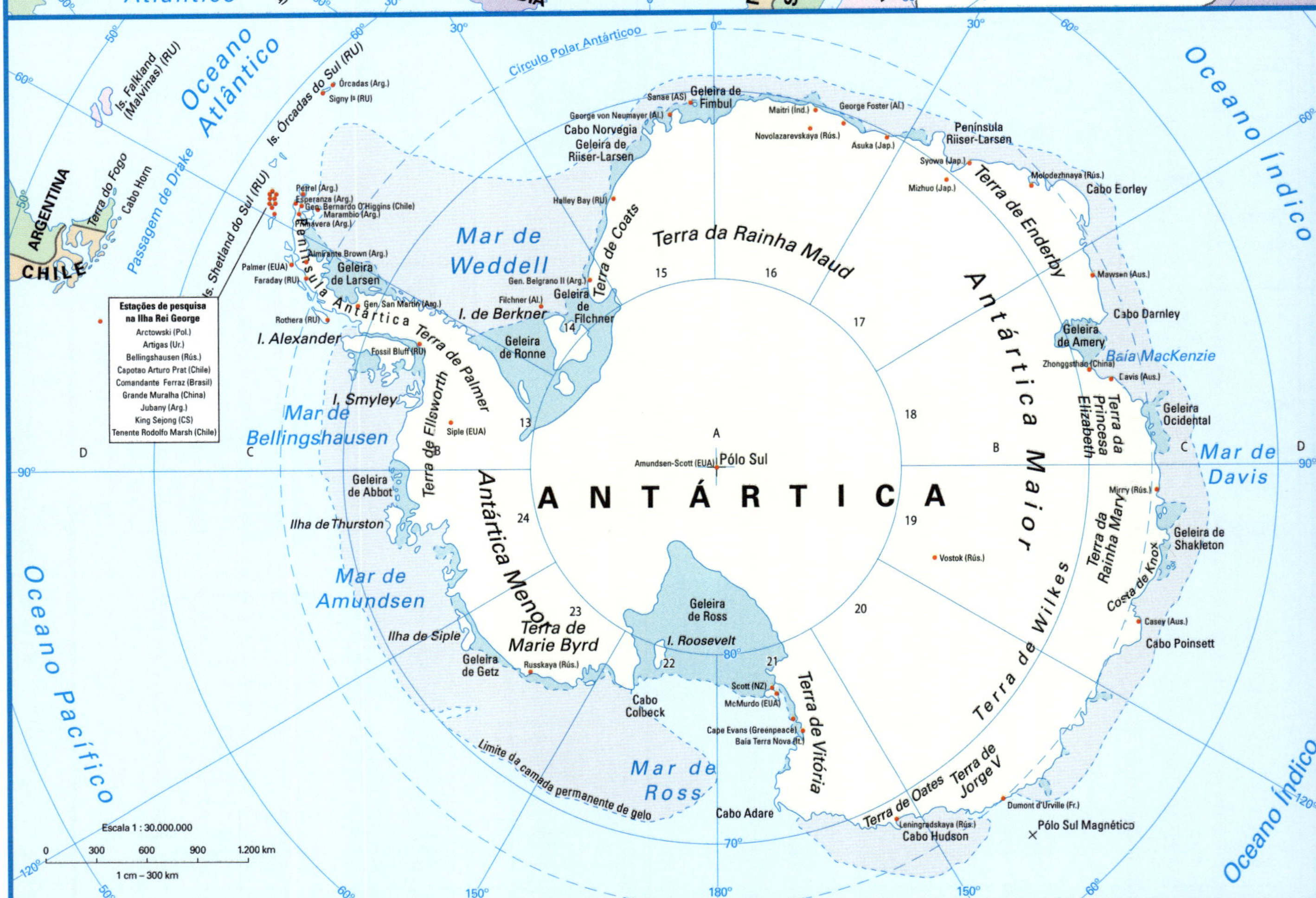

Banquisa — Camada permanente de gelo

Projeção azimutal polar eqüidistante © Oxford Cartographers

Mundo: Mapas Temáticos

Estrutura Geológica

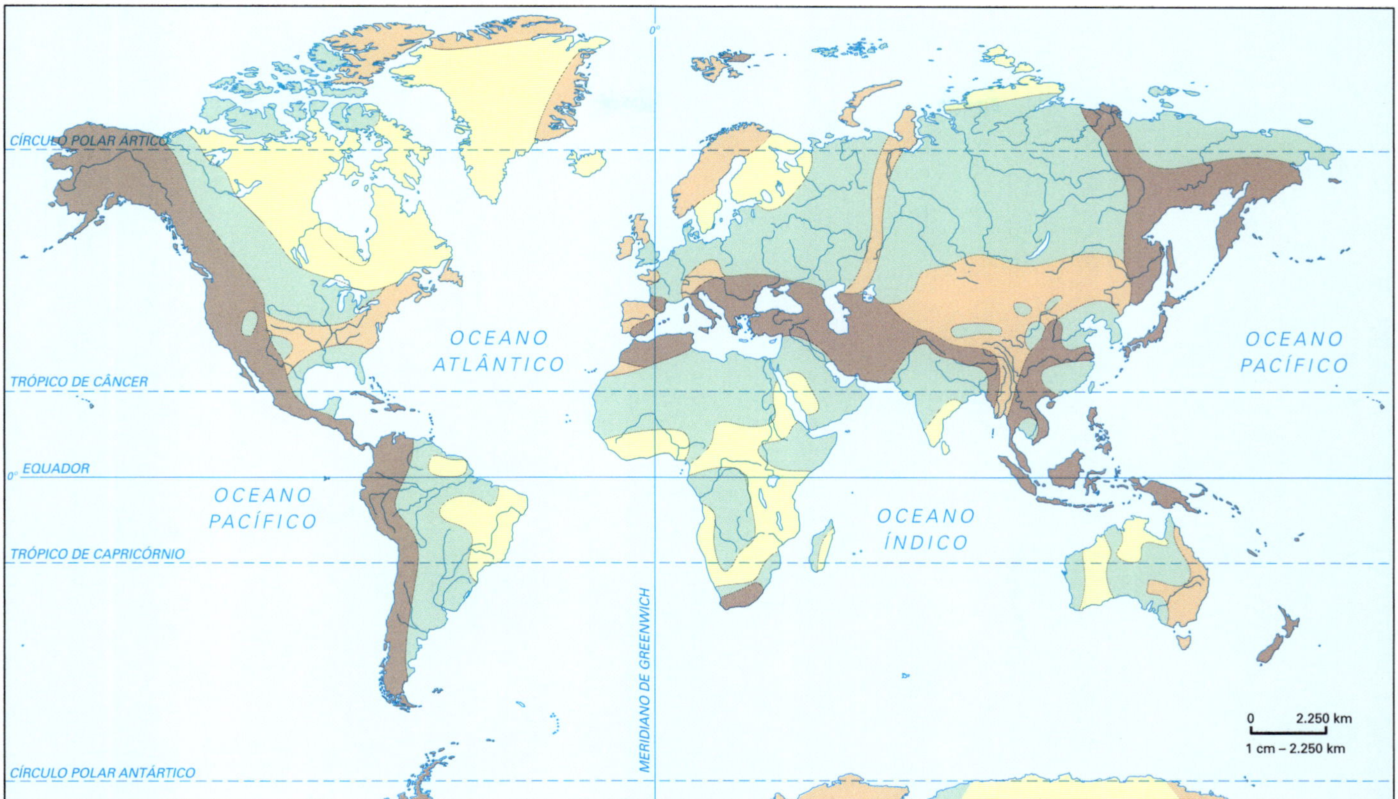

Dobramentos recentes
Dobramentos antigos
Escudos antigos
Bacias sedimentares

Fonte: Melhoramentos, 2017.

Placas Tectônicas

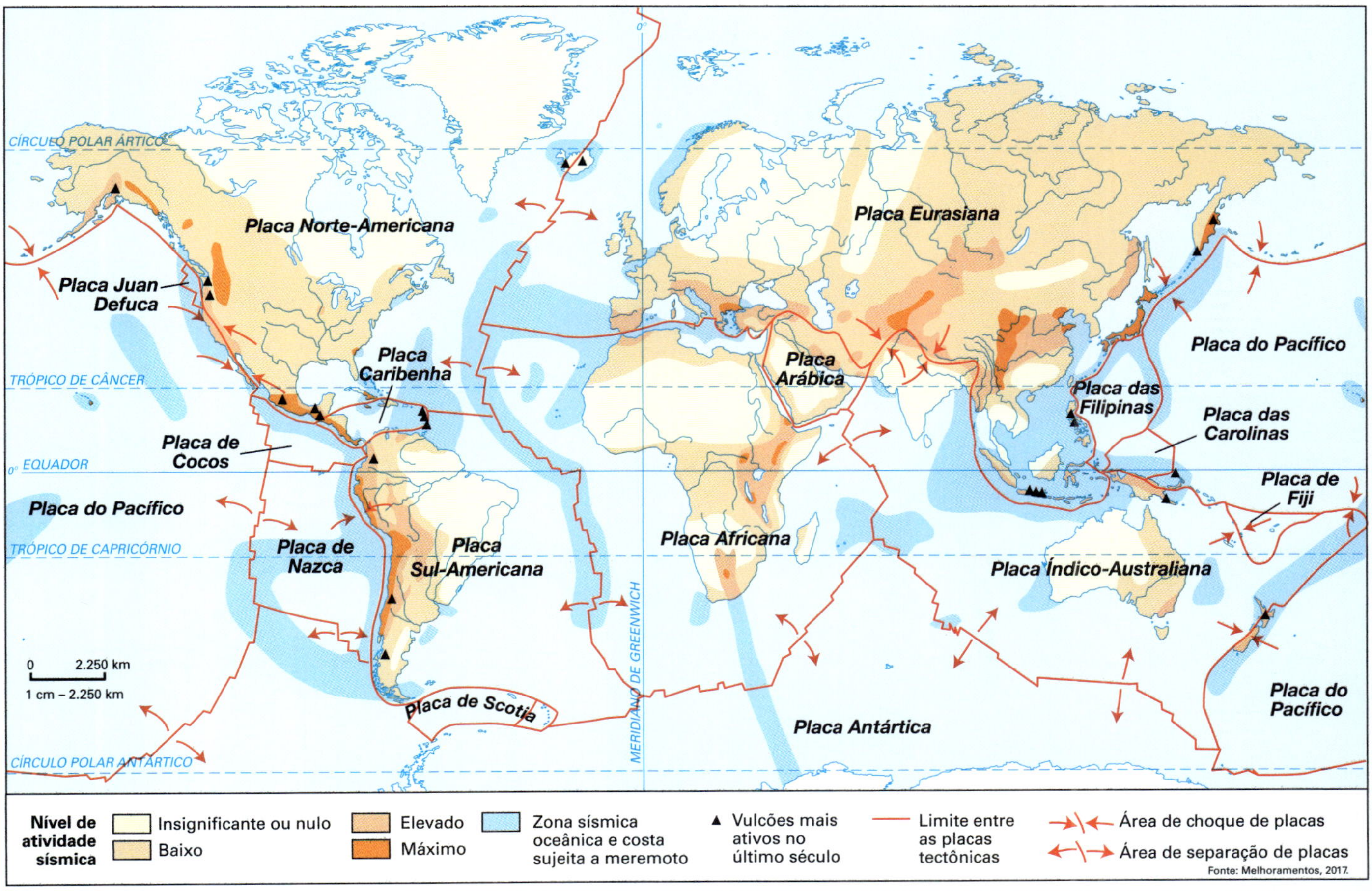

Nível de atividade sísmica: Insignificante ou nulo; Baixo; Elevado; Máximo

Zona sísmica oceânica e costa sujeita a meremoto

▲ Vulcões mais ativos no último século

Limite entre as placas tectônicas

Área de choque de placas

Área de separação de placas

Fonte: Melhoramentos, 2017.

Mundo: Mapas Temáticos

Relevo Submarino

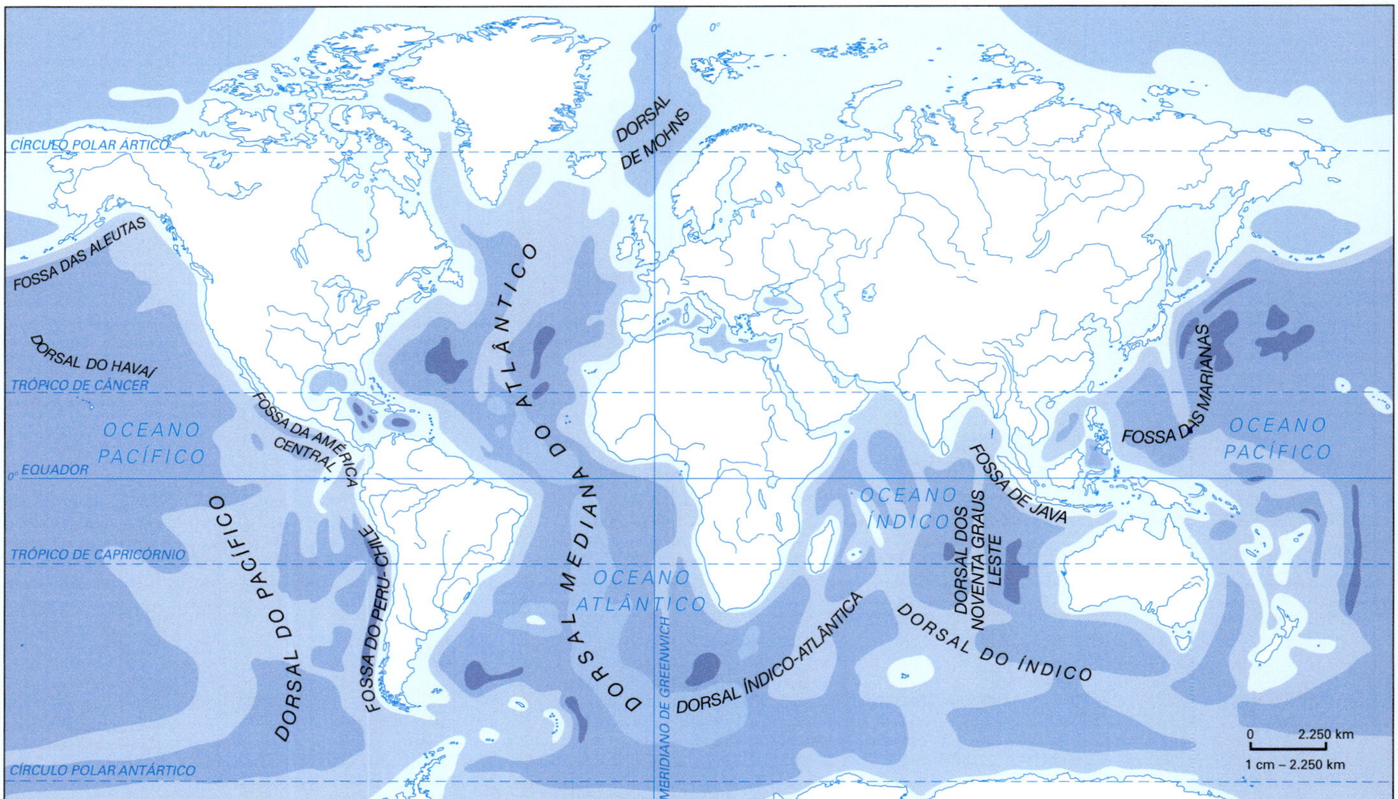

Profundidade oceânica (m)
- Inferior a 2.000
- De 2.000 a 4.000
- De 4.000 a 6.000
- Superior a 6.000

Fonte: Melhoramentos, 2017.

Clima e Correntes Marítimas

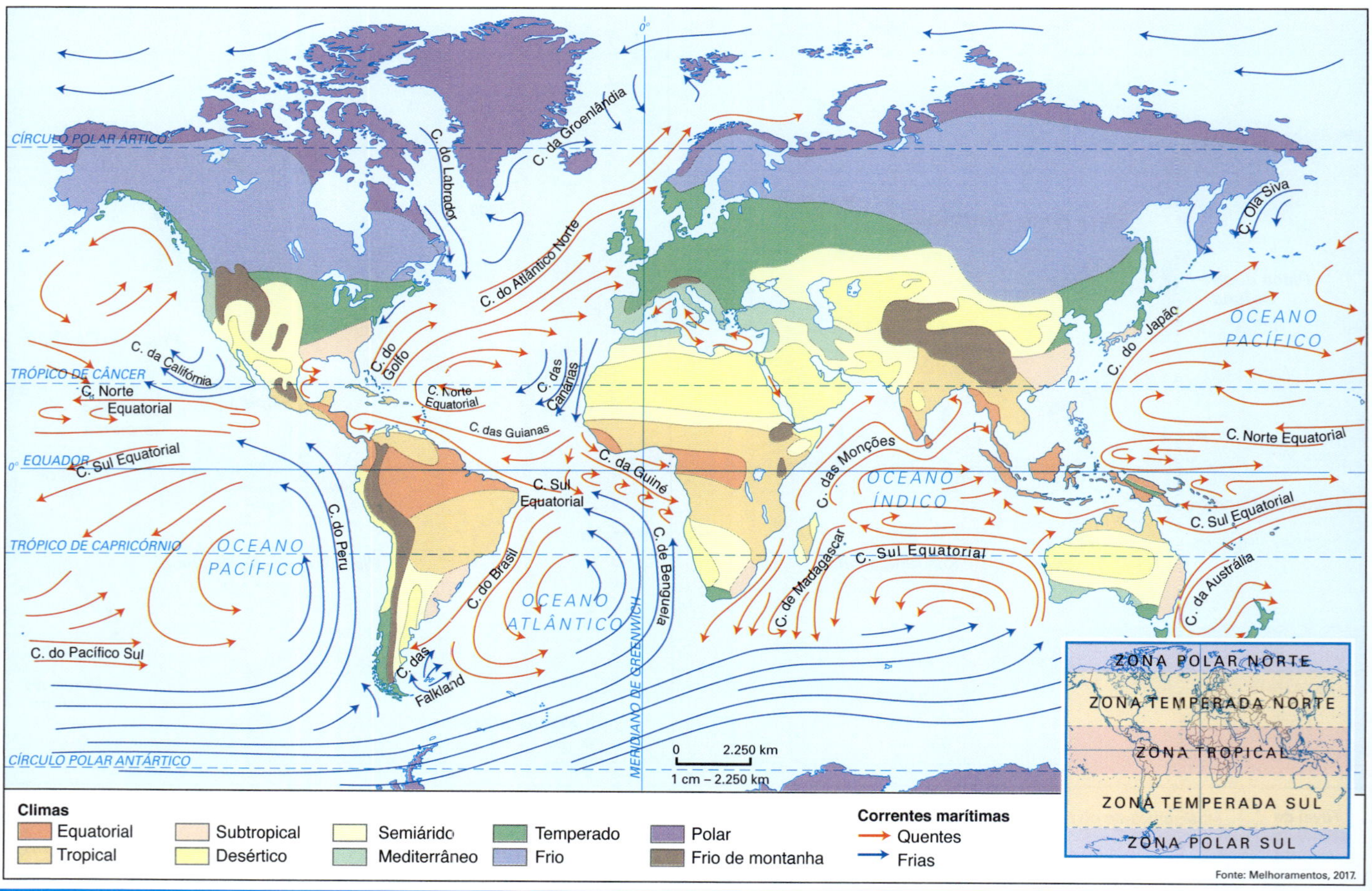

Climas
- Equatorial
- Tropical
- Subtropical
- Desértico
- Semiárido
- Mediterrâneo
- Temperado
- Frio
- Polar
- Frio de montanha

Correntes marítimas
- Quentes
- Frias

Fonte: Melhoramentos, 2017.

Mundo: Mapas Temáticos

Ventos Predominantes e Locais

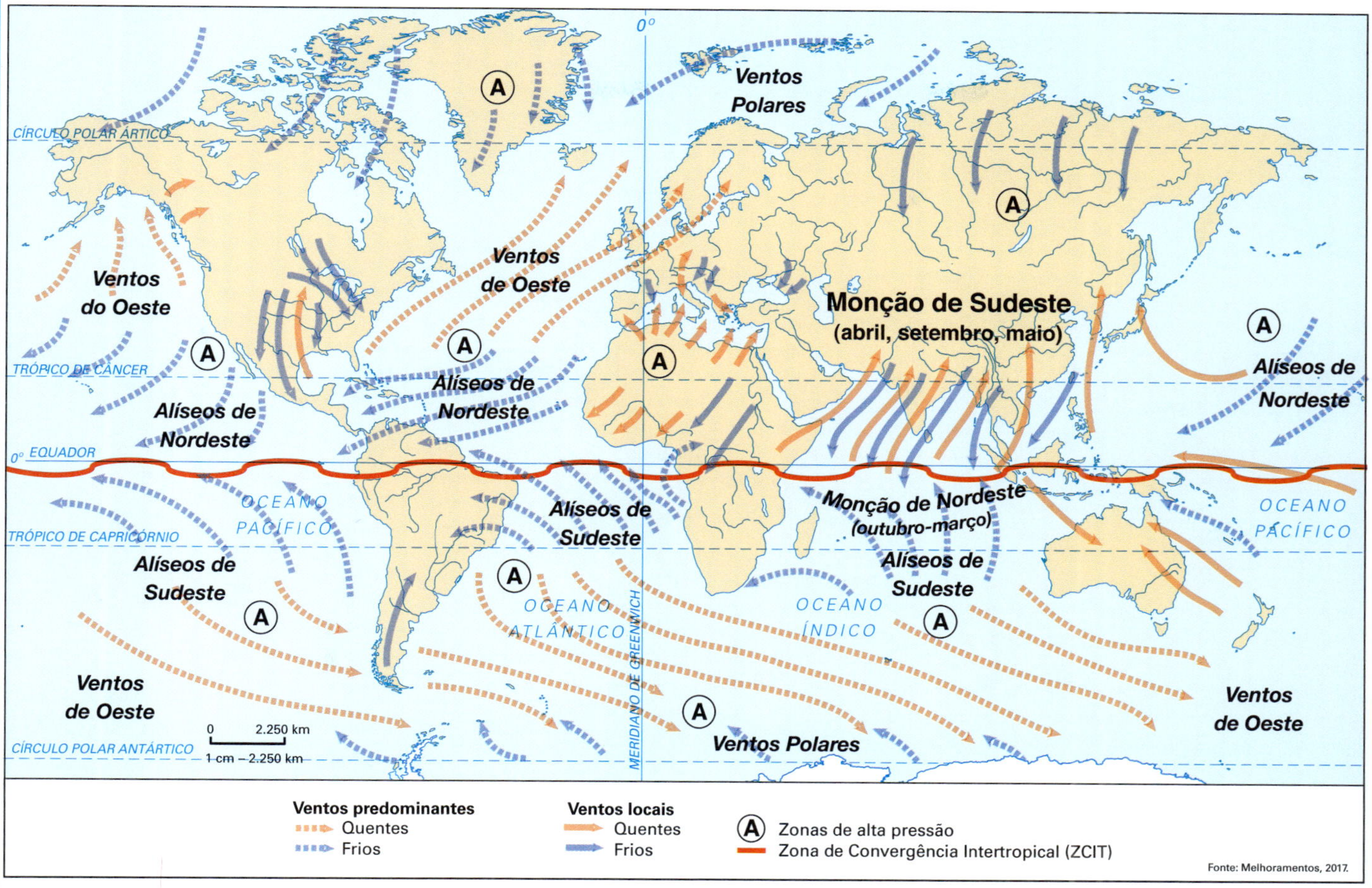

Fonte: Melhoramentos, 2017.

Precipitação

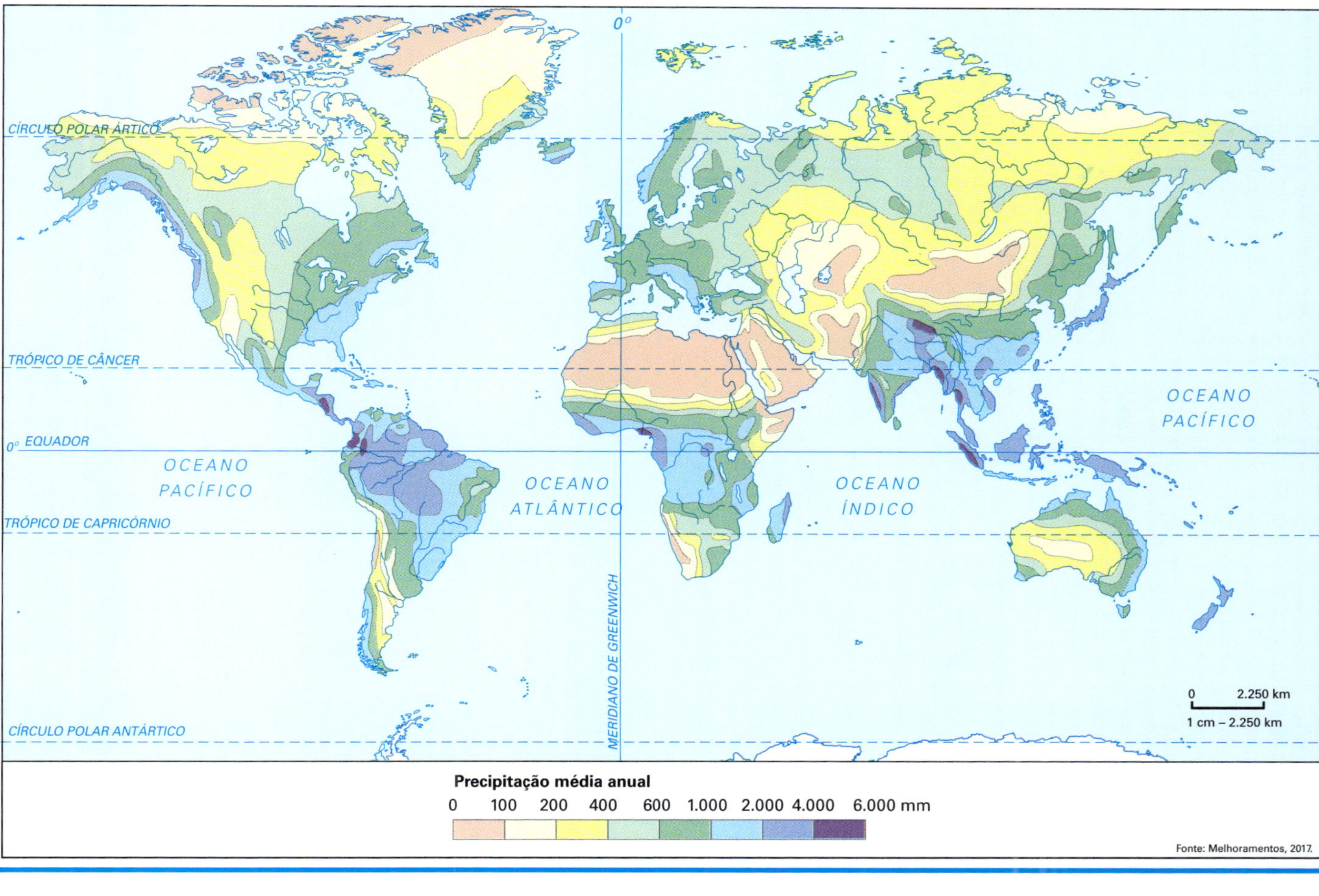

Fonte: Melhoramentos, 2017.

Mundo: Mapas Temáticos

Temperaturas Médias em Janeiro

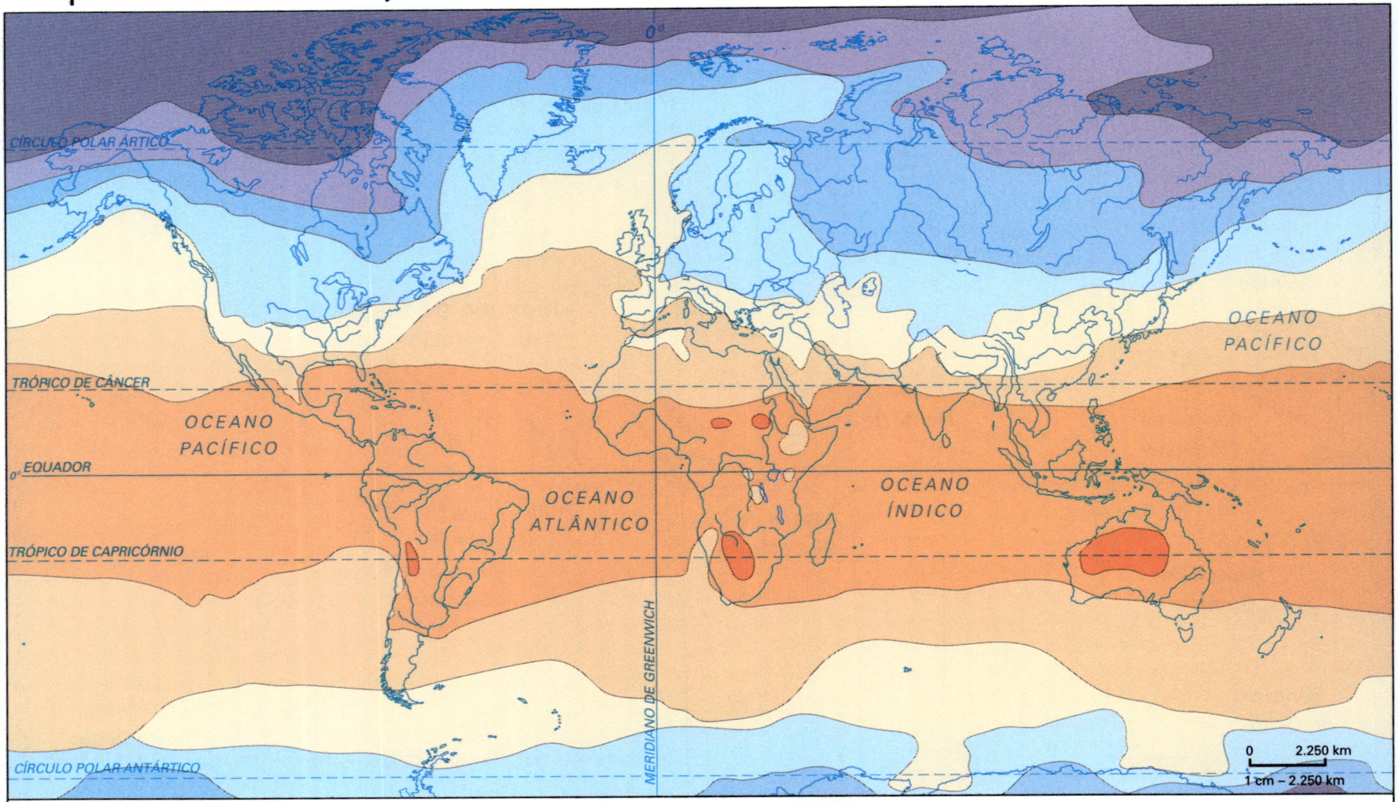

Temperaturas médias

- Abaixo de -30°C
- De -30 a -20°C
- De -20 a -10°C
- De -10 a 0°C
- De 0 a 10°C
- De 10 a 20°C
- De 20 a 30°C
- Acima de 30°C

Fonte: Melhoramentos, 2017.

Temperaturas Médias em Julho

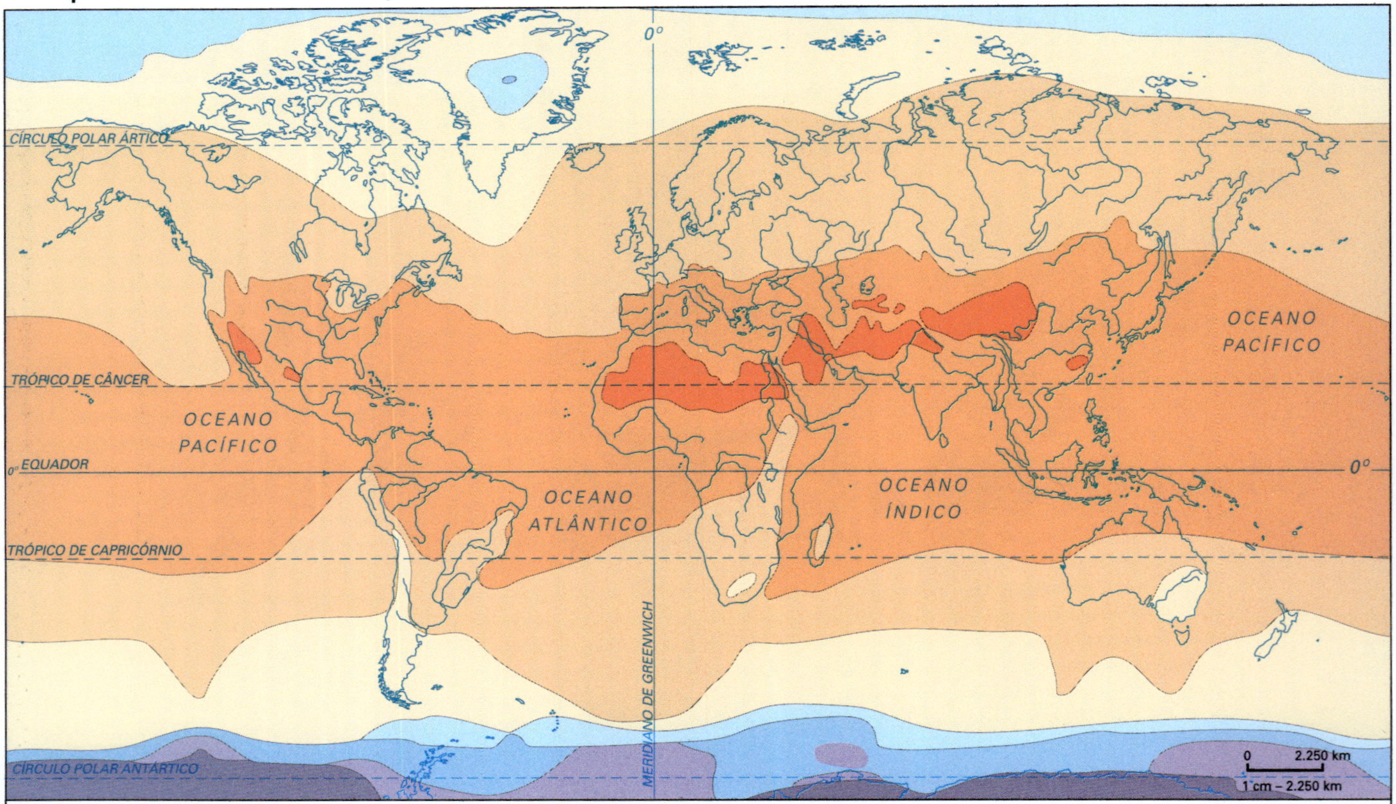

Temperaturas médias

- Abaixo de -30°C
- De -30 a -20°C
- De -20 a -10°C
- De -10 a 0°C
- De 0 a 10°C
- De 10 a 20°C
- De 20 a 30°C
- Acima de 30°C

Fonte: Melhoramentos, 2017.

Mundo: Mapas Temáticos

Vegetação Original

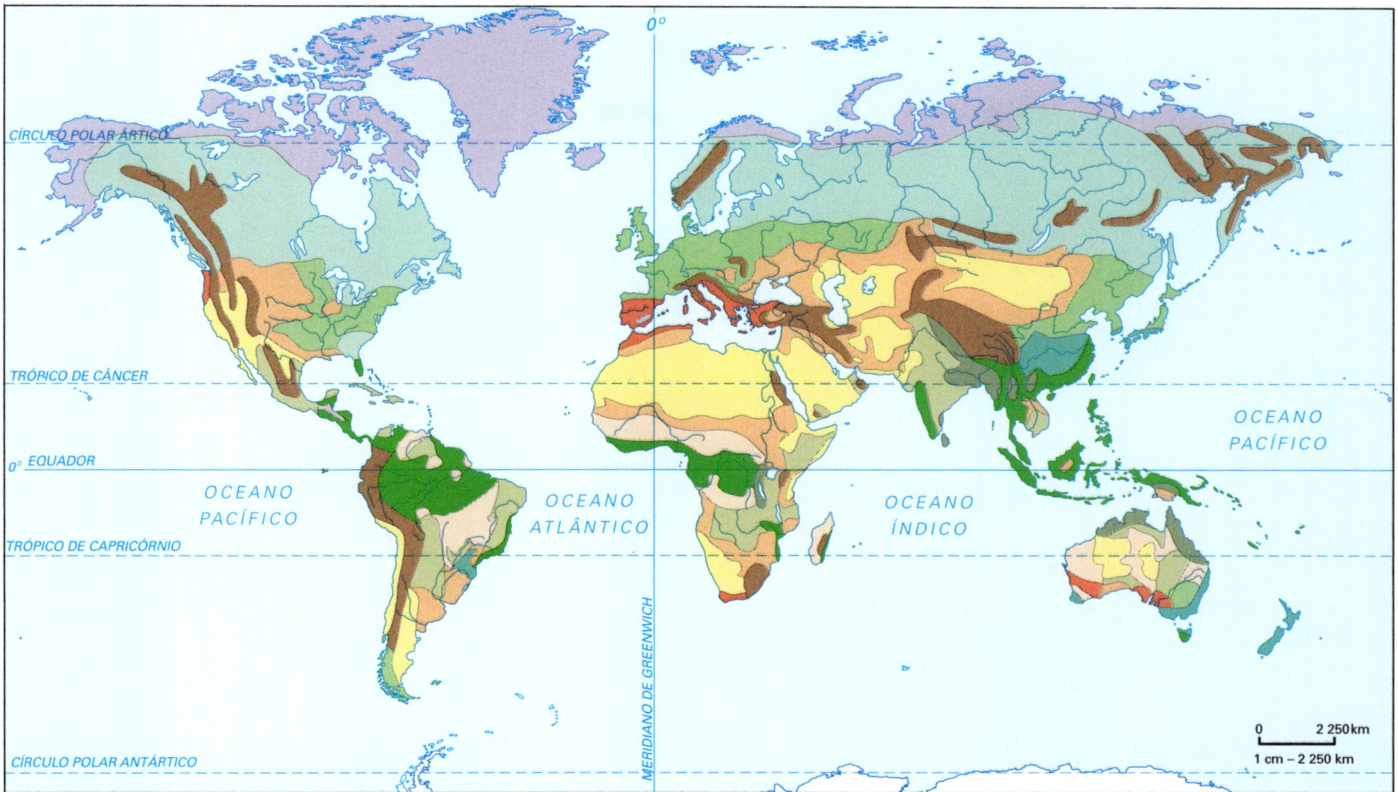

Tipo de vegetação

- Tundra
- Floresta boreal
- Floresta temperada
- Floresta tropical úmida e equatorial
- Floresta de monção
- Floresta subtropical
- Formações mediterrâneas
- Pradarias e estepes
- Savanas
- Vegetação de montanha
- Formações tropicais complexas
- Deserto

Fonte: Melhoramentos, 2017.

Biomas Originais

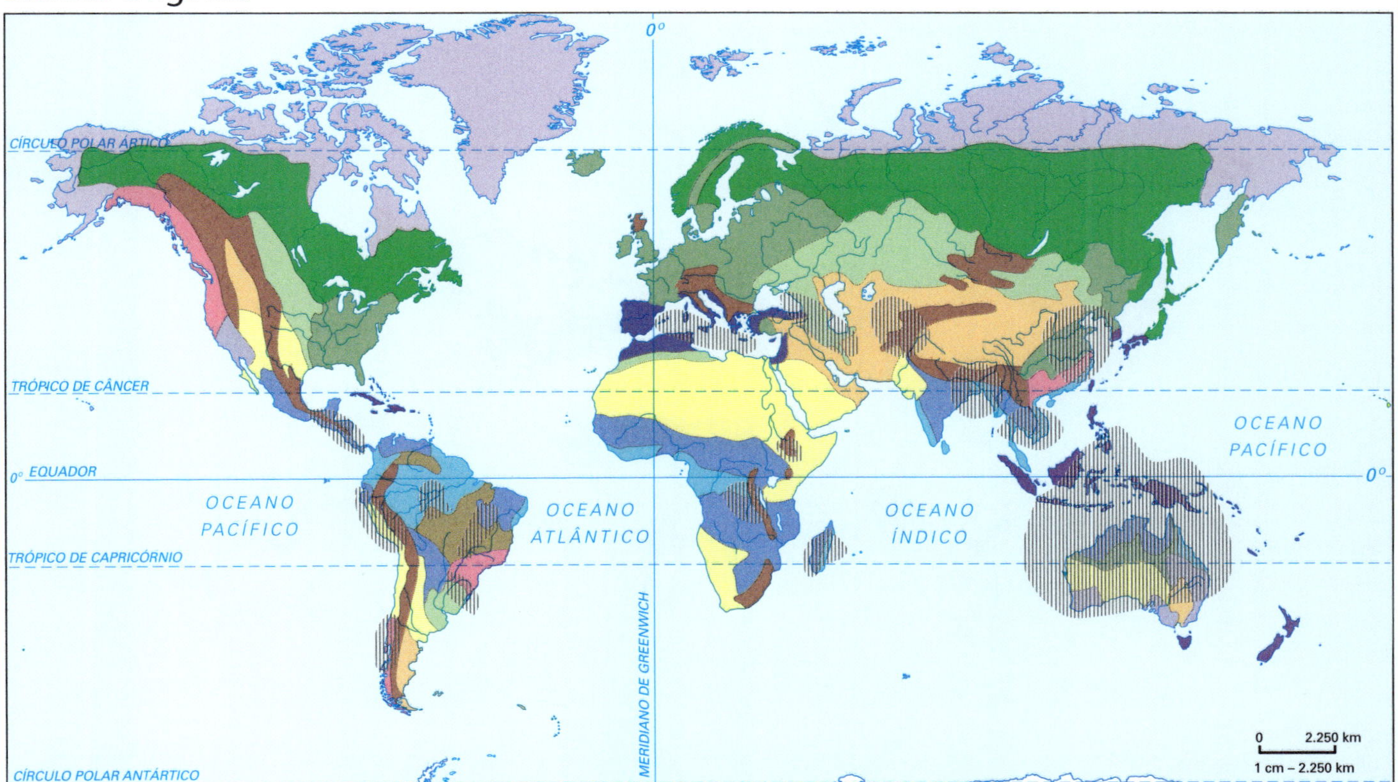

- Tundra e desertos árticos
- Florestas ou matas temperadas coníferas
- Florestas ou matas temperadas não coníferas e matas deciducifólias subpolares
- Pastiçais temperados
- Desertos e semidesertos de clima frio (continentais)
- Florestas, matas ou vegetação fechada de *Sclerophyllos*
- Pastiçais tropicais e savanas
- Desertos e semidesertos de clima quente
- Florestas ou matas tropicais secas ou deciduais (incluindo as florestas de monção)
- Florestas subtropicais de temperaturas úmidas
- Florestas tropicais úmidas
- Sistemas mistos de altiplanos ou montanhas, com zoneamento complexo
- Sistemas insulares mistos
- Sistemas de rios e lagos
- Áreas de alta diversidade genética

Fonte: Melhoramentos, 2017.

Mundo: Mapas Temáticos

Reservas de Água

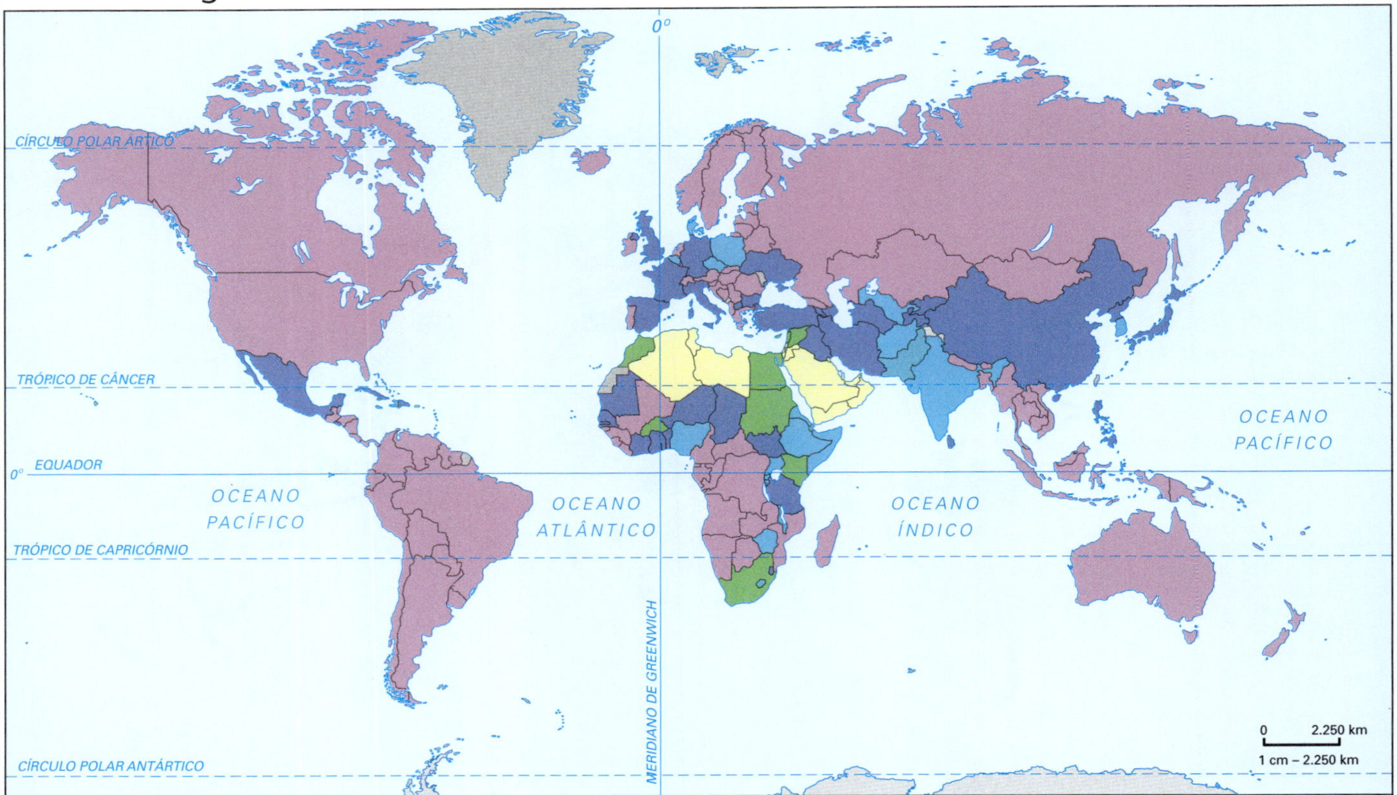

Reservas de água (m³/hab./ano)

- Menos de 500 (escassez absoluta)
- De 500 a 1.000 (escassez crônica)
- De 1.000 a 1.700 (estresse de água)
- De 1.700 a 5.000 (estresse ocasional ou local)
- Mais de 5.000 (abundância de água nacional, com possibilidade de estresse em algumas localidades)
- Dados não disponíveis

Fonte: FAO – Aquastat, 2015.

Desertificação e Áreas Críticas da Biodiversidade

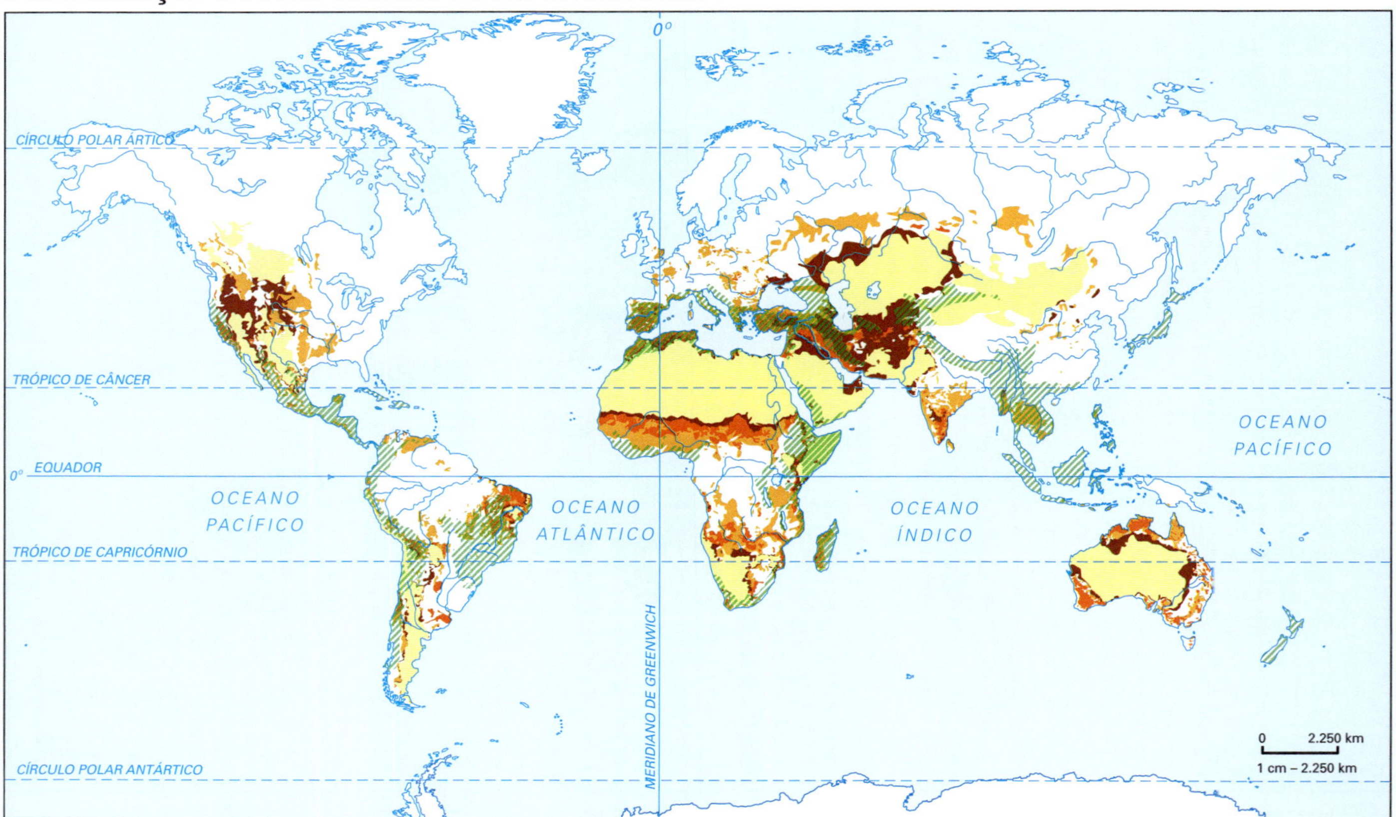

- Deserto
- Risco moderado de desertificação
- Alto risco de desertificação
- Altíssimo risco de desertificação
- Áreas críticas da biodiversidade

Fonte: Adaptado de Departamento da Agricultura dos Estados Unidos, 2017.

Mundo: Mapas Temáticos

Problemas Ambientais

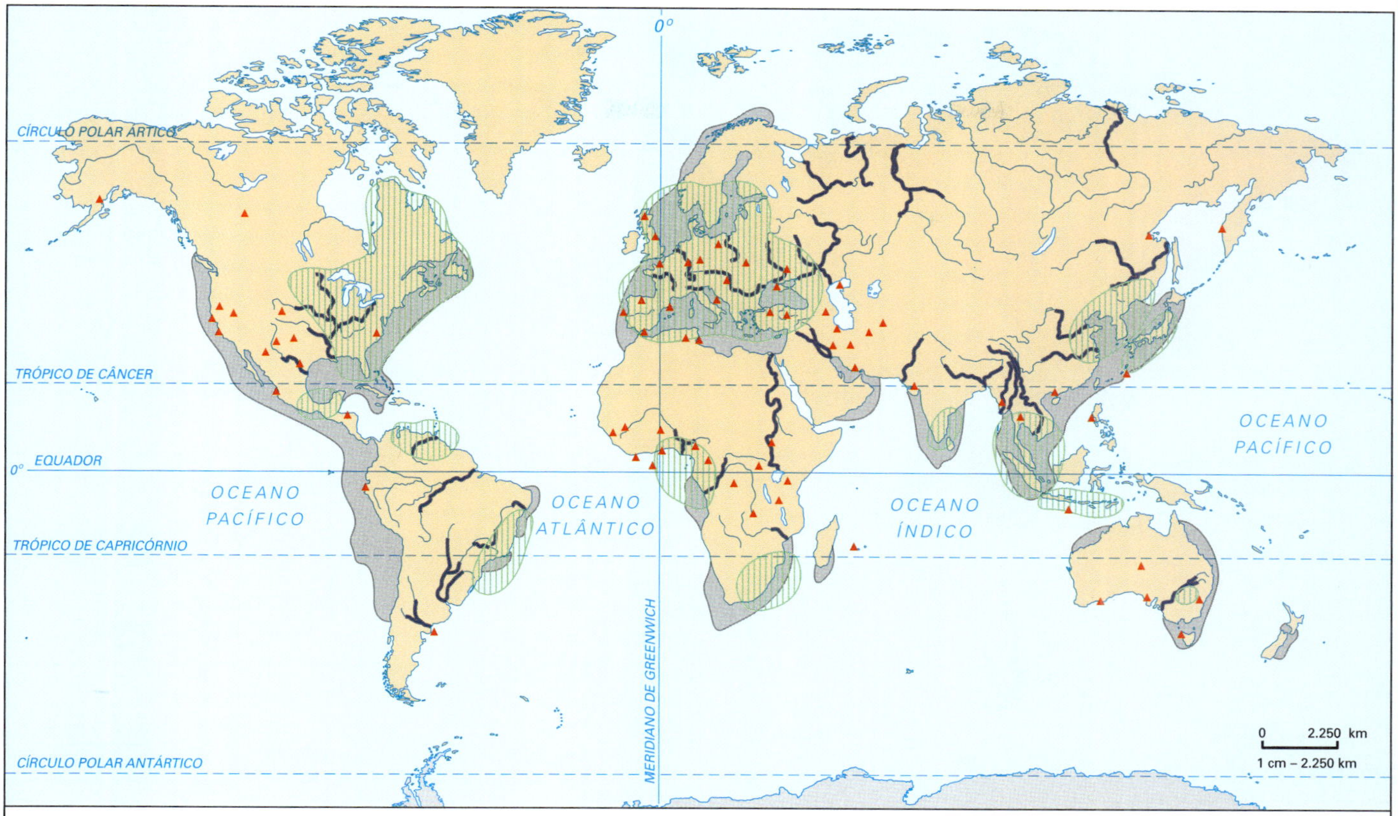

Poluição ambiental

- Poluição marinha
- Chuva ácida
- ▲ Reservas da biosfera ameaçadas pelo aquecimento global
- Rios poluídos

Fonte: Melhoramentos, 2017.

Densidade Demográfica e Grandes Cidades

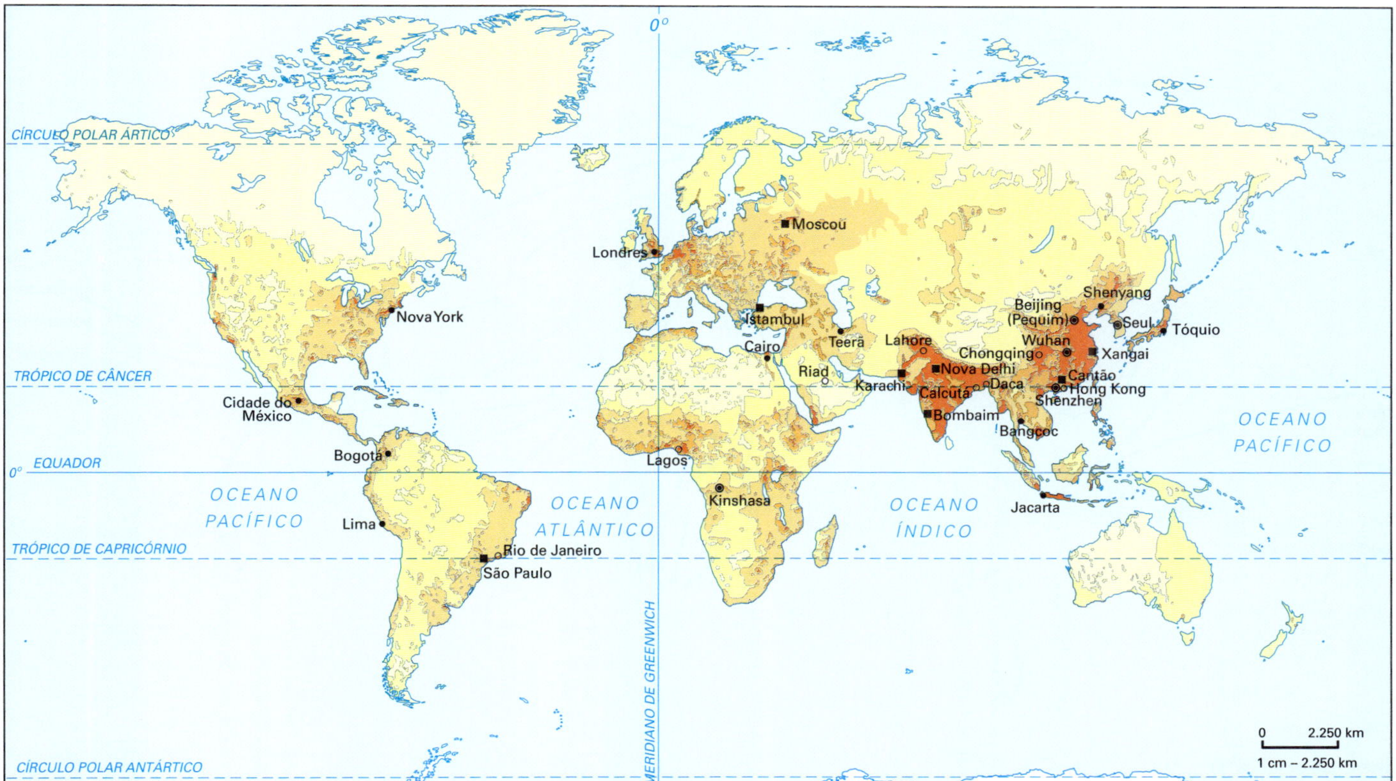

Densidade de população (habitantes por km²)

- Menos de 1
- De 1 a 9
- De 10 a 49
- De 50 a 200
- Mais de 200

Grandes cidades (milhões de habitantes)

- ○ De 4 a 7
- • De 8 a 9
- ◉ De 10 a 11
- ■ Mais de 12

Fonte: FAO e Banco Mundial, 2017.

Mundo: Mapas Temáticos

Urbanização

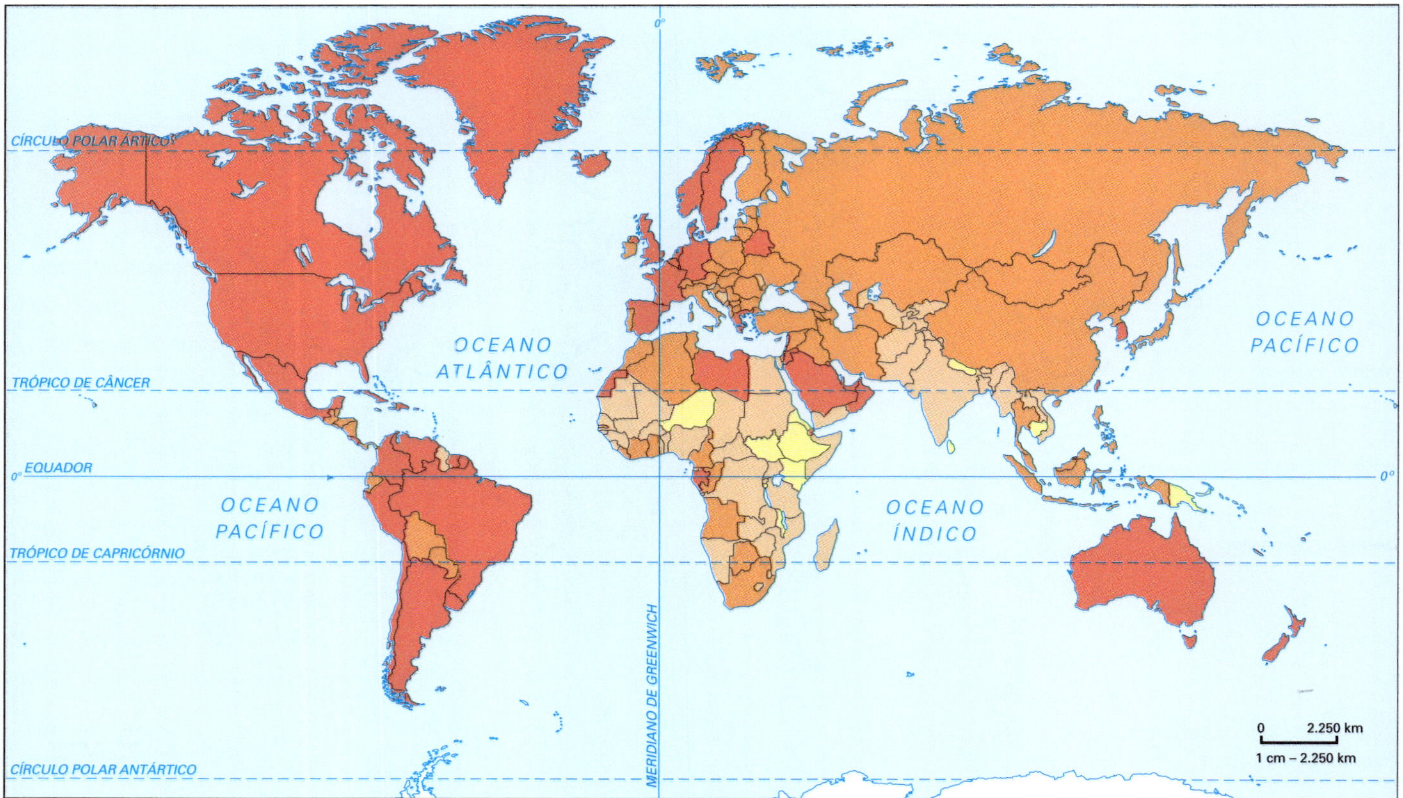

Taxa de urbanização (%)
- Menos de 25
- De 25 a 49
- De 50 a 74
- Mais de 75

Fonte: ONU, 2015.

Migrações

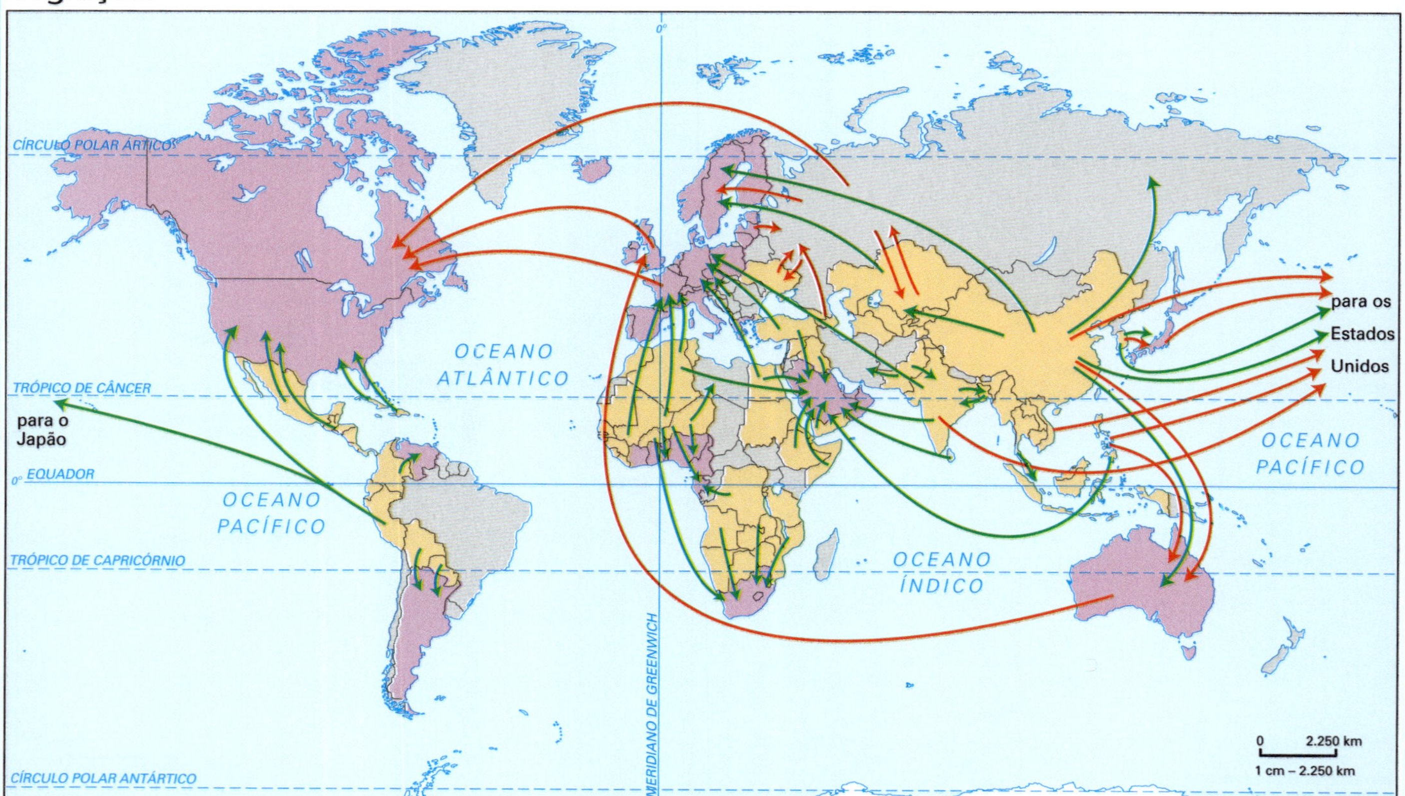

- Países de destino de imigrantes
- Países de saída de imigrantes
- Fluxo de imigrantes com pouca ou nenhuma qualificação
- Fluxo de imigrantes com muita qualificação

Fonte: Melhoramentos, 2017.

Mundo: Mapas Temáticos

Emissões de Carbono

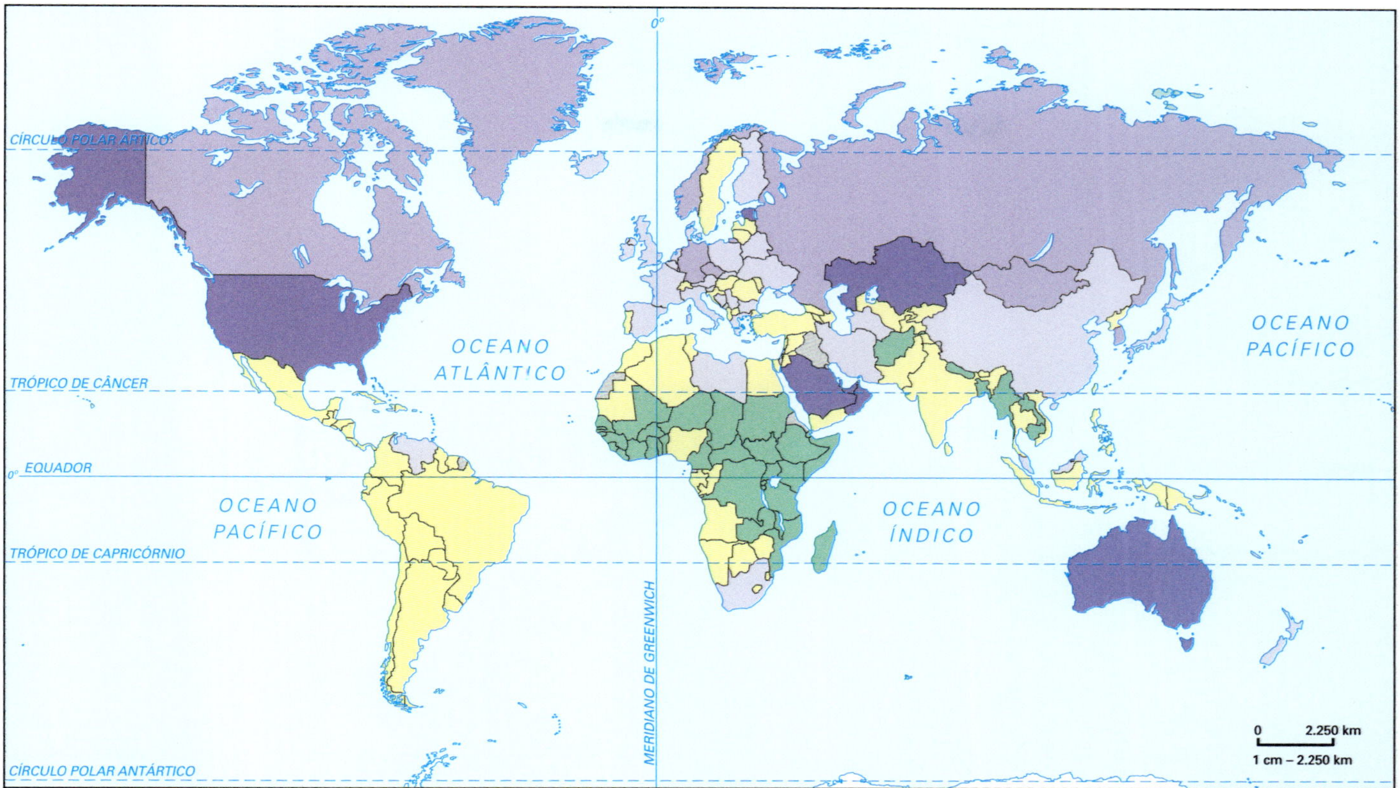

Emissões de dióxido de carbono (CO_2) (em toneladas métricas *per capita*)

- Menos de 1
- De 1 a 4
- De 5 a 9
- De 10 a 14
- 15 ou mais
- Dados não disponíveis

Fonte: Banco Mundial, 2013.

Acesso a Água Potável

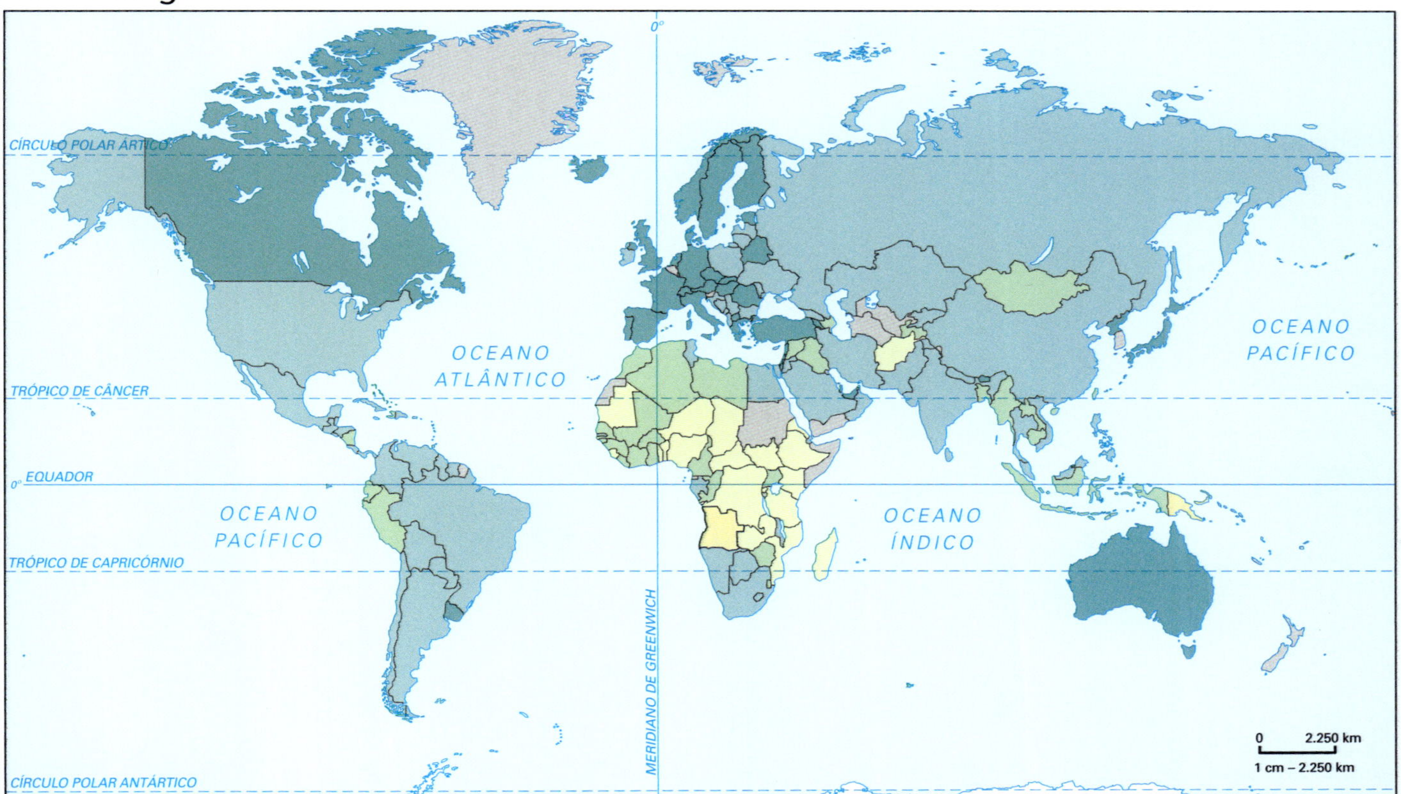

População com acesso a água potável (%)

- Menos de 50
- De 50 a 69
- De 70 a 89
- De 90 a 99
- 100
- Dados não disponíveis

Fonte: Banco Mundial, 2015.

Mundo: Mapas Temáticos

Pobreza Extrema

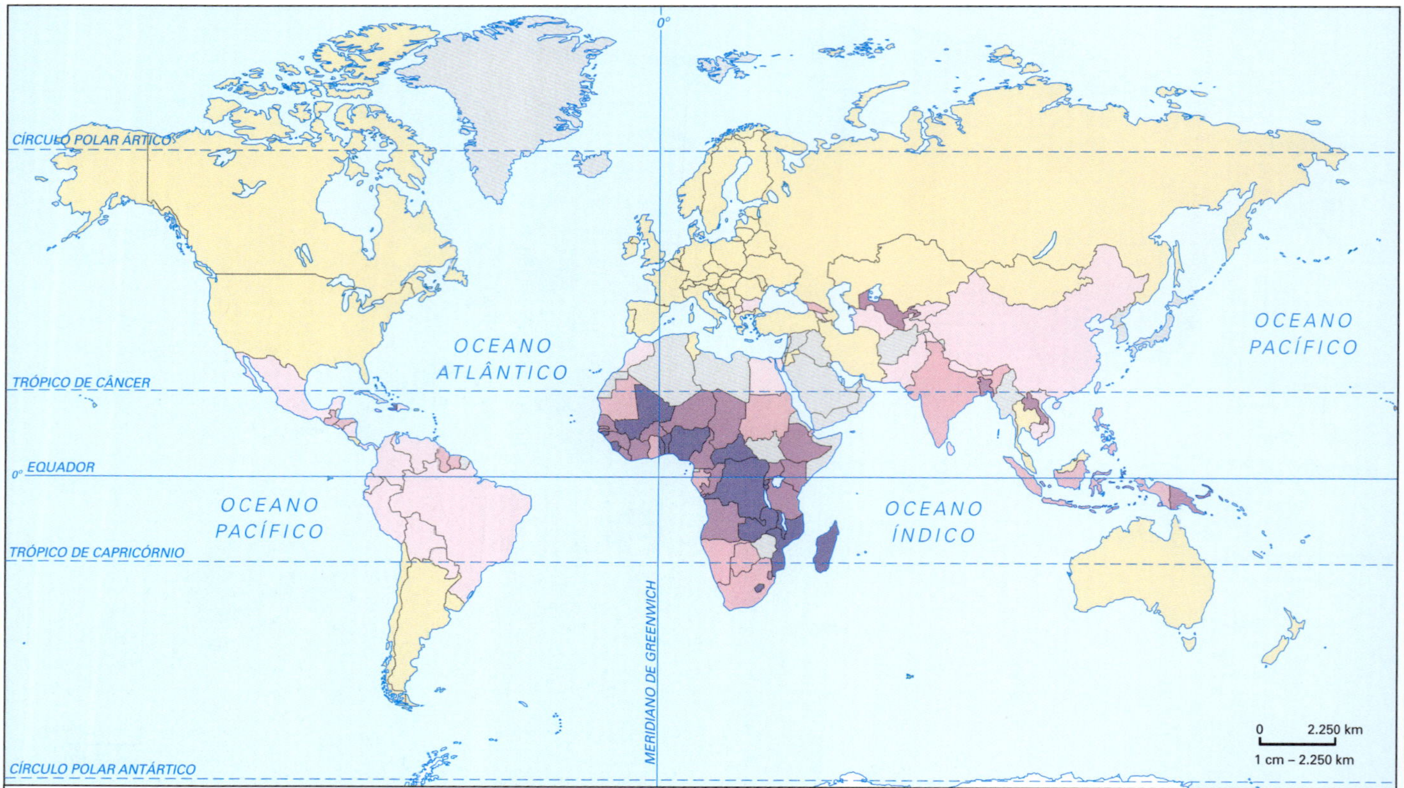

Parcela da população que vive com menos de US$ 1,90 ao dia (%)

- Menos de 2
- De 2 a 9,9
- De 10 a 24,9
- De 25 a 49,9
- 50 ou mais
- Dados não disponíveis

Fonte: Melhoramentos, 2017.

Mortalidade Infantil

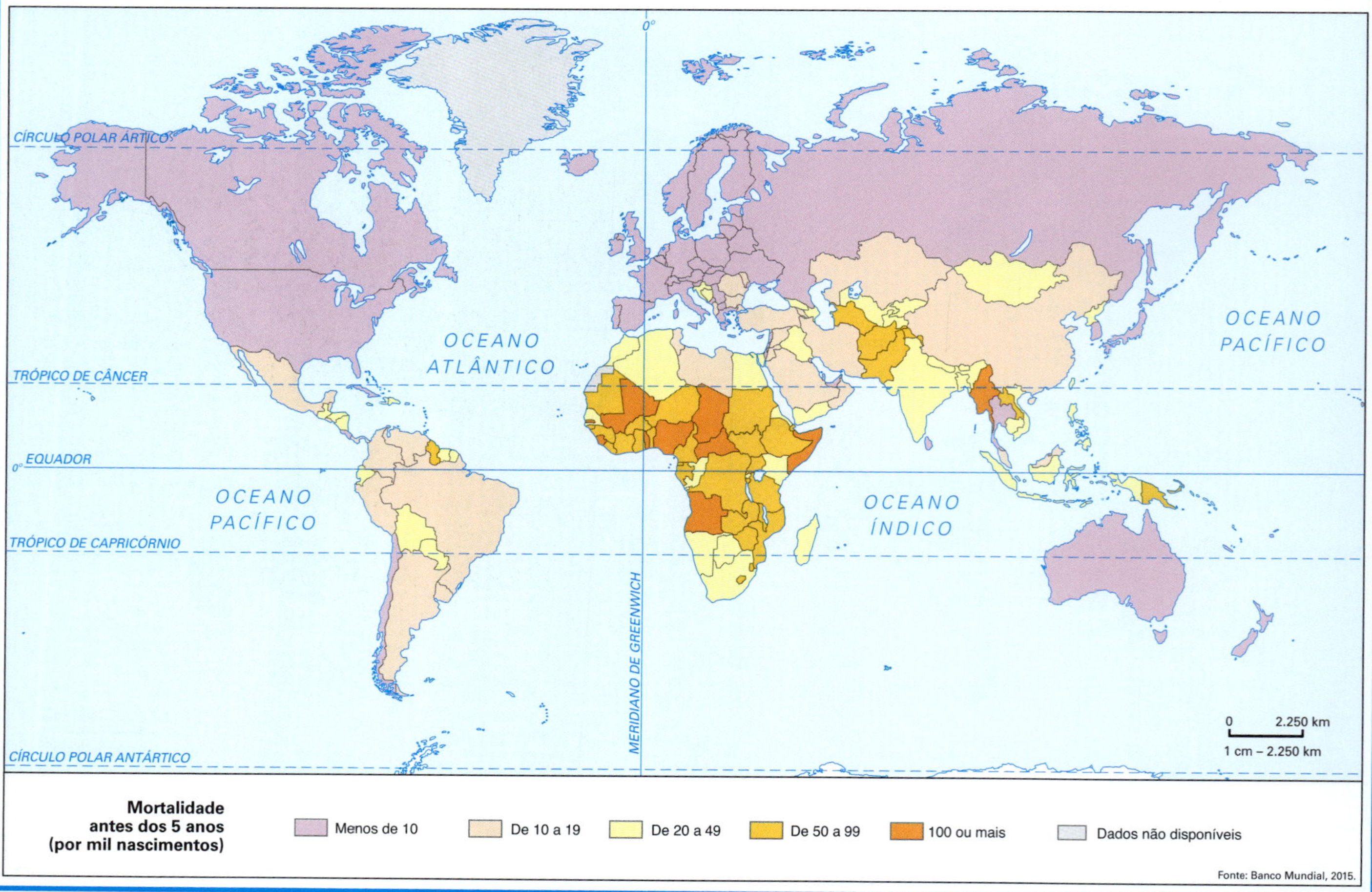

Mortalidade antes dos 5 anos (por mil nascimentos)

- Menos de 10
- De 10 a 19
- De 20 a 49
- De 50 a 99
- 100 ou mais
- Dados não disponíveis

Fonte: Banco Mundial, 2015.

Índice de Desenvolvimento Humano

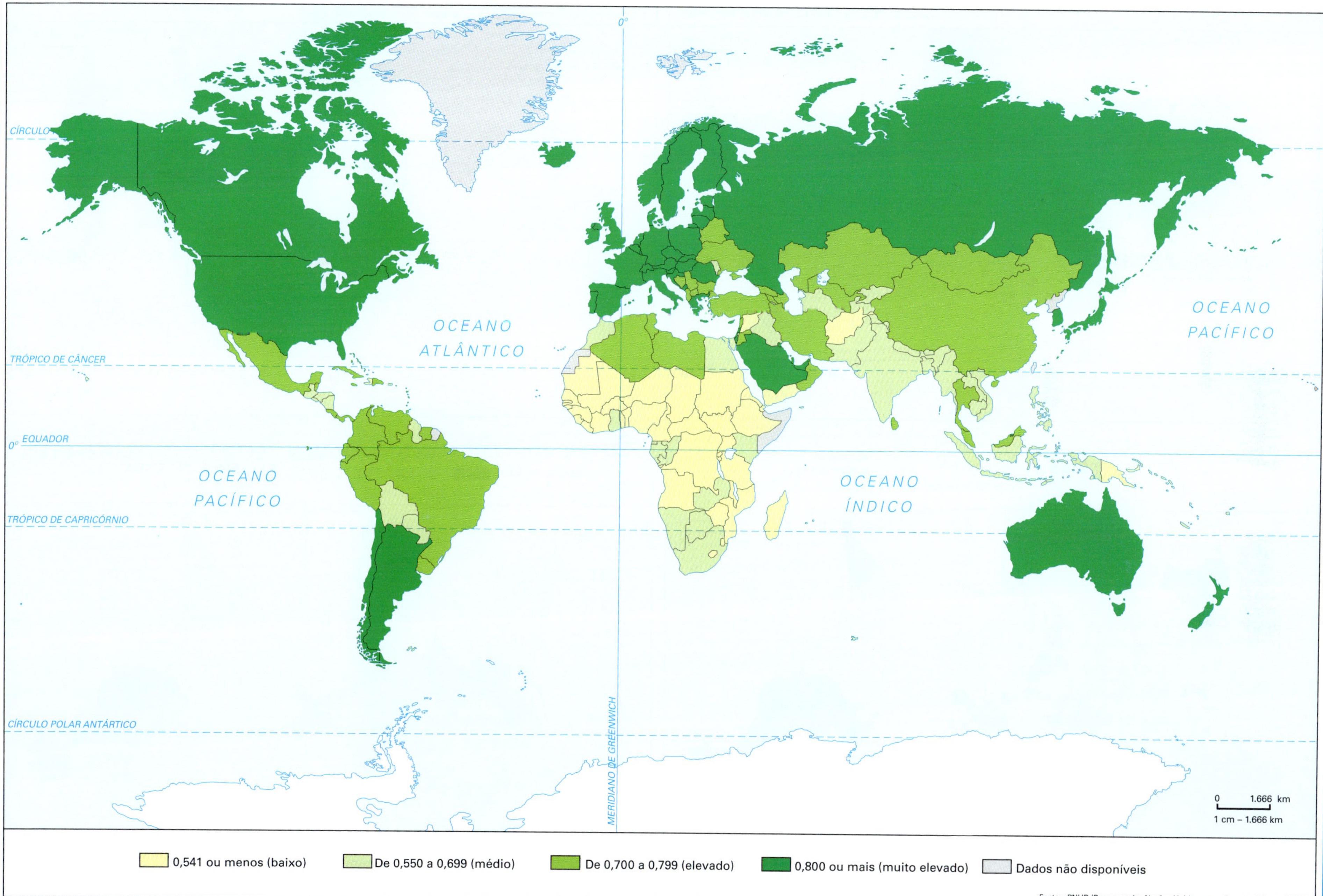

Fonte: : PNUD (Programa das Nações Unidas para o Desenvolvimento), 2017.

Mundo: Mapas Temáticos

Produto Interno Bruto

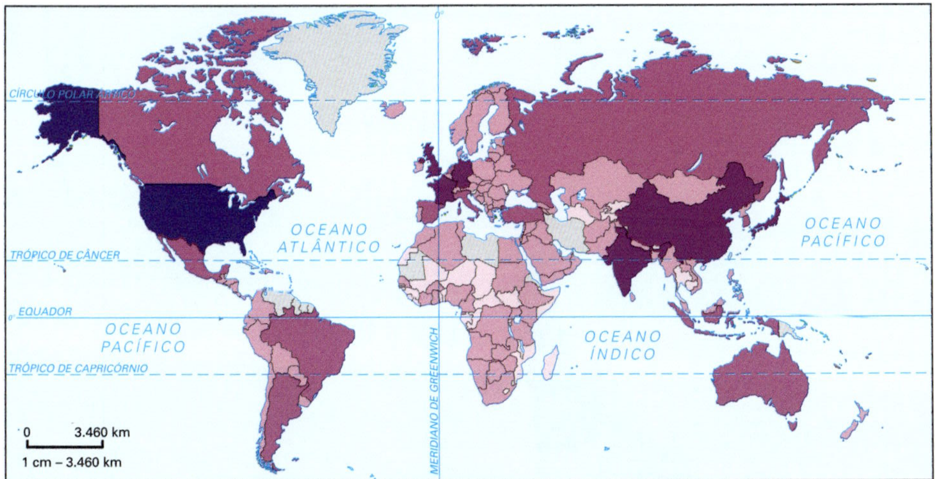

PIB (em bilhões de US$)
- Menos de 10
- De 10 a 499
- De 500 a 1.999
- De 2.000 a 15.000
- Mais de 15.000
- Dados não disponíveis

Fonte: Banco Mundial, 2015.

Produto Interno Bruto *per Capita*

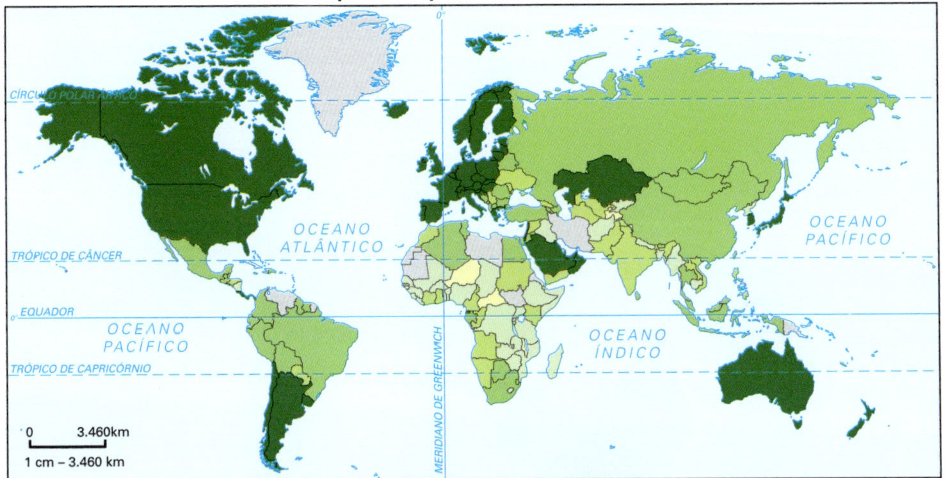

PIB *per capita* (em US$)
- Menos de 400
- De 400 a 1.299
- De 1.300 a 2.999
- De 3.000 a 10.000
- Mais de 10.000
- Dados não disponíveis

Fonte: Banco Mundial, 2015.

Agropecuária e Pesca

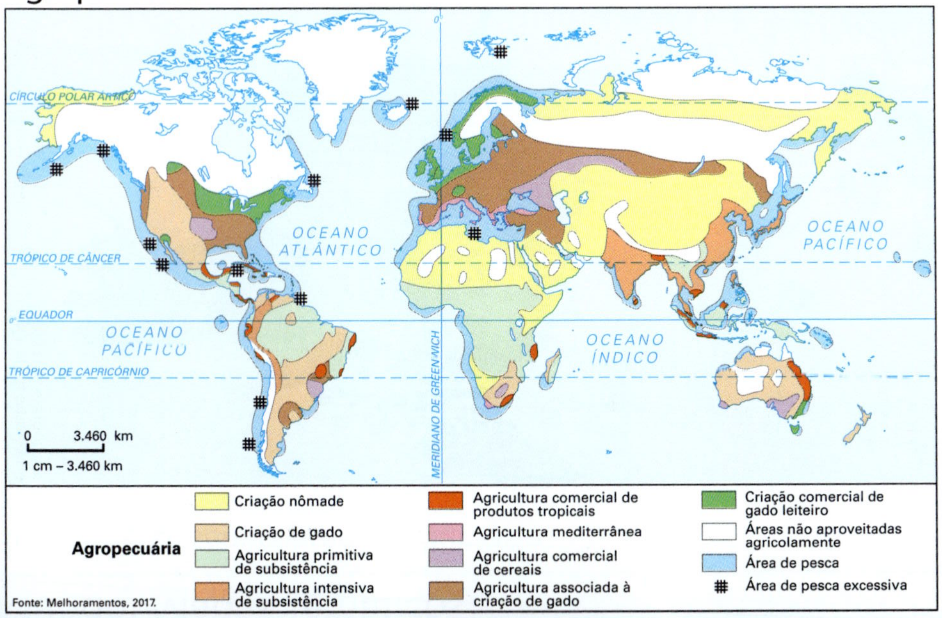

Agropecuária
- Criação nômade
- Criação de gado
- Agricultura primitiva de subsistência
- Agricultura intensiva de subsistência
- Agricultura comercial de produtos tropicais
- Agricultura mediterrânea
- Agricultura comercial de cereais
- Agricultura associada à criação de gado
- Criação comercial de gado leiteiro
- Áreas não aproveitadas agricolamente
- Área de pesca
- # Área de pesca excessiva

Fonte: Melhoramentos, 2017.

Recursos Minerais

Recursos minerais metálicos e energéticos
- Antimônio
- Bauxita
- Carvão
- Chumbo
- Cobalto
- Cobre
- Cromo
- Diamante
- Estanho
- Ferro
- Manganês
- Mercúrio
- Molibdênio
- Níquel
- Ouro
- Petróleo
- Platina
- Prata
- Titânio
- Tungstênio
- Urânio
- Zinco

Fonte: Melhoramentos, 2017.

Mundo: Mapas Temáticos

Energia Renovável

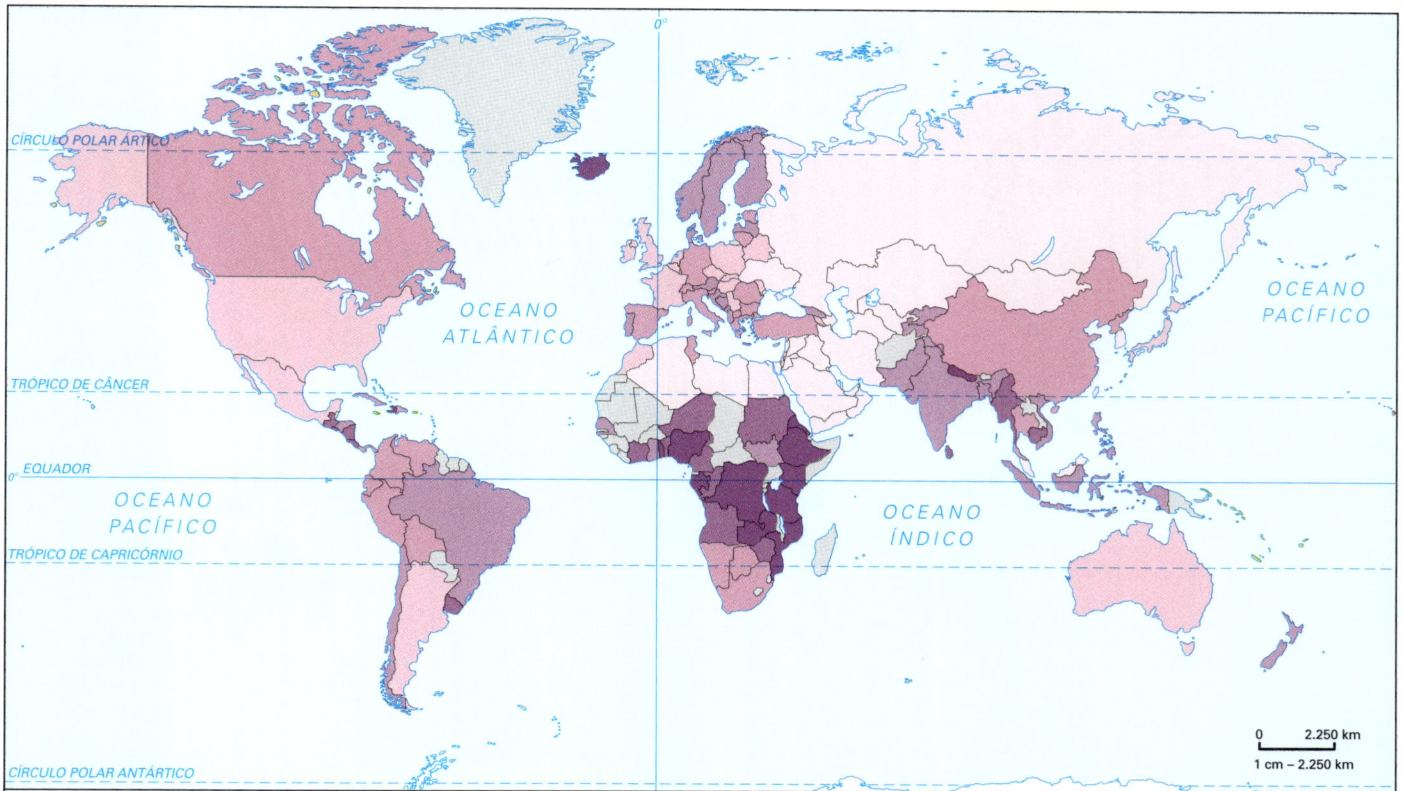

Participação das renováveis na oferta de energia primária (%)

- Menos de 5
- De 5 a 10
- De 10 a 25
- De 25 a 50
- De 50 a 75
- De 75 a 100
- Dados não disponíveis

Fonte: IEA, 2016.

Produção Industrial

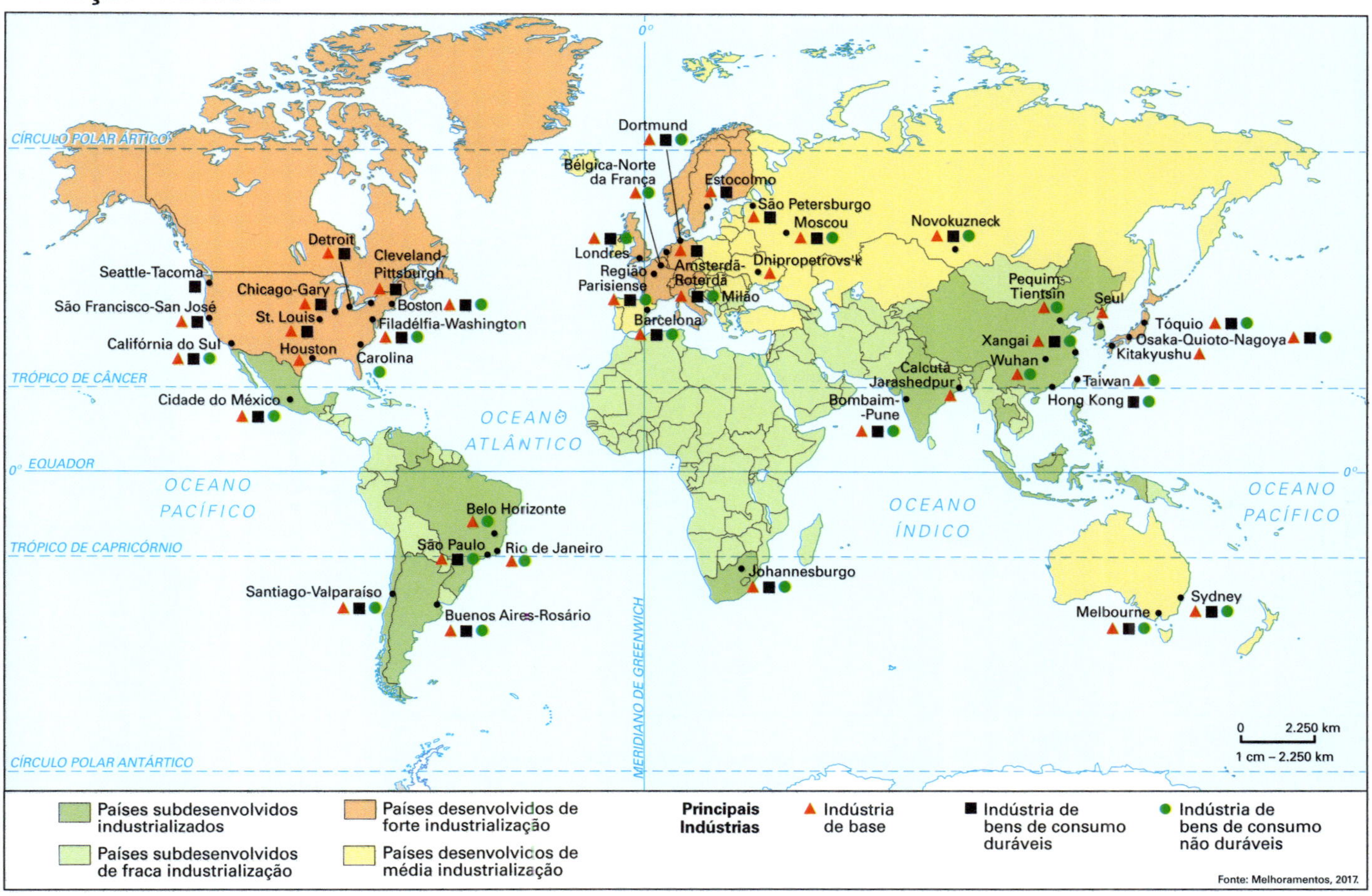

- Países subdesenvolvidos industrializados
- Países subdesenvolvidos de fraca industrialização
- Países desenvolvidos de forte industrialização
- Países desenvolvidos de média industrialização

Principais Indústrias

- ▲ Indústria de base
- ■ Indústria de bens de consumo duráveis
- ● Indústria de bens de consumo não duráveis

Fonte: Melhoramentos, 2017.

Mundo: Mapas Temáticos

Principais Blocos Econômicos

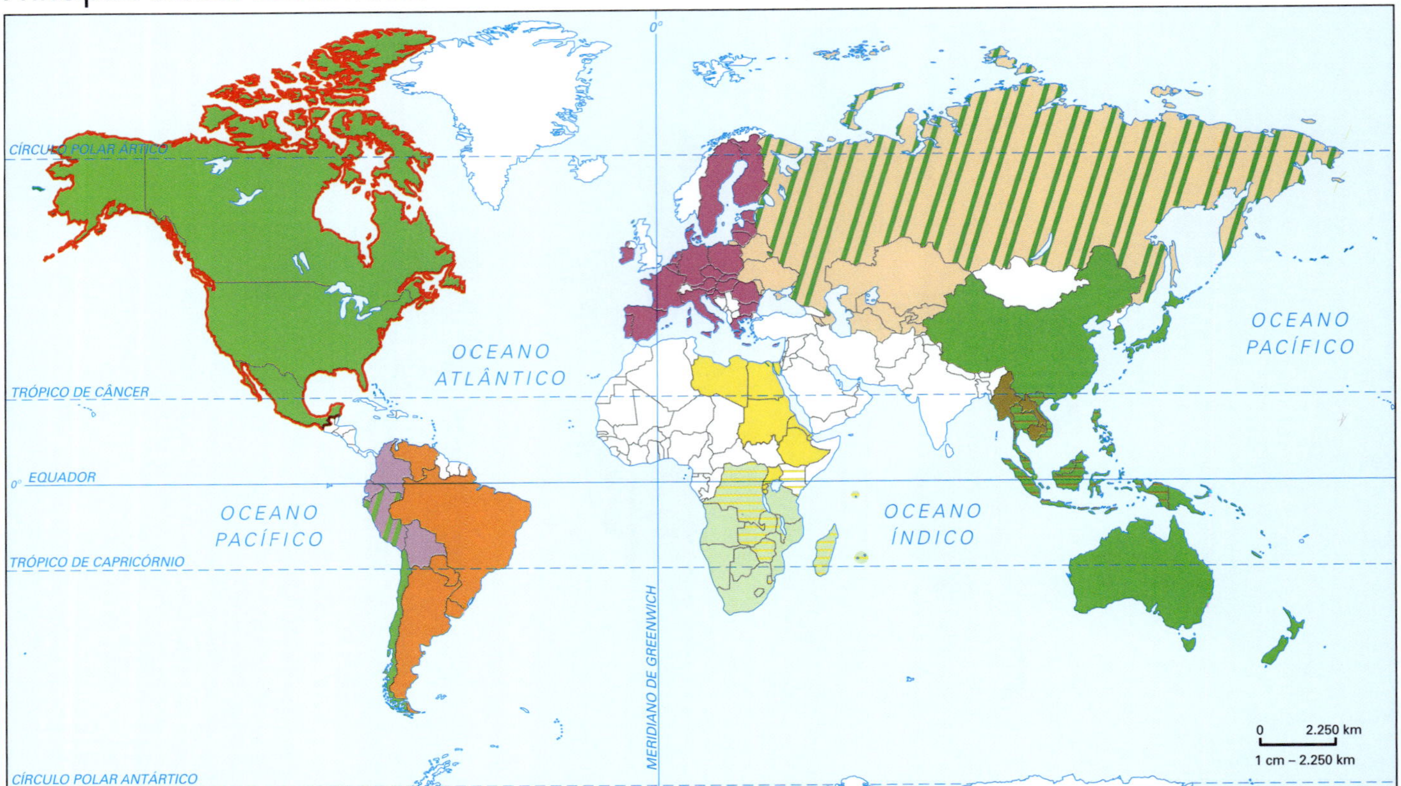

Nafta (Acordo de Livre Comércio da América do Norte)

UE (União Europeia)

APEC (Cooperação Econômica da Ásia e do Pacífico)

CEI (Comunidade dos Estados Independentes)

Mercosul (Mercado Comum do Sul)

CAN (Comunidade Andina de Nações)

SADC (Comunidade para o Desenvolvimento da África Meridional)

Comesa (Mercado Comum dos Países do Leste e Sul da África)

ASEAN (Associação de Nações do Sudeste Asiático)

Fonte: Melhoramentos, 2017.

Área de Litígios e Conflitos

Países que enfrentam os conflitos e/ou litígios indicados

Tensões internas e movimentos por independência

Litígios de fronteiras e outros conflitos entre países

Fonte: Melhoramentos, 2017.

Mundo: Mapas Temáticos

Armamentos Nucleares

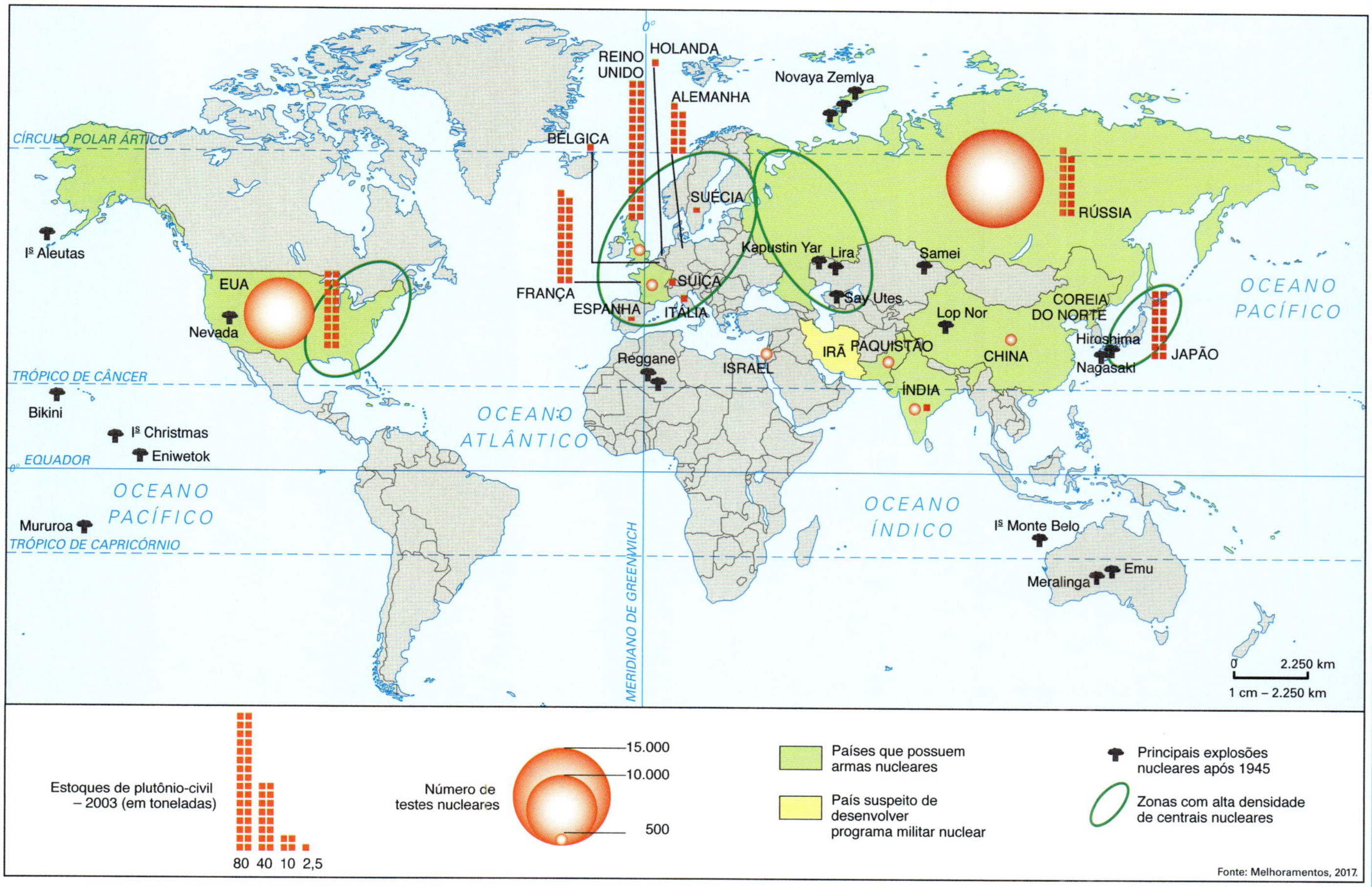

Fonte: Melhoramentos, 2017.

Refugiados – Principais Países de Origem e de Destino

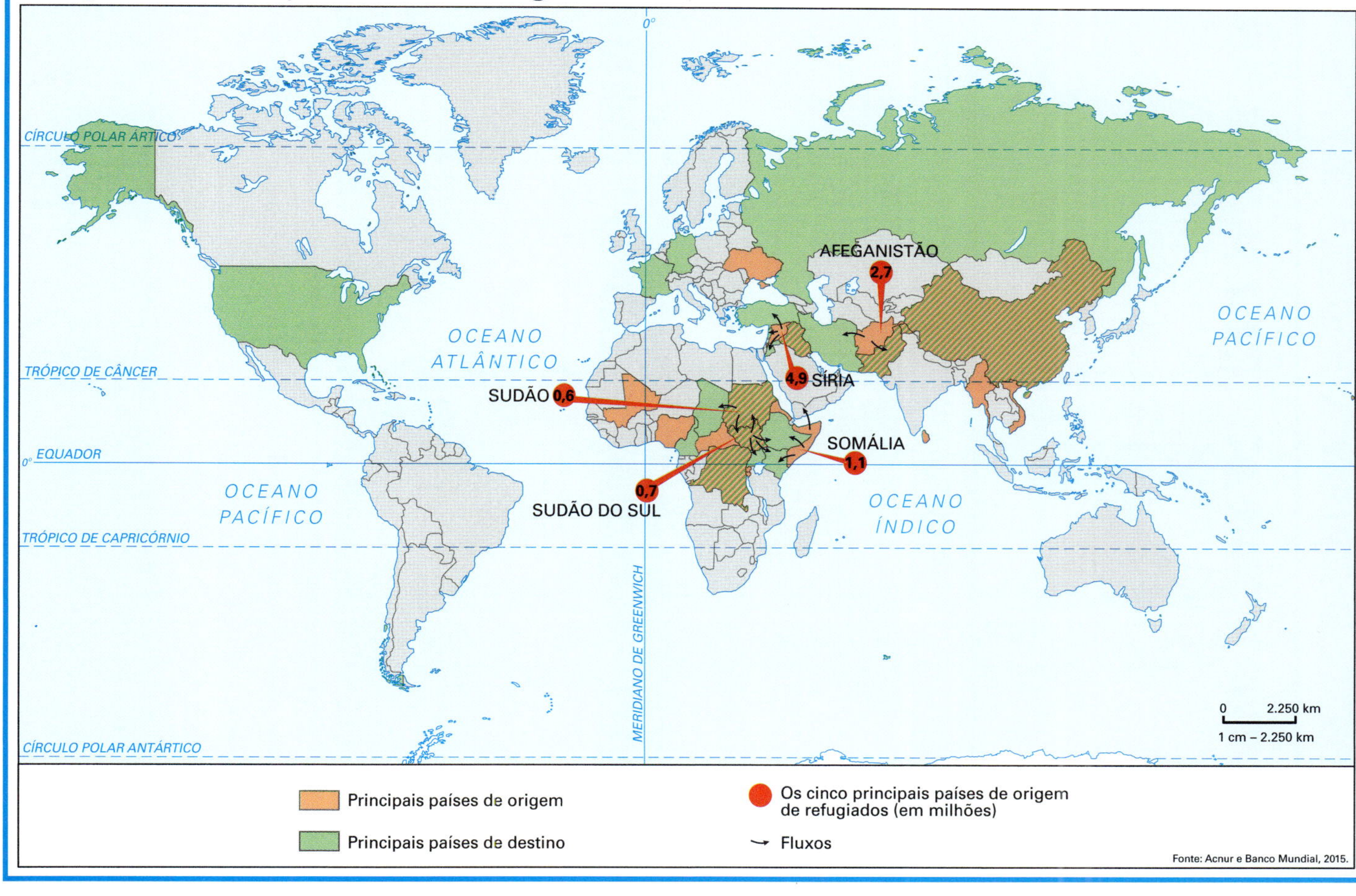

Fonte: Acnur e Banco Mundial, 2015.

Brasil: Físico

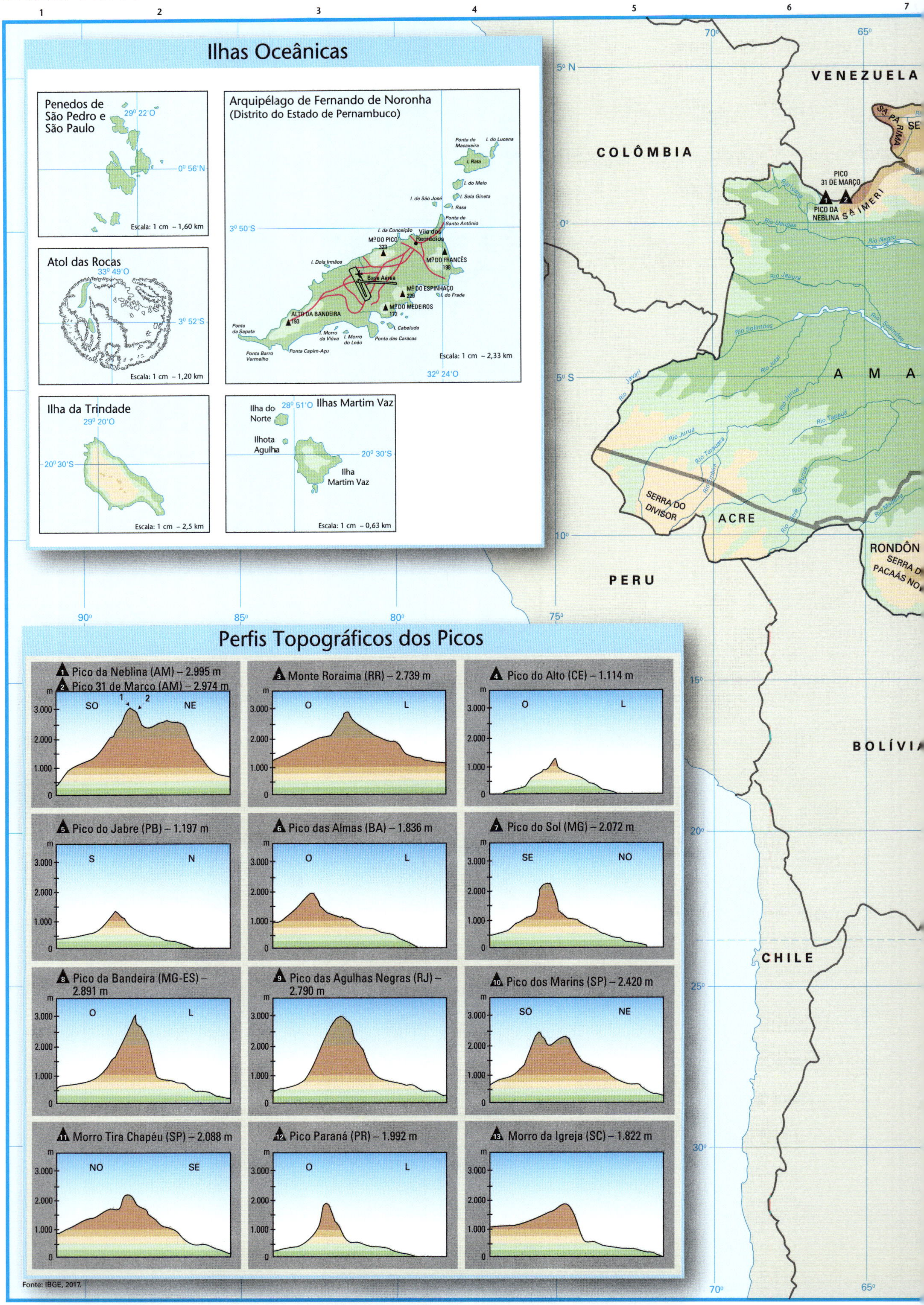

Fonte: IBGE, 2017.

Fonte: Melhoramentos, 2017.

Brasil: Político

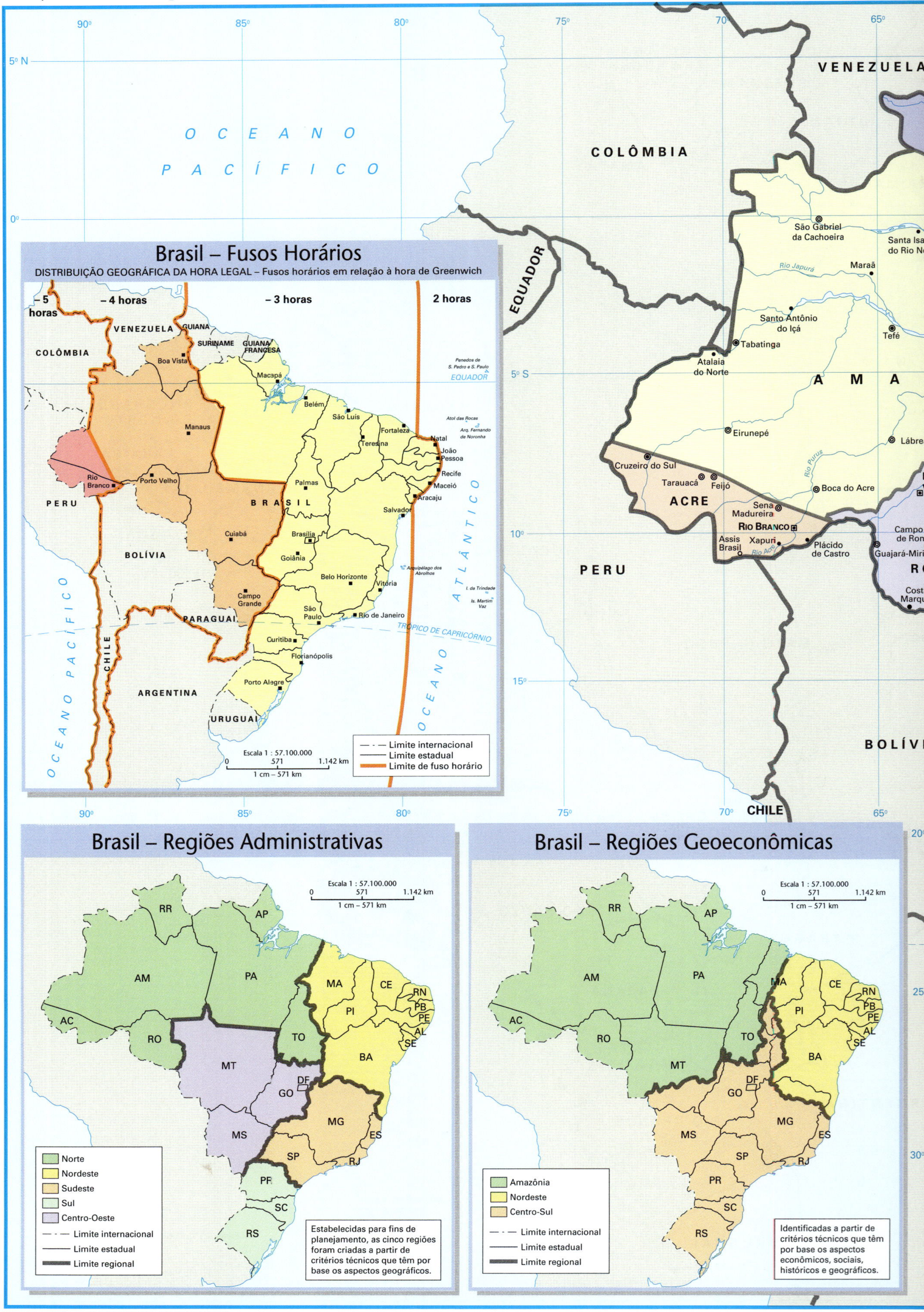

Fonte dos dados demográficos das cidades brasileiras: IBGE, 2016.

Fonte: Melhoramentos, 2017.

Estados de Amazonas, Acre, Rondônia, Tocantins, Pará, Amapá e Roraima

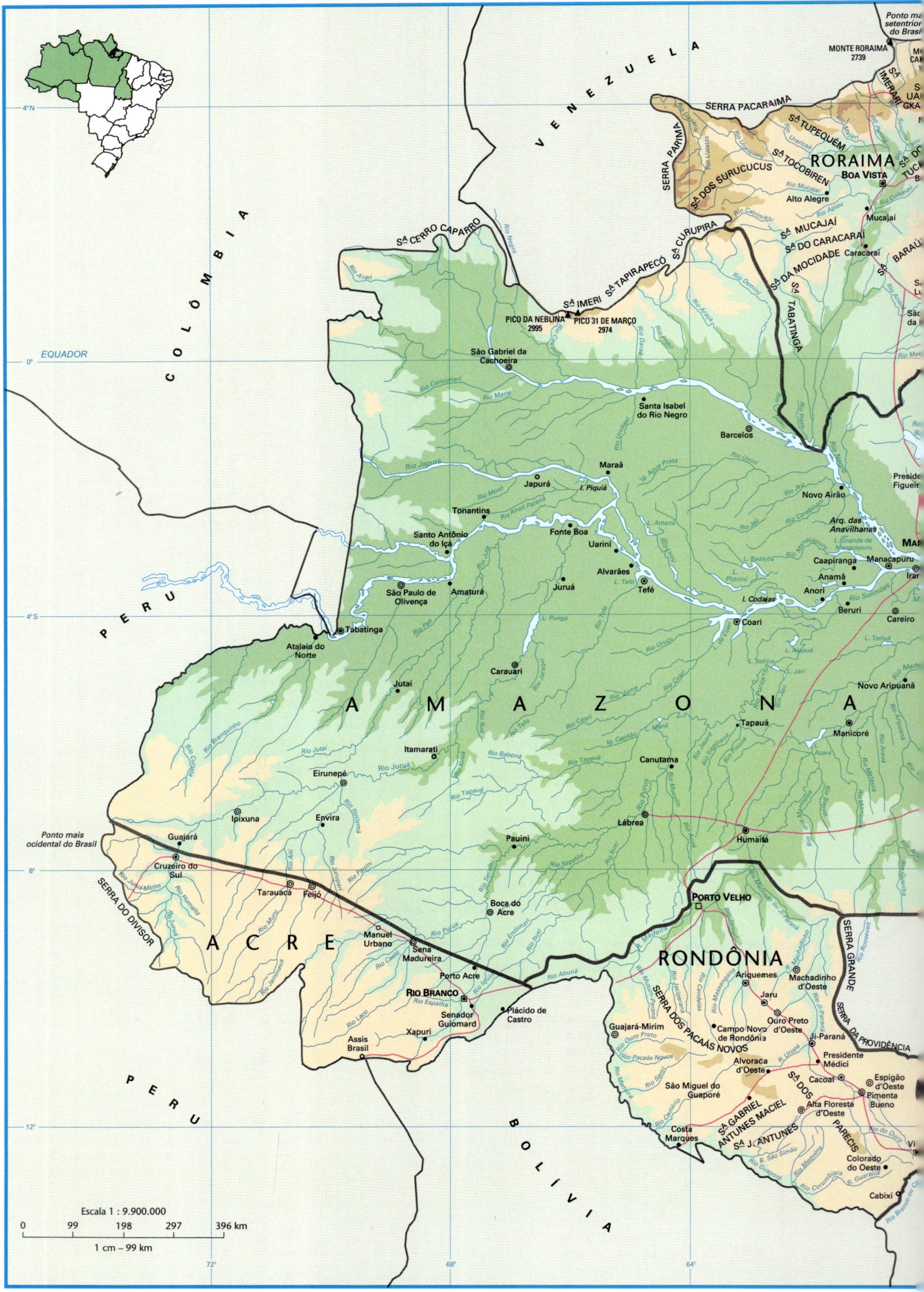

Nota: Nos mapas estaduais estão representadas somente as cidades sedes de municípios.

Fonte: Melhoramentos, 2017.

Estado de Goiás

Nota: Nos mapas estaduais estão representadas somente as cidades sedes de municípios.

Fonte: Melhoramentos, 2017.

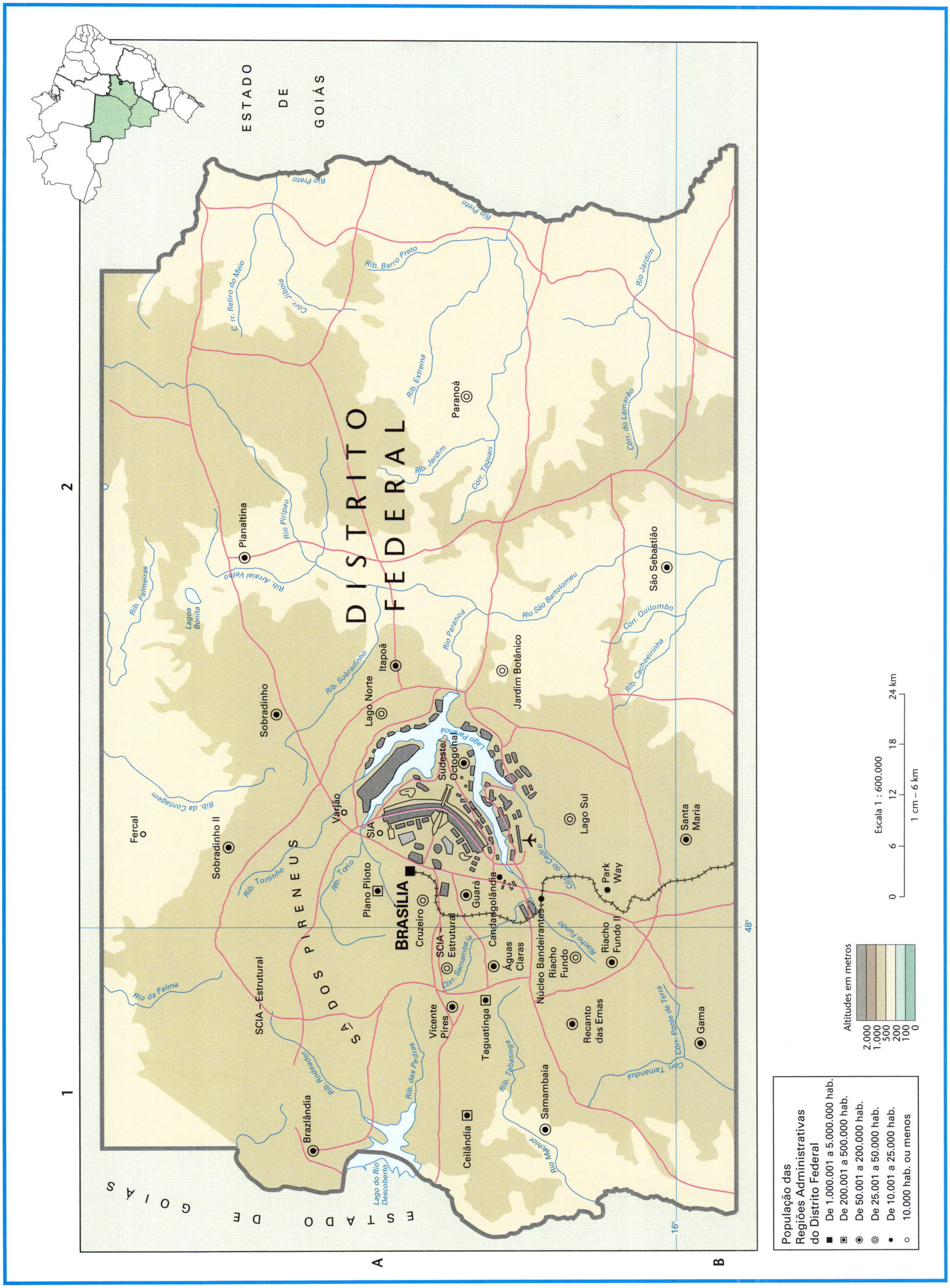

Fonte: Melhoramentos, 2017.

Estados de Mato Grosso e Mato Grosso do Sul

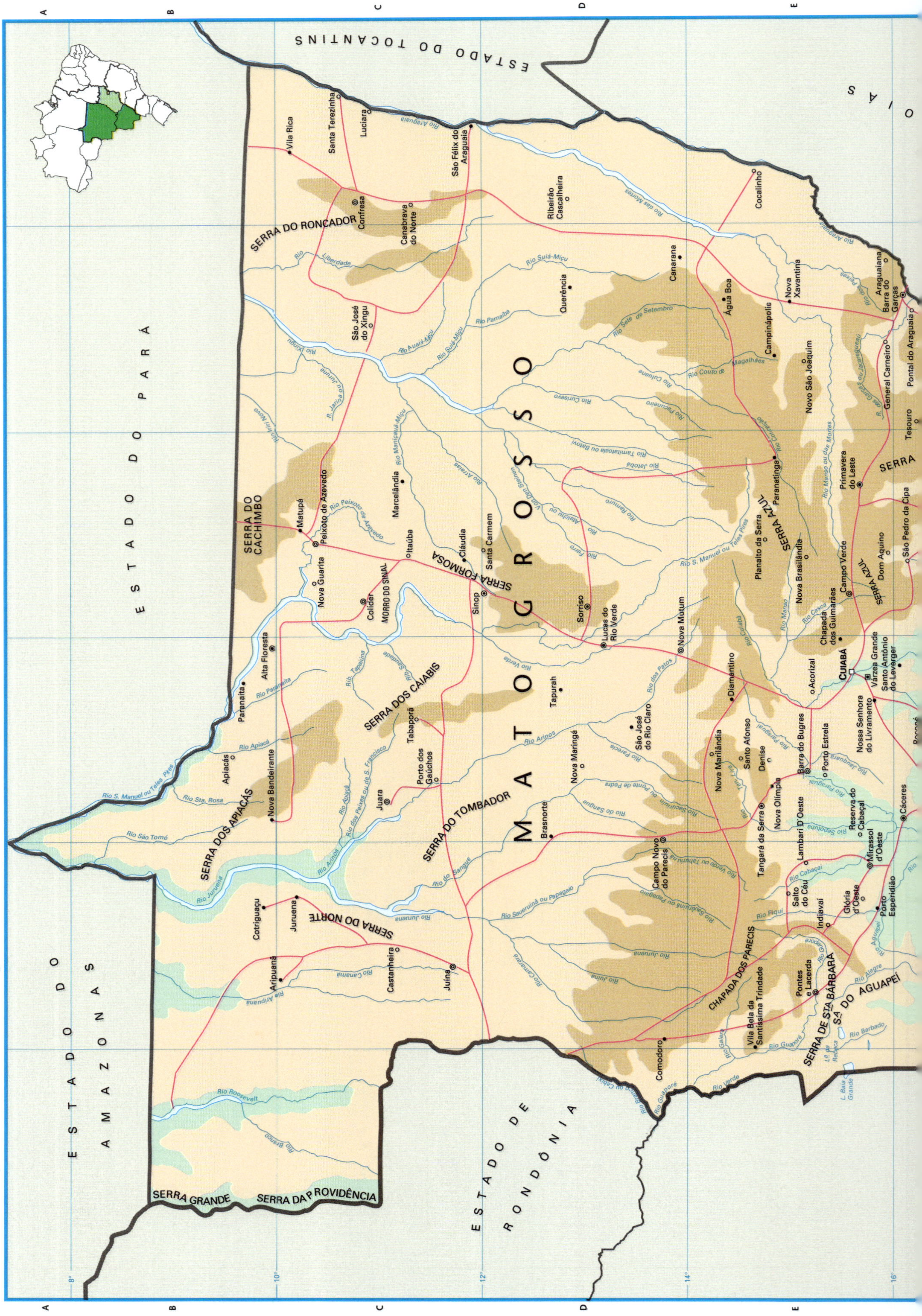

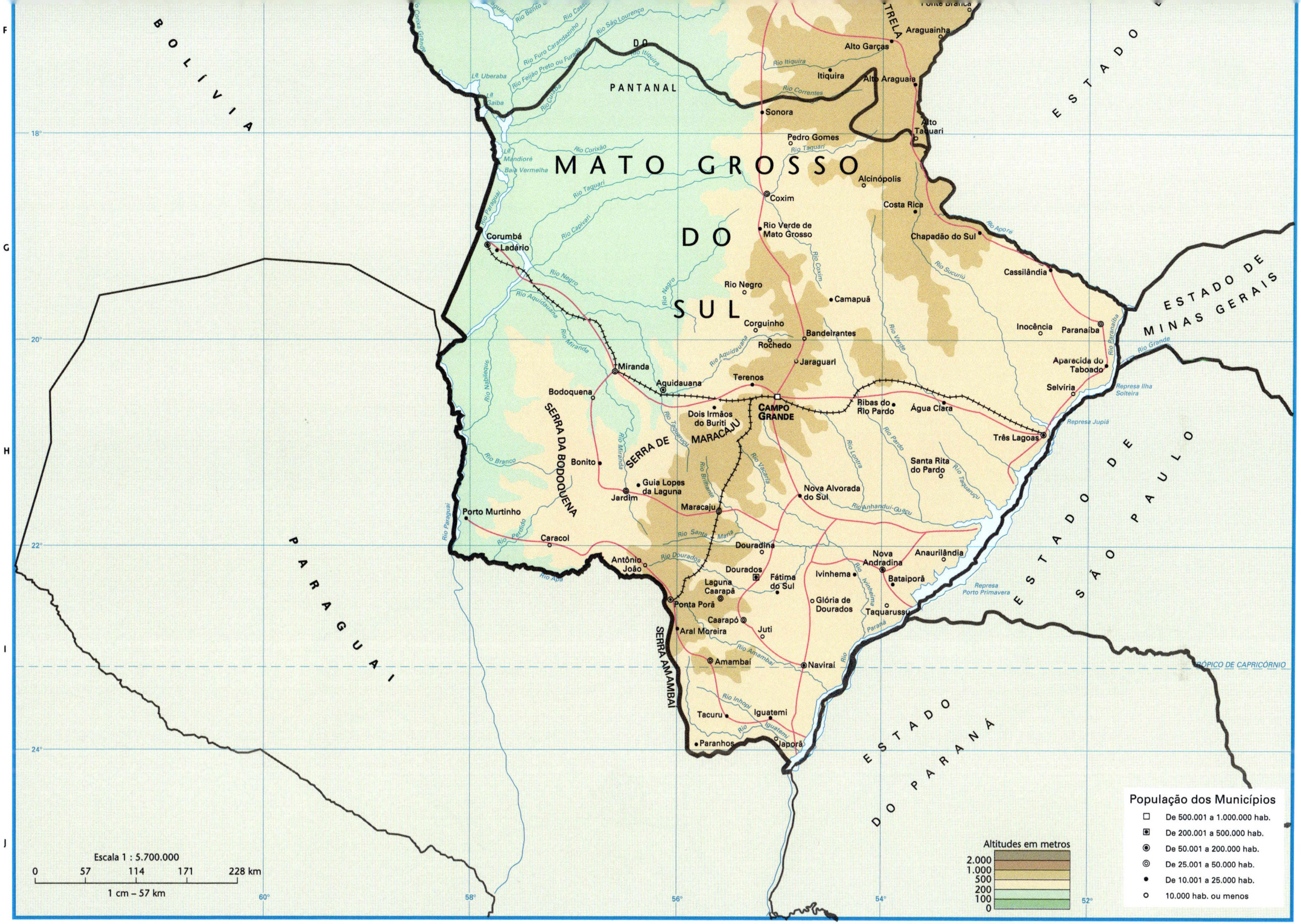

Nota: Nos mapas estaduais estão representadas somente as cidades sedes de municípios.

Fonte: Melhoramentos, 2017.

Estados de Maranhão e Piauí

Nota: Nos mapas estaduais estão representadas somente as cidades sedes de municípios.

Fonte: Melhoramentos, 2017.

Estado do Ceará

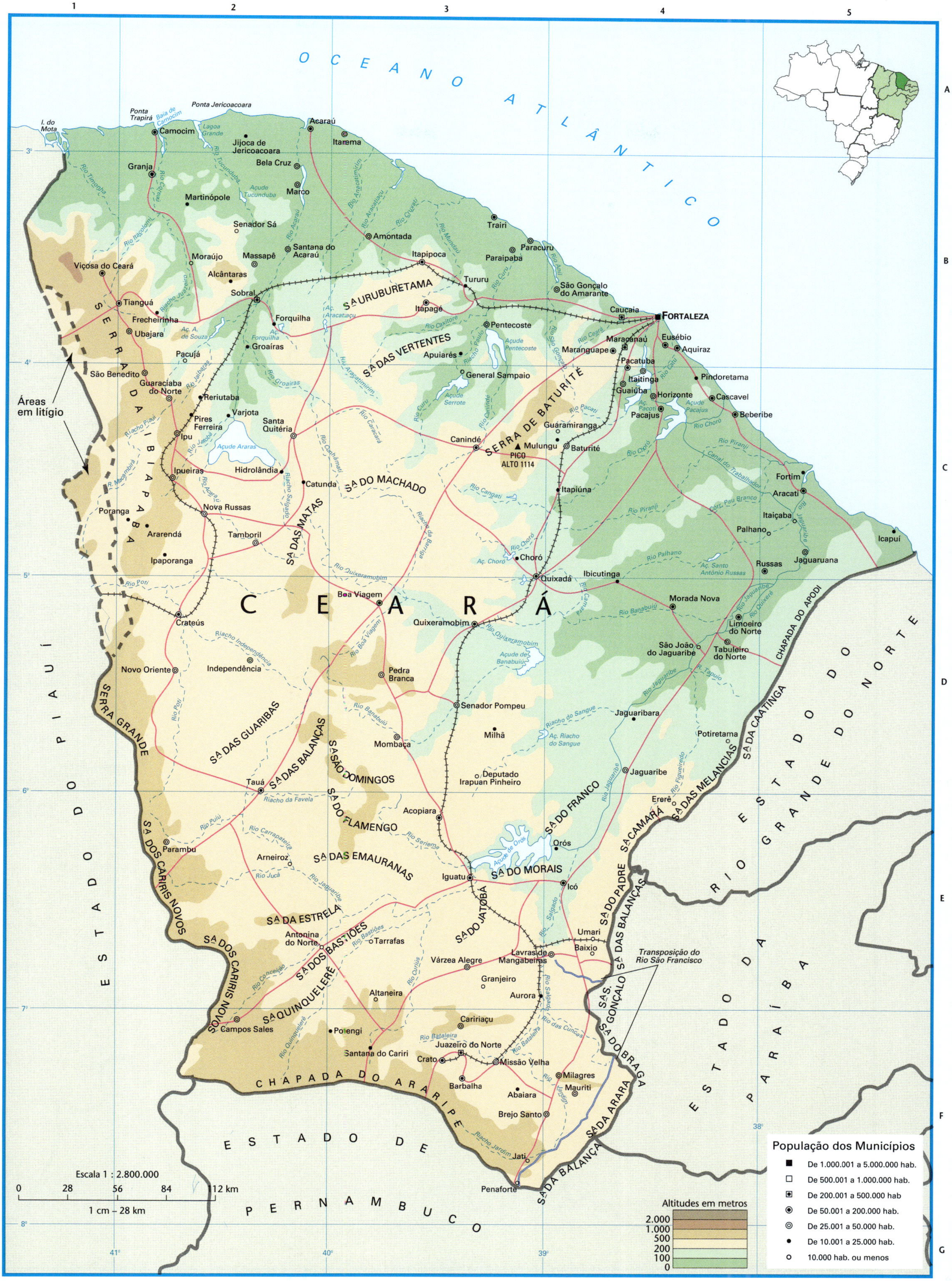

Nota: Nos mapas estaduais estão representadas somente as cidades sedes de municípios.

Fonte: Melhoramentos, 2017.

Estados de Rio Grande do Norte, Paraíba e Pernambuco

Nota: Nos mapas estaduais estão representadas somente as cidades sedes de municípios.

Fonte: Melhoramentos, 2017.

Estados de Alagoas e Sergipe

Nota: Nos mapas estaduais estão representadas somente as cidades sedes de municípios.

Fonte: Melhoramentos, 2017.

Estado da Bahia

Nota: Nos mapas estaduais estão representadas somente as cidades sedes de municípios.

Fonte: Melhoramentos, 2017.

Estado de Minas Gerais

Nota: Nos mapas estaduais estão representadas somente as cidades sedes de municípios.

Fonte: Melhoramentos, 2017.

Estado do Rio de Janeiro

Nota: Nos mapas estaduais estão representadas somente as cidades sedes de municípios.

Estado do Espírito Santo

Fonte: Melhoramentos, 2017.

Estado de São Paulo

Nota: Nos mapas estaduais estão representadas somente as cidades sedes de municípios.

Fonte: Melhoramentos, 2017.

Estado do Paraná

Nota: Nos mapas estaduais estão representadas somente as cidades sedes de municípios.

Fonte: Melhoramentos, 2017.

Estado de Santa Catarina

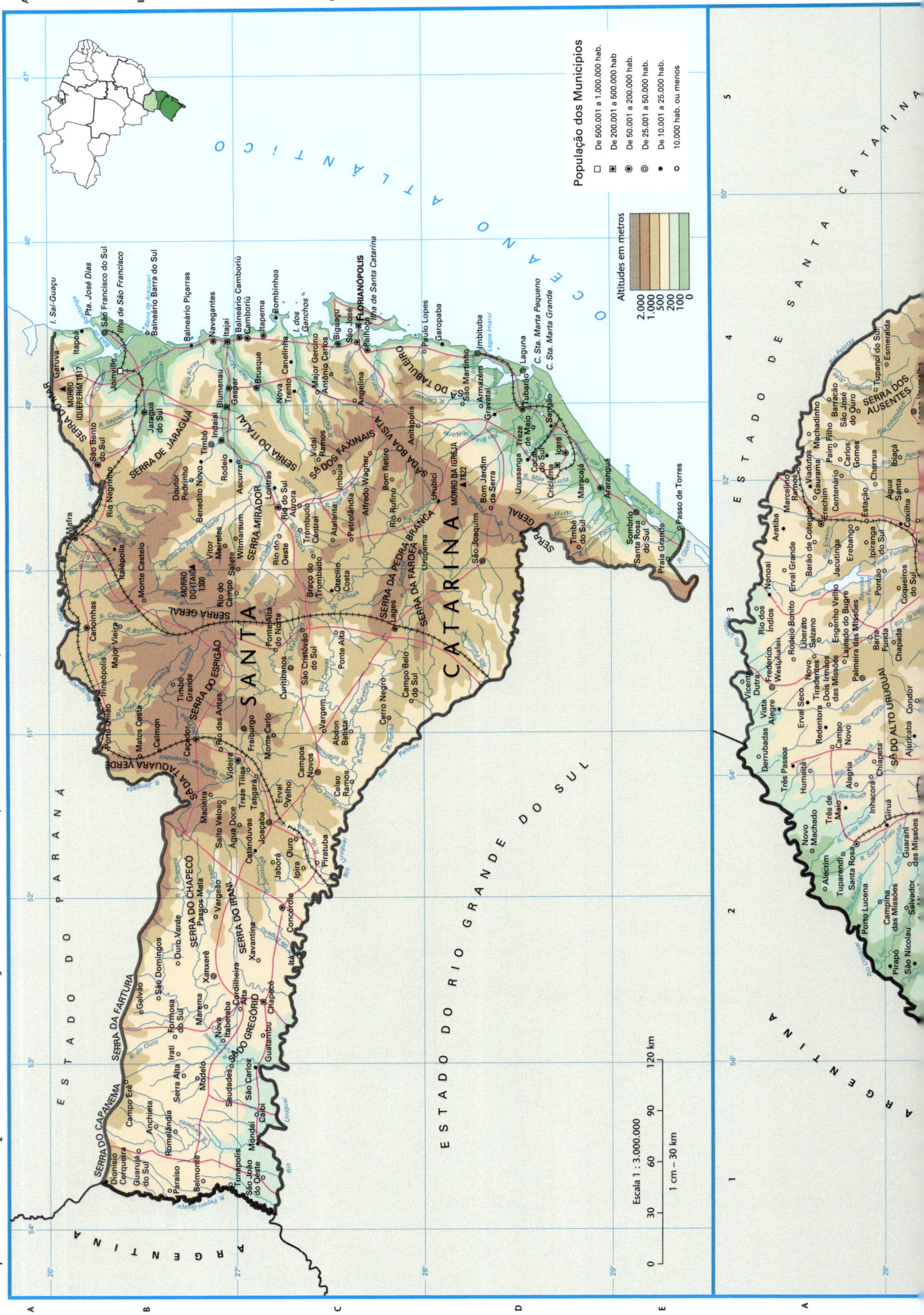

Estado do Rio Grande do Sul

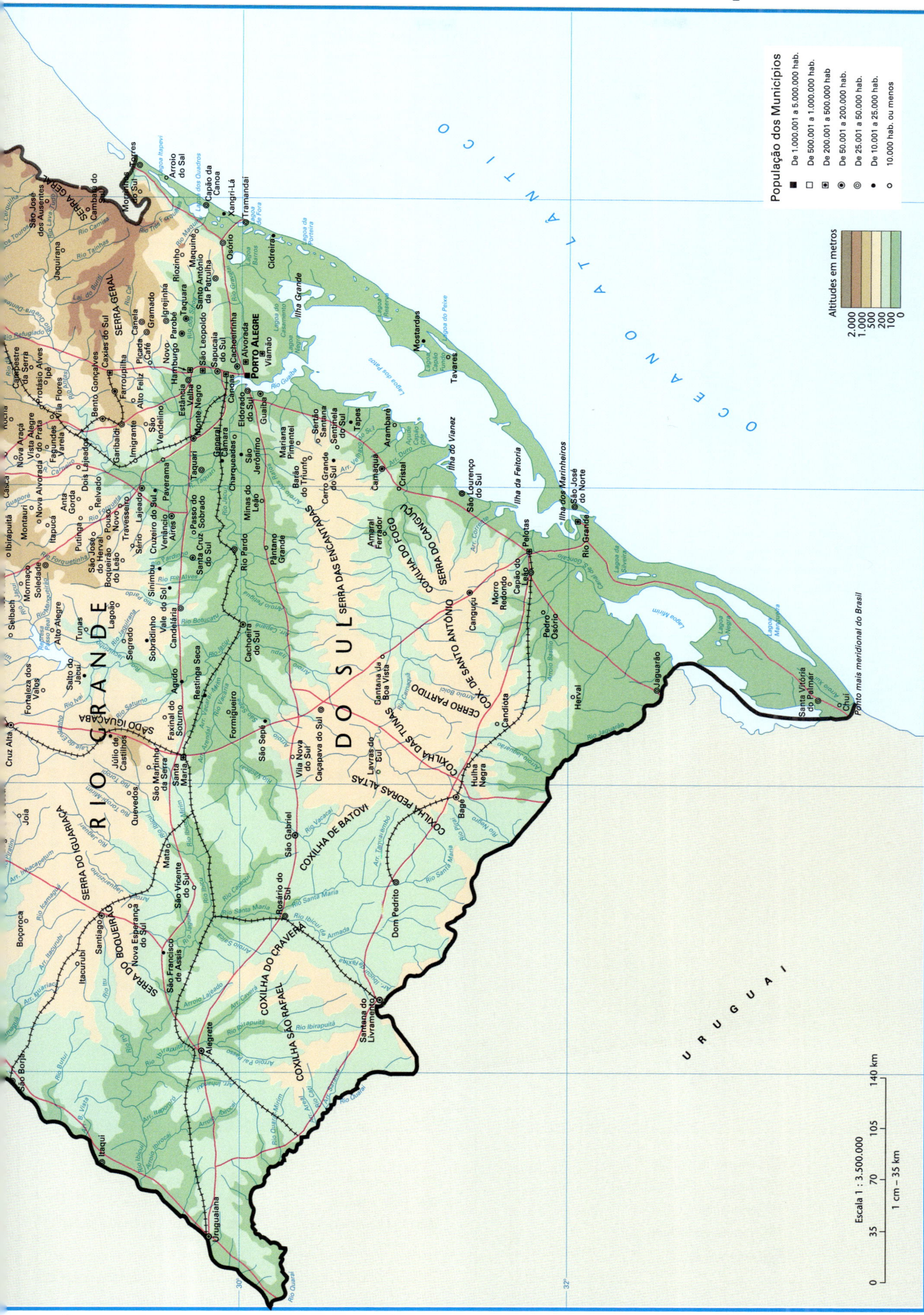

Nota: Nos mapas estaduais estão representadas somente as cidades sedes de municípios.

Fonte: Melhoramentos, 2017.

Brasil: Mapas Temáticos

Estrutura Geológica

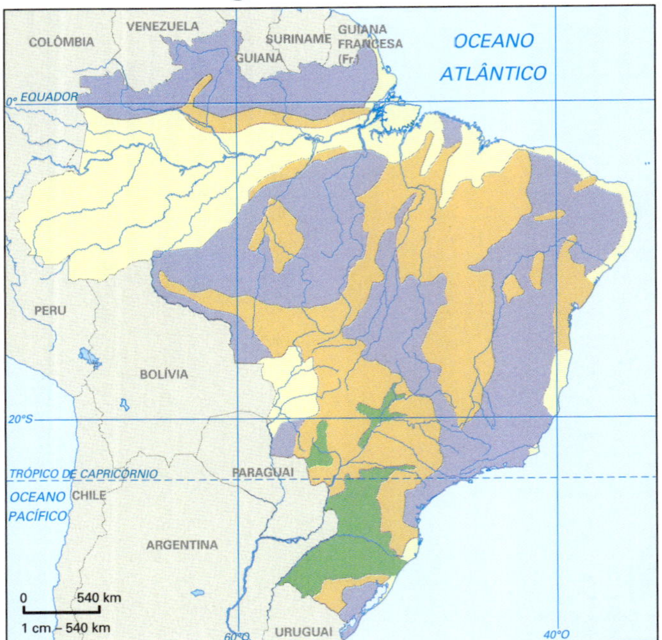

Sedimentos recentes (Cenozoico)

Eruptivas básicas (Triássico)

Sedimentos antigos (Paleozoico e Mesozoico)

Escudos cristalinos (Pré-Cambriano)

Fonte: Melhoramentos, 2017.

Unidades de Relevo

Formas de relevo

Planaltos

Depressões

Planícies

1 - Planaltos Residuais Norte-Amazônicos
2 - Planaltos Residuais Sul-Amazônicos
3 - Serras Residuais do Alto Paraguai
4 - Depressão do Alto Paraguai-Guaporé
5 - Depressão Cuiabana
6 - Depressão do Miranda
7 - Depressão Periférica da Borda Leste da Bacia do Paraná
8 - Depressão Periférica Sul-Rio-Grandense
9 - Planalto Sul-Rio-Grandense
10 - Planície da Lagoa dos Patos e Mirim

Fonte: Melhoramentos, com base na classificação de Jurandyr Ross.

Tipos de Clima

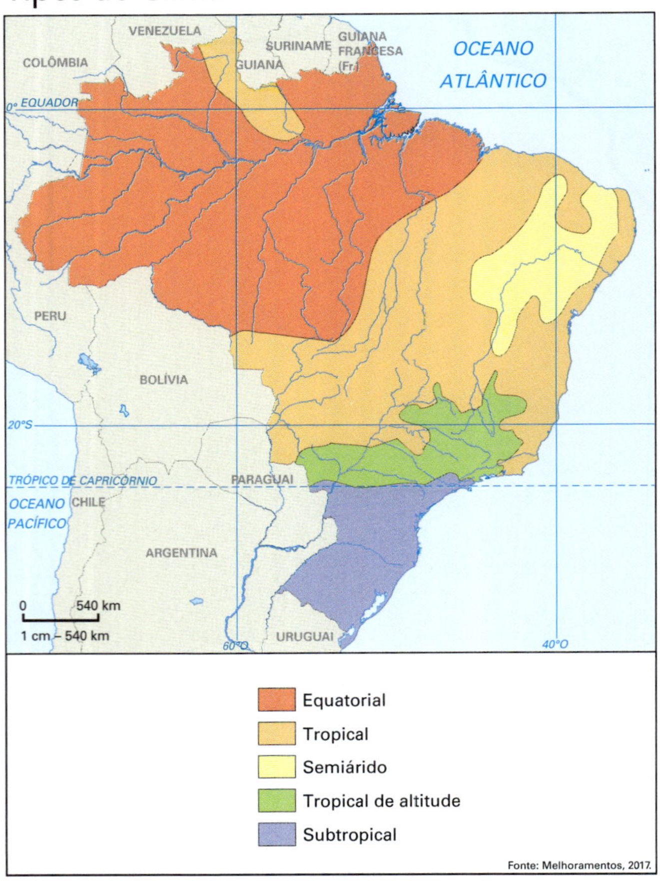

Equatorial

Tropical

Semiárido

Tropical de altitude

Subtropical

Fonte: Melhoramentos, 2017.

Massas de Ar

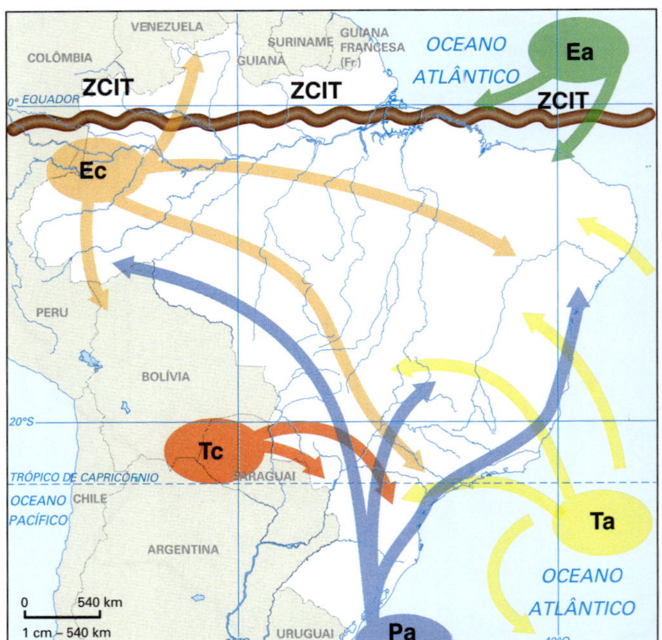

Ta Tropical atlântica

Pa Polar atlântica

Ea Equatorial atlântica

Ec Equatorial continental

Tc Tropical continental

ZCIT (Zona de Convergência Intertropical)

Fonte: Melhoramentos, 2017.

Regiões Hidrográficas

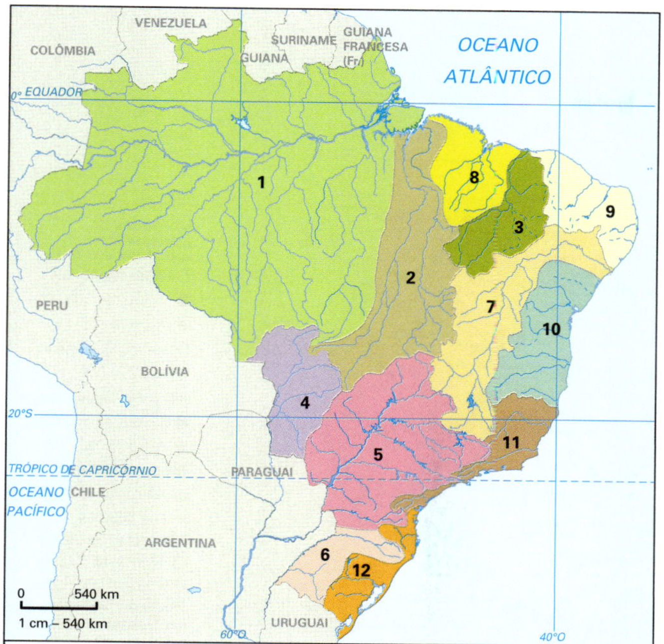

- 1 Amazônica
- 2 Tocantins/Araguaia
- 3 Parnaíba
- 4 Paraguai
- 5 Paraná
- 6 Uruguai
- 7 São Francisco
- 8 Atlântico Nordeste Ocidental
- 9 Atlântico Nordeste Oriental
- 10 Atlântico Leste
- 11 Atlântico Sudeste
- 12 Atlântico Sul

Fonte: ANA, 2017.

Vegetação Original

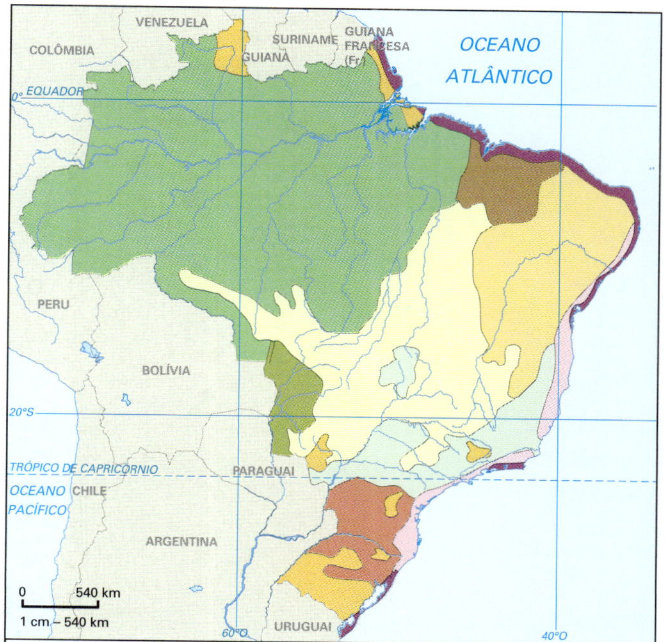

- Floresta Equatorial Amazônica
- Floresta Tropical
- Floresta Tropical Atlântica
- Floresta Subtropical (araucárias)
- Mata dos Cocais
- Cerrado
- Caatinga
- Campo
- Vegetação do Pantanal
- Vegetação Litorânea

Fonte: Melhoramentos, 2017.

Biomas Originais

- Floresta Amazônica
- Mata Atlântica
- Cerrados
- Caatinga
- Campos
- Pantanal
- Restingas e manguezais

Fonte: Melhoramentos, com base na classificação de Aziz Ab'Saber.

Domínios Morfoclimáticos

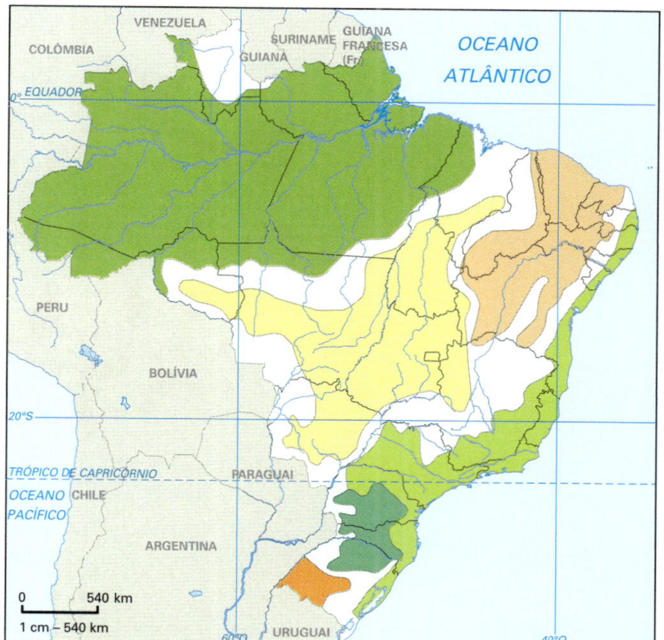

- **Amazônico** – Terras baixas Florestas equatoriais
- **Mares de Morros** – Áreas mamelonares tropical-atlânticas florestadas
- **Araucária** – Planaltos subtropicais com araucárias
- **Caatinga** – Depressões intermontanas e interplanálticas semiáridas
- **Cerrado** – Chapadões tropicais interiores com cerrados e matas-galerias
- **Pradaria** – Coxilhas subtropicais com pradarias mistas
- Faixas de transição

Fonte: Melhoramentos, com base na classificação de Aziz Ab'Saber.

Unidades de Conservação da Natureza

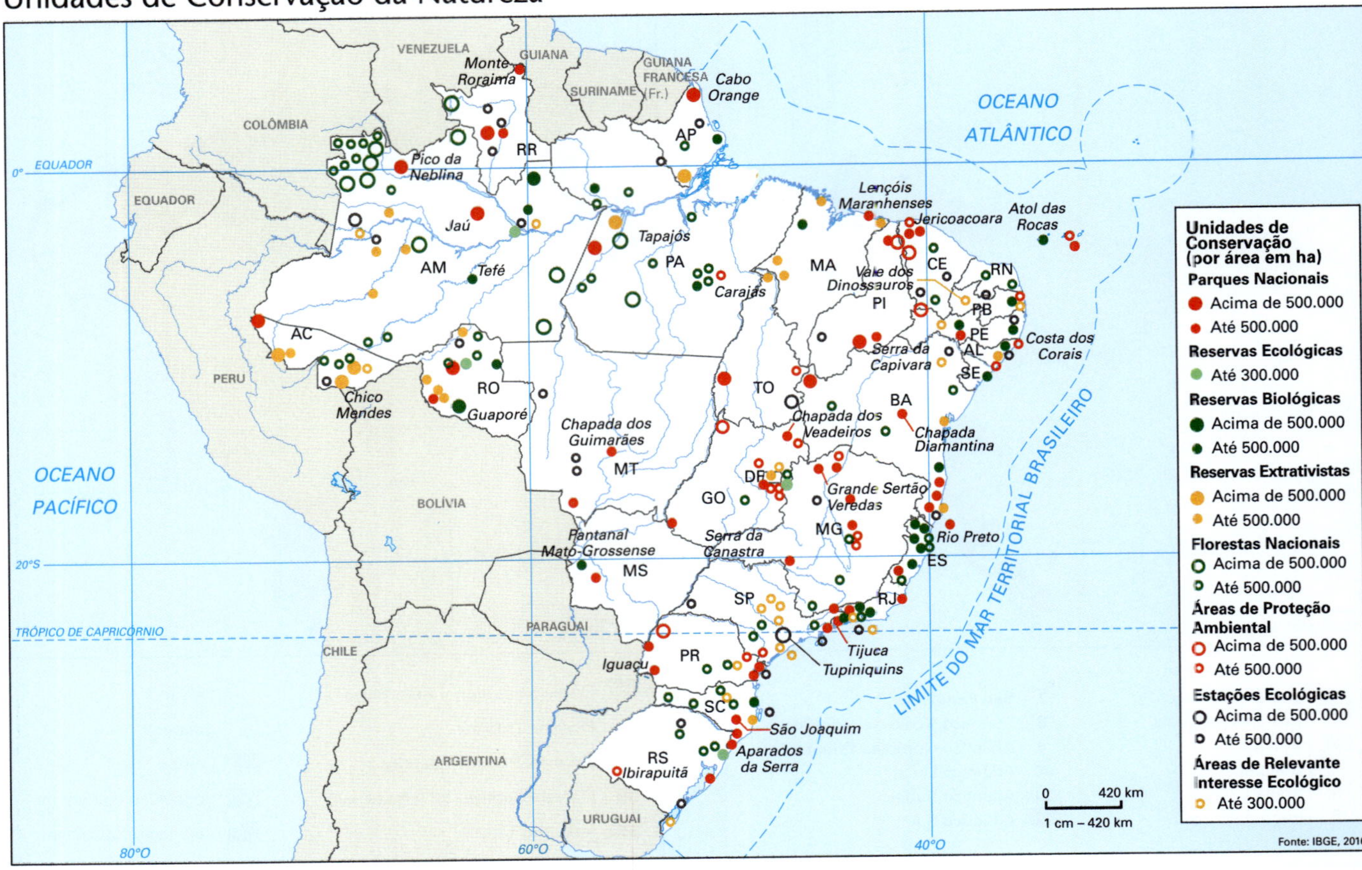

Terras Indígenas

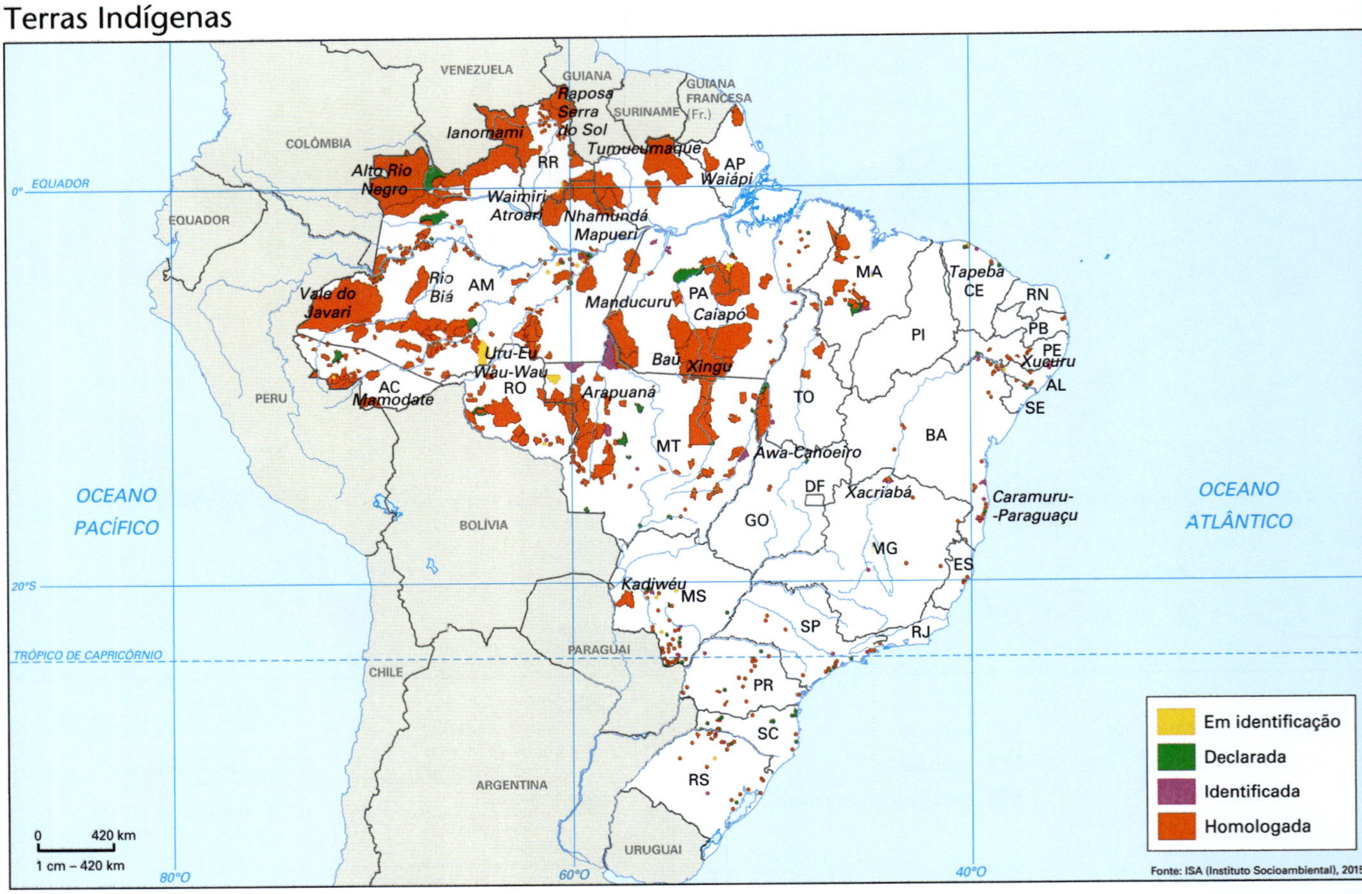

Densidade Demográfica

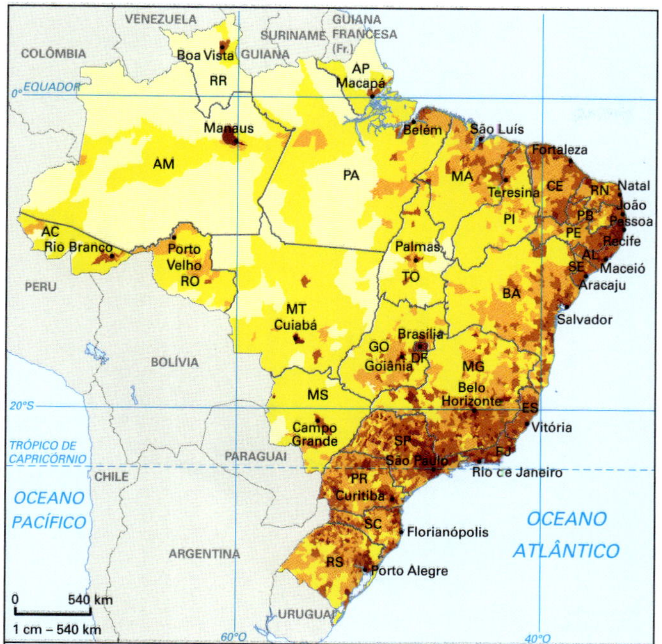

Habitantes por km²

- Menos de 1
- De 1 a 9
- De 10 a 24
- De 25 a 100
- Mais de 100

Fonte: Melhoramentos, 2017.

Urbanização

Taxa de urbanização (%)

- De 59,5 a 64,9
- De 65 a 69,9
- De 70 a 84,9
- De 85 a 96,7

Nível hierárquico

- Grande metrópole nacional
- Metrópole nacional
- Metrópole
- Capital regional A
- Capital regional B
- Capital regional C

Fonte: IBGE, 2017.

Migrações

População não natural por Unidade Federativa (%)

- De 4,1 a 9,4
- De 10,2 a 18,6
- De 22,8 a 28,7
- De 38,3 a 45,7

Principal destino*

PNAD 2015, Censo 2010.

* As informações referem-se às pessoas que residiam há menos de 10 anos na Unidade da Federação de destino.

Estrutura Fundiária

Classes de área predominante na área total dos imóveis (em ha)

- Até 100
- De 50 a 1.000
- De 500 a 10.000
- De 1.000 a 100.000
- A partir de 5.000

Fonte: Melhoramentos, 2017.

Brasil: Mapas Temáticos

Índice de Desenvolvimento Humano

IDH

- De 0,600 a 0,699 (médio)
- De 0,700 a 0,799 (alto)
- De 0,800 a 1,000 (muito alto)

Fonte: Radar IDHM, 2016.

Produto Interno Bruto

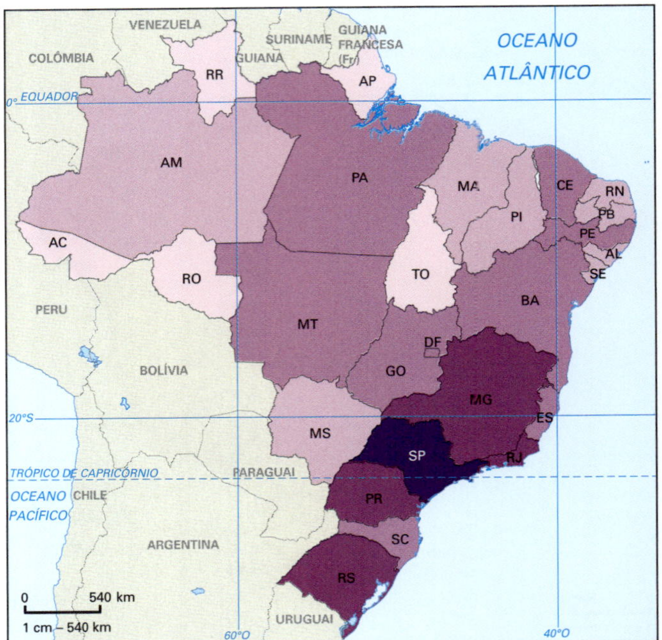

PIB a preços correntes (em R$ milhões)

- De 9.744 a 26.189
- De 34.031 a 86.669
- De 101.235 a 242. 553
- De 348.084 a 671.077
- 1.858.196

Fonte: IBGE, 2017.

Produto Interno Bruto *per Capita*

PIB *per capita* (em R$)

- De 11.216 a 14.803
- De 15.430 a 19.462
- De 22.373 a 25.296
- De 30.137 a 36.055
- De 40.767 a 69.216

Fonte: IBGE, 2017.

Produto Interno Bruto por Setor de Atividade

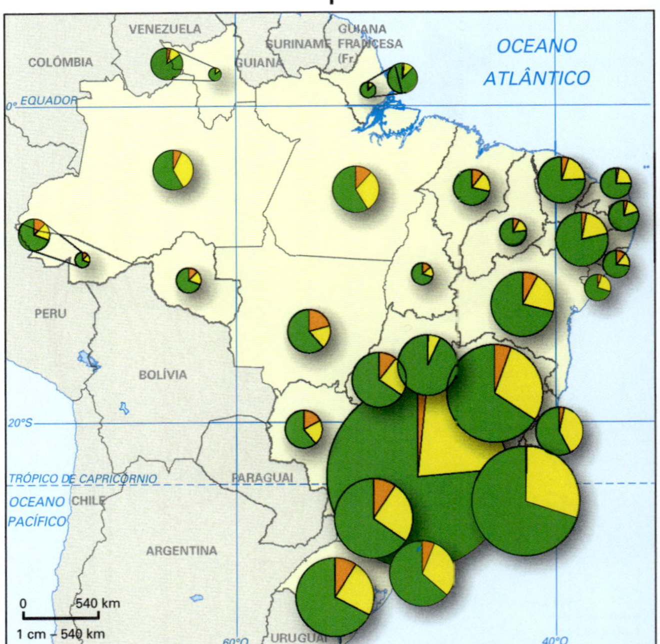

Setores de atividades

- Agropecuária
- Indústria
- Serviços

PIB (em R$ milhões)

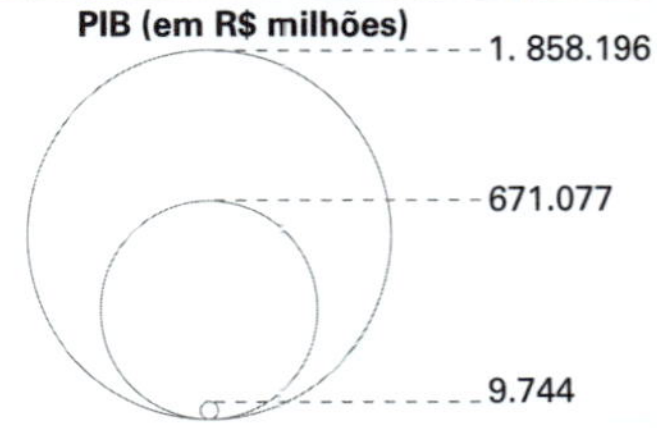

Fonte: IBGE, 2017.

Atividade Agropecuária

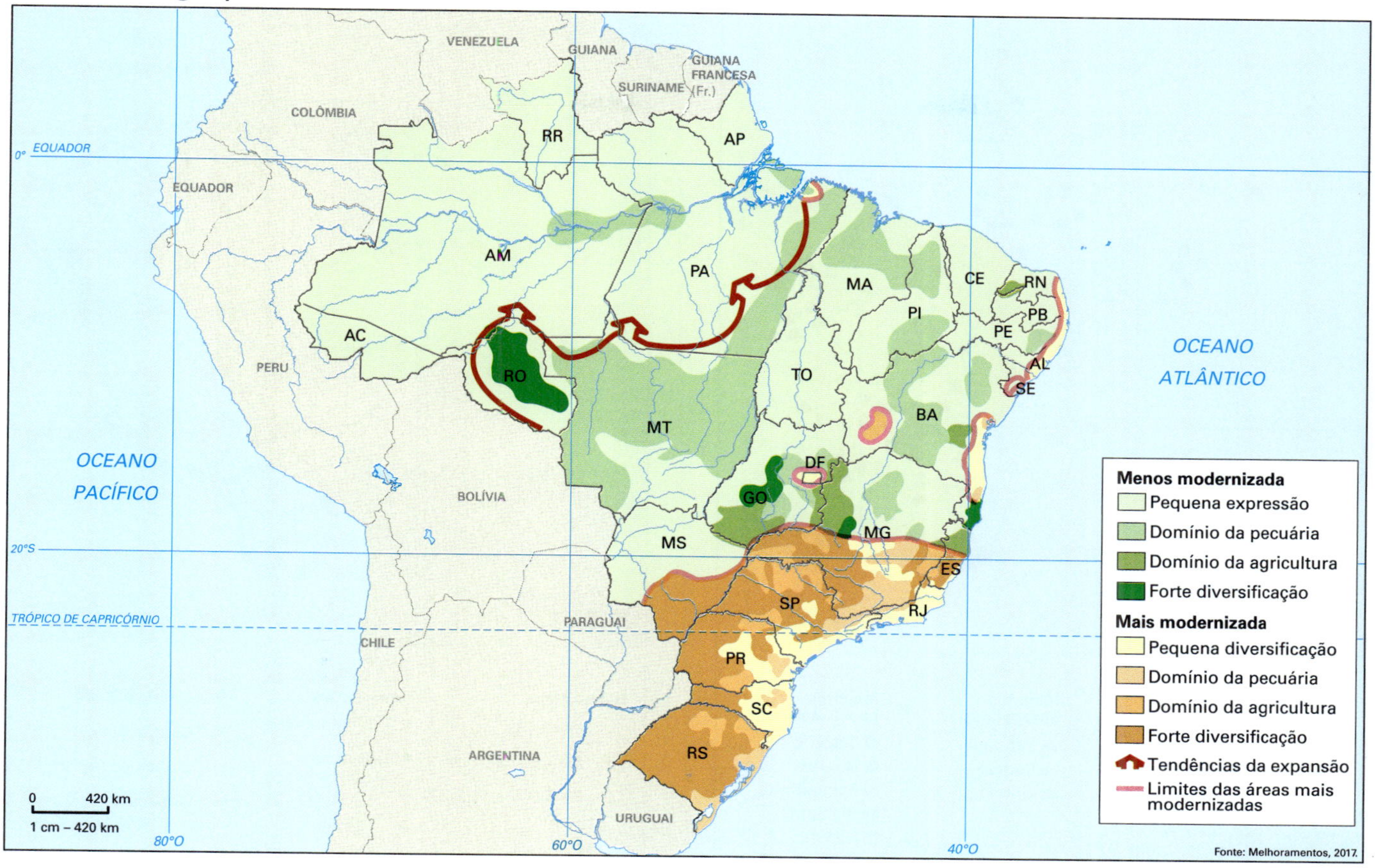

Fonte: Melhoramentos, 2017.

Potencial de Pesca

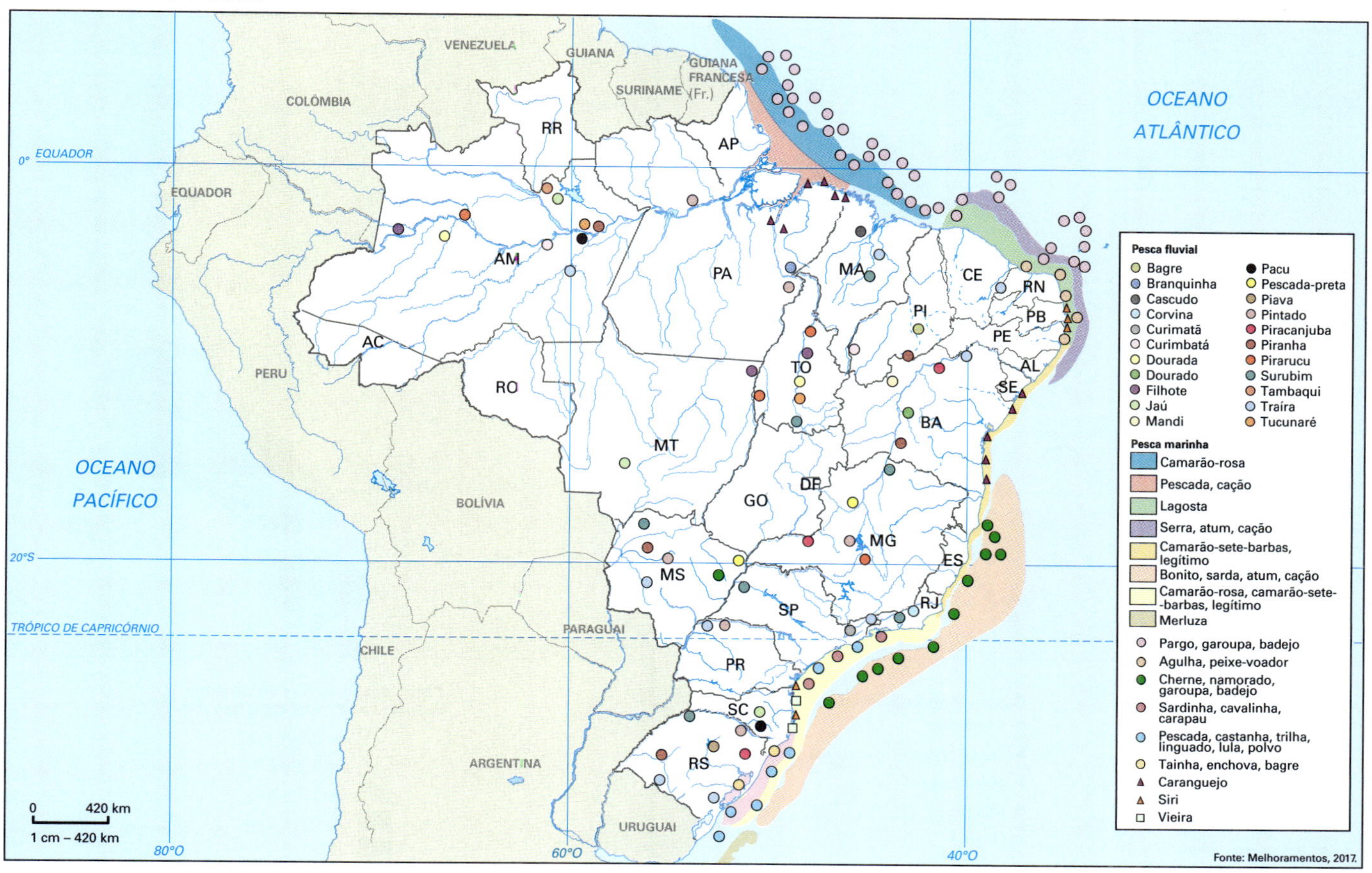

Fonte: Melhoramentos, 2017.

Brasil: Mapas Temáticos

Recursos Minerais

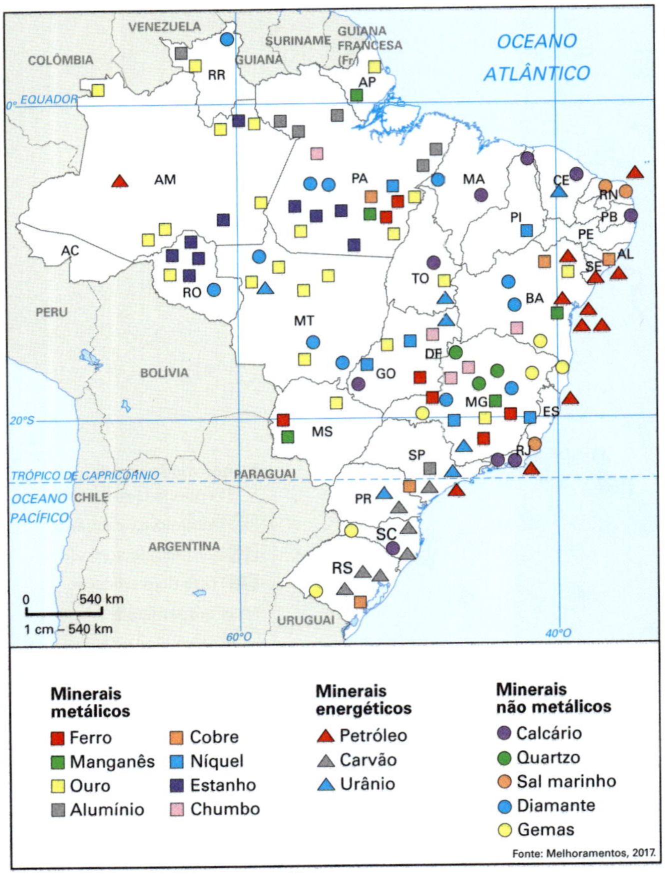

Fonte: Melhoramentos, 2017.

Fontes de Energia

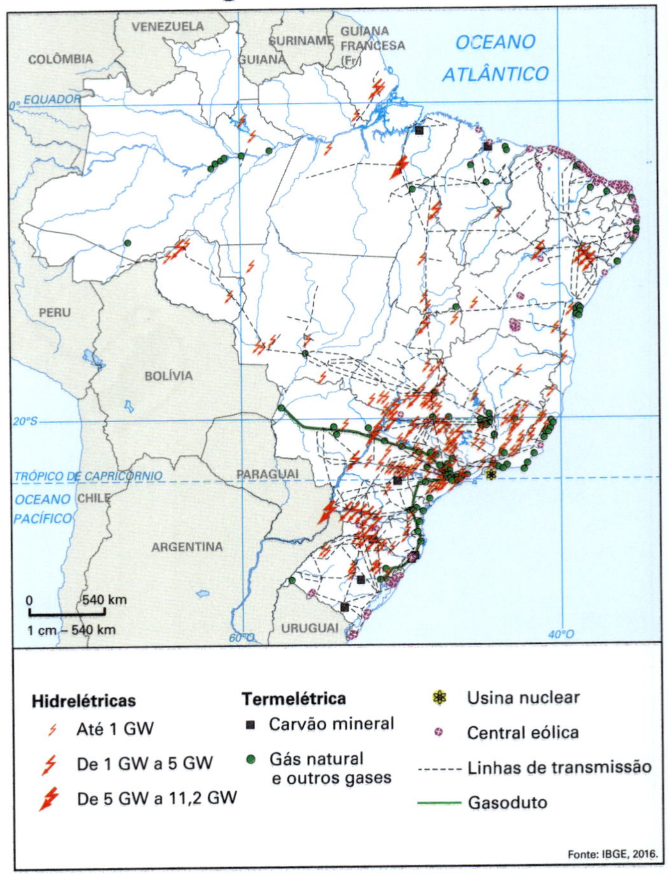

Fonte: IBGE, 2016.

Distribuição da Indústria

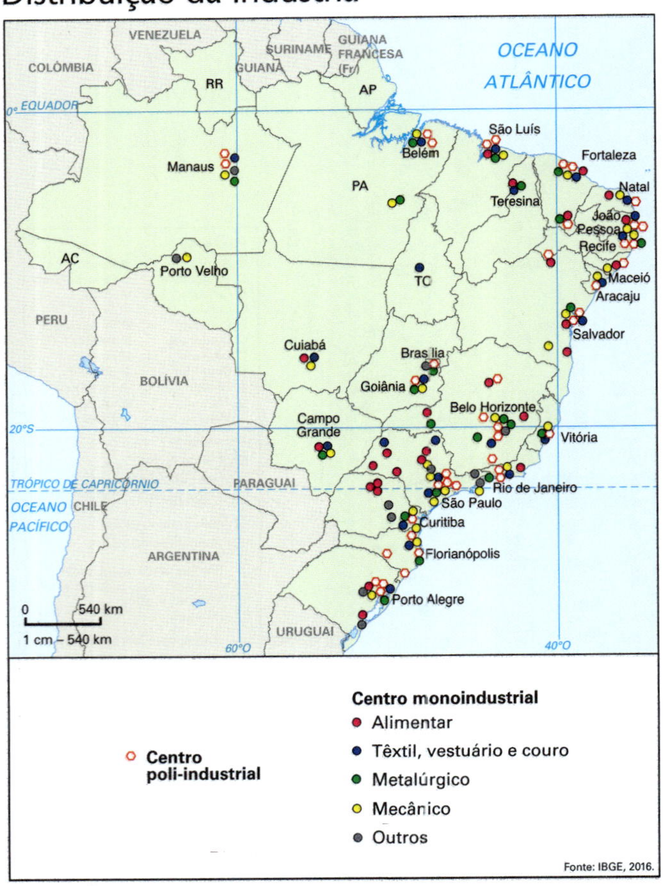

Fonte: IBGE, 2016.

Valor da Transformação Industrial

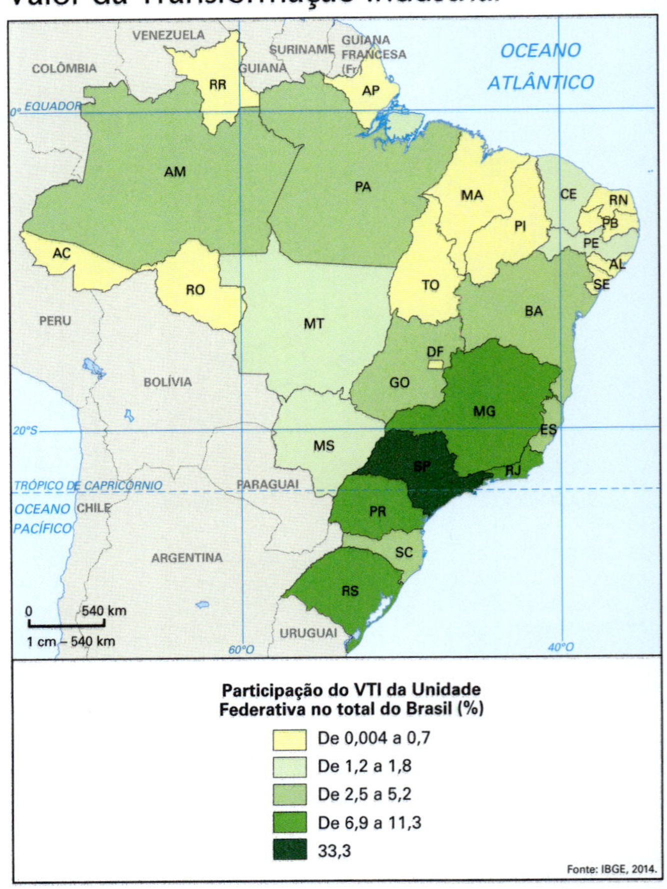

Fonte: IBGE, 2014.

Corredores de Exportação e Importação

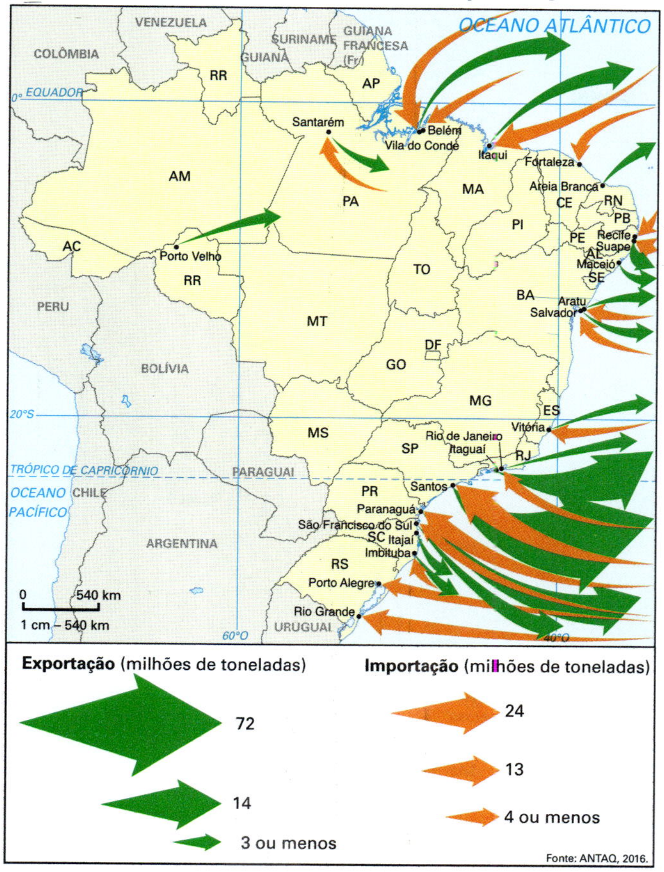

Fonte: ANTAQ, 2016.

Portos e Hidrovias

Fonte: IBGE, 2016.

Rede Rodoviária

Fonte: IBGE, 2016.

Rede Ferroviária

Fonte: IBGE, 2016.

Brasil: Mapas Temáticos

Principais Aeroportos

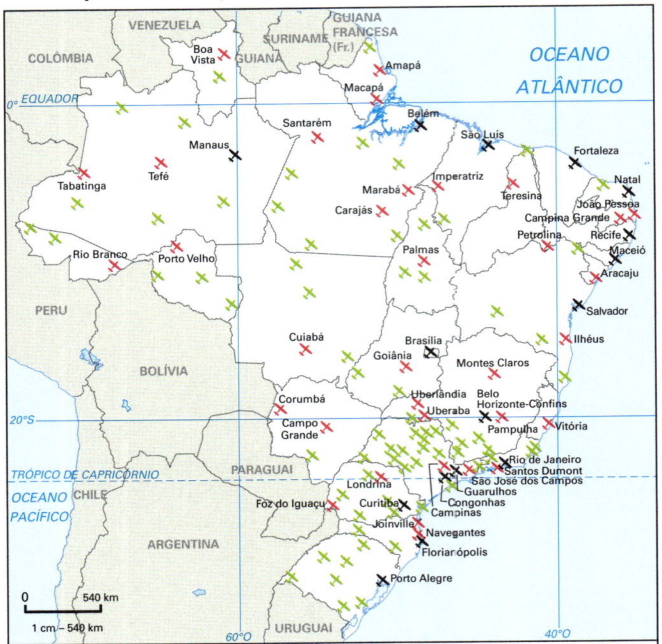

Classificação de aeroportos

- 1ª categoria
  Aeronaves de todos os portes
- 2ª categoria
  Aeronaves de médio e pequeno porte
- 3ª categoria (não nominados)
  Aeronaves de pequeno porte

Fonte: Anac, 2016.

Fluxo Aéreo

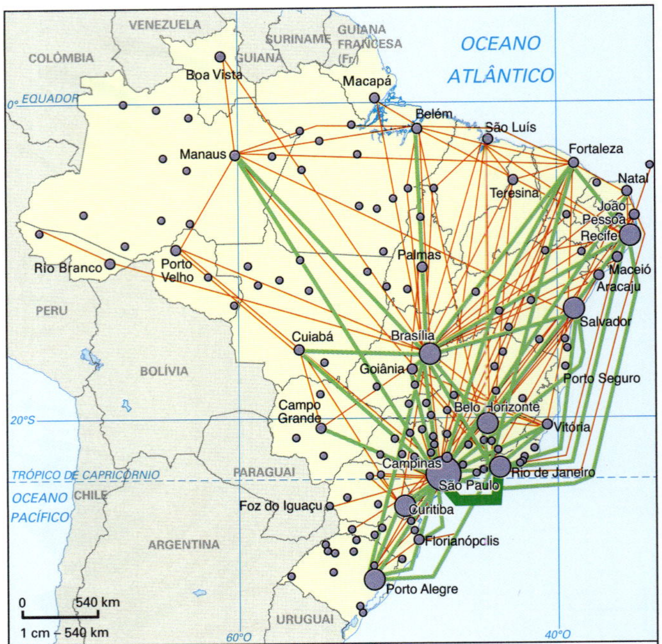

Movimentação de passageiros

- Grande
- Médio
- Pequeno

Fluxo de passageiros

- Grande
- Médio
- Pequeno

Fonte: IBGE, 2016.

Telecomunicações

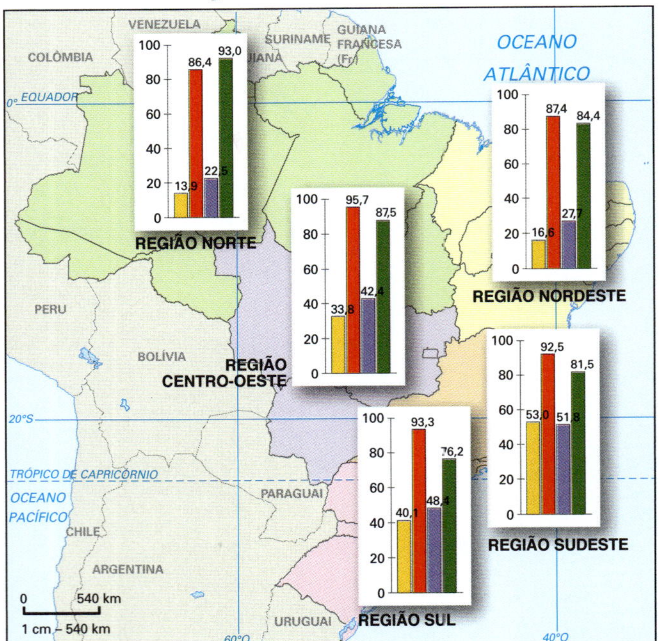

Porcentagem de domicílios

- Que possuem telefone fixo
- Que possuem telefone móvel
- Que possuem computador ligado à internet
- Que têm acesso à internet por telefone móvel ou *tablet*

Fontes: IBGE, 2014.

Saneamento Básico

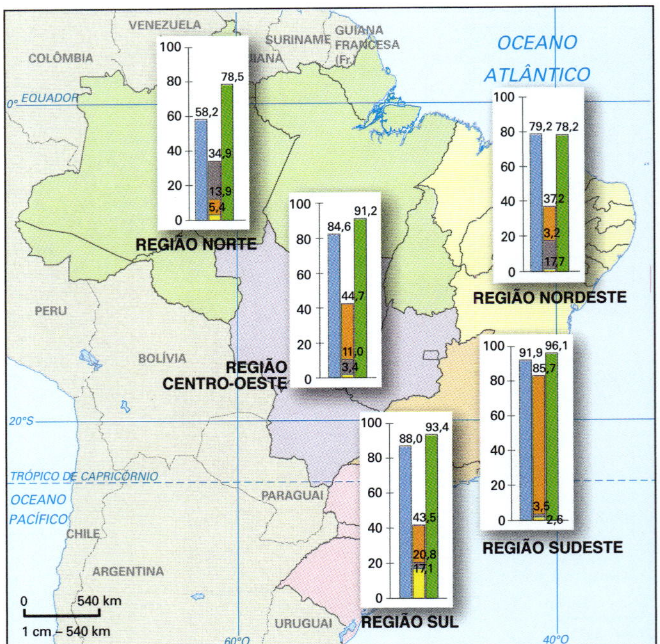

Porcentagem de domicílios

- Conectados à rede de abastecimento de água
- Conectados à rede de coleta de esgoto
- Que possuem fossa séptica ligada à rede coletora
- Que possuem fossa séptica não ligada à rede coletora
- Servidos pela coleta de lixo

Fonte: IBGE, 2012-2013.

São Paulo – SP

População total............................21.242.939	Densidade........................2.672,9	Número de municípios...39
População da cidade principal....12.038.175	Área da região em km².....7.947,3	

Fonte: IBGE – Estimativas da população, 2016.

Rio de Janeiro – RJ

População total............................12.329.678	Densidade........................1.830,1	Número de municípios..21
População da cidade principal.......6.498.837	Área da região em km²...6.737,0	

Fonte: IBGE – Estimativas da população, 2016.

Regiões Metropolitanas

Belo Horizonte – MG

População total..........................5.278.144

População da cidade principal....................................2.513.451

Densidade...557,1

Área da região em km²...............14.420,5

Número de municípios..................34

Fonte: IBGE – Estimativas da população, 2016.

Porto Alegre – RS

População total..........................4.276.475

População da cidade principal....................................1.481.019

Densidade...413,3

Área da região em km²................10.346,6

Número de municípios....................34

Fonte: IBGE – Estimativas da população, 2016.

Fortaleza – CE

População total..........................4.019.213

População da cidade principal....................................2.609.716

Densidade...539,9

Área da região em km²................ 7.443,9

Número de municípios..................19

Fonte: IBGE – Estimativas da população, 2016.

Salvador – BA

População total..........................3.984.583

População da cidade principal....................................2.938.092

Densidade...915,1

Área da região em km².................4.353,9

Número de municípios....................13

Fonte: IBGE – Estimativas da população, 2016.

Recife – PE

População total..........................3.940.456
População da cidade principal.....................................1.625.583
Densidade.......................................1.420,5
Área da região em km²..................2.773,8
Número de municípios...................14

Fonte: IBGE – Estimativas da população, 2016.

Curitiba – PR

População total..............................3.484.768
População da cidade principal 1.893.997
Densidade...226,0
Área da região em km²................15.418,6
Número de municípios....................26

Fonte: IBGE – Estimativas da população, 2016.

Campinas – SP

População total......................... 3.131.528
População da cidade principal 1.173.370
Densidade 825,9
Área da região em km²................ 3.791,6
Número de municípios 20

Fonte: IBGE – Estimativas da população, 2016.

Manaus – AM

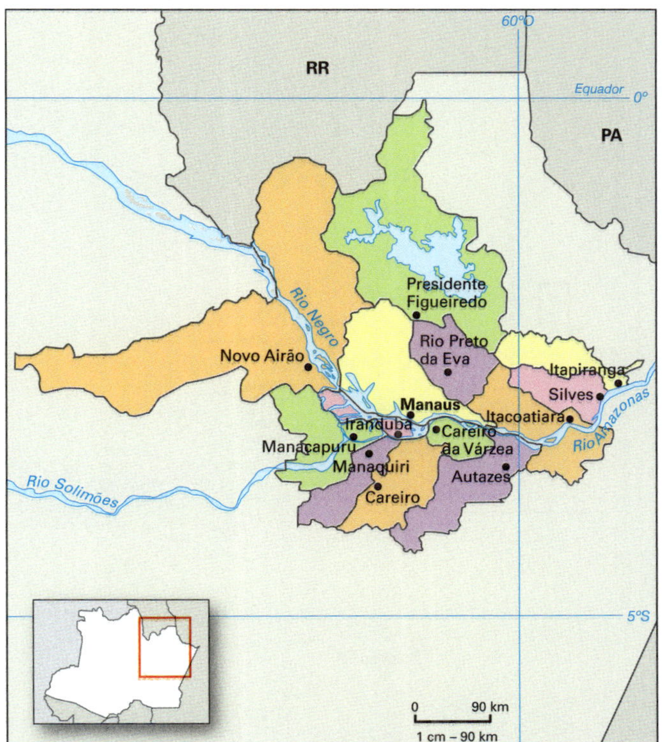

População total.......................... 2.568.817
População da cidade principal.. 2.094.391
Densidade...20,2
Área da região em km².................127.144,5
Número de municípios 13

Fonte: IBGE – Estimativas da população, 2016.

Regiões Metropolitanas

Goiânia – GO

População total..........................2.458.504
População da cidade principal 1.448.639
Densidade 336,0
Área da região em km².................7.315,1
Número de municípios..................20

Fonte: IBGE – Estimativas da população, 2016.

Belém – PA

População total..........................2.422.481
População da cidade principal.....................................1.446.042
Densidade...679,3
Área da região em km².................3.565,7
Número de municípios 7

Fonte: IBGE – Estimativas da população, 2016.

Grande Vitória – ES

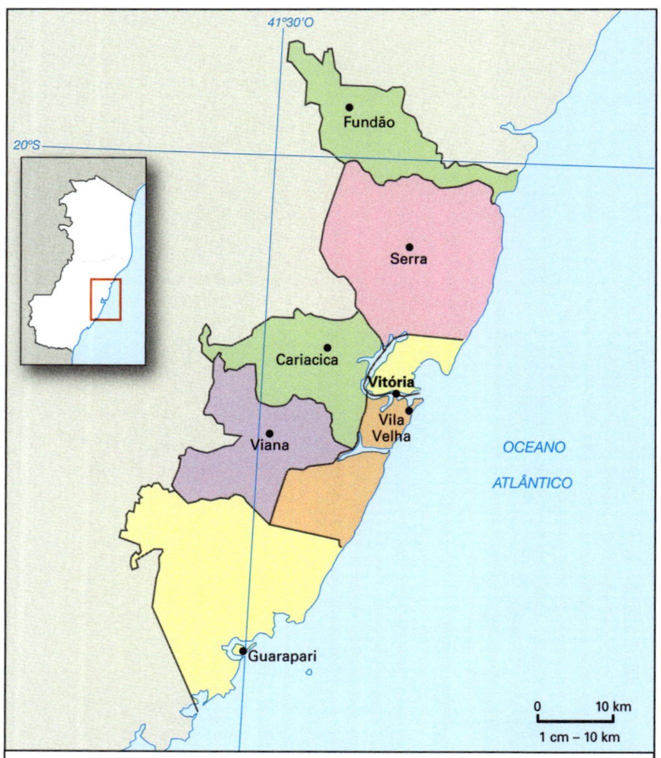

População total............................ 1.935.483
População da cidade principal.. 359.555
Densidade.. 830,3
Área da região em km²................. 2.331,0
Número de municípios.....................7

Fonte: IBGE – Estimativas da população, 2016.

Baixada Santista – SP

População total.......................... 1.813.033
População da cidade principal 434.359
Densidade 753,5
Área da região em km²................ 2.405,9
Número de municípios 9

Fonte: IBGE – Estimativas da população, 2016.

Natal – RN

População total 1.577.072	Área da região em km² 3.558,5
População da cidade principal 877.662	Número de municípios 14
Densidade 443,1	

Fonte: IBGE – Estimativas da população, 2016.

Grande São Luís – MA

População total 1.430.829	Área da região em km² 2.898,9
População da cidade principal 1.082.935	Número de municípios 5
Densidade 493,5	

Fonte: IBGE – Estimativas da população, 2016.

Maceió – AL

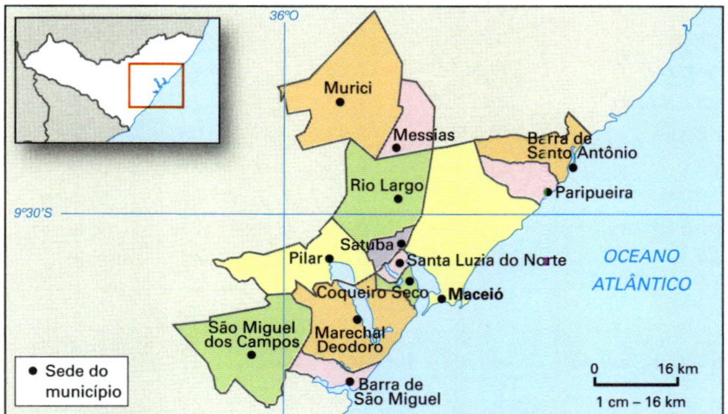

População total 1.356.392	Área da região em km² 2.703,4
População da cidade principal 1.021.709	Número de municípios 13
Densidade 501,7	

Fonte: IBGE – Estimativas da população, 2016.

João Pessoa – PB

População total 1.313.054	Área da região em km² 3.134,8
População da cidade principal 801.718	Número de municípios 13
Densidade 418,8	

Fonte: IBGE – Estimativas da população, 2016.

Outras Regiões Metropolitanas

Região Metropolitana	População Total	População da(s) Cidade(s) Principal(is)	Área dos Municípios (km²)	Densidade Demográfica (hab/km²)	Número de municípios
Norte/Nordeste Catarinense	1.344.089	569.645	10.830,6	124,10	20
Florianópolis	1.131.981	477.798	7.465,7	151,62	9
Londrina	1.067.214	553.393	7.442,5	143,39	24
Aracaju	925.744	641.523	865,8	1.069,23	4
Vale do Rio Cuiabá	887.410	641.523	21.545,1	41,19	4
Maringá	773.835	403.063	5.978,5	129,43	26
Vale do Itajaí	756.707	343.715	5.006,4	151,15	5
Campina Grande	638.017	407.754	4.739,7	134,61	19
Foz do Rio Itajaí	608.177	208.958	1.005,8	604,65	9
Cariri	598.107	268.248	5.460.0	109,54	9
Carbonífera	586.443	209.153	5.109,7	114,77	26
Macapá	585.893	465.495	7.988,1	73,35	3
Agreste	508.488	232.671	3.761,1	135,19	15
Vale do Aço	485.584	259.324	806,5	602,08	4
Chapecó	440.504	209.553	4.949,5	89,00	25
Lages	399.548	158.620	19.090,7	20,93	23
Tubarão	356.790	103.674	4.542,9	78,54	3
Sudoeste Maranhense	353.428	253.873	8.020,9	44,06	8

Fonte: IBGE, 2016.

* Listam-se a seguir as cidades principais que não têm o mesmo nome da região metropolitana: Imperatriz (Sudoeste Maranhense), Juazeiro do Norte (Cariri), Arapiraca (Agreste), Ipatinga (Vale do Aço), Criciúma (Carbonífera), Itajaí (Foz do Rio Itajaí), Joinvile (Norte/Nordeste Catarinense), Brusque (Vale do Itajaí), Cuiabá (Vale do Rio Cuiabá)

Brasil: Tabelas

Regiões Administrativas – Área e População

Região	Área		População – 2016	
	Absoluta (km^2)	Relativa (%)	Absoluta (hab.)	Relativa (%)
Norte	3.853.843,7	45,25	17.707.783	8,60
Nordeste	1.554.291,3	18,25	56.915.936	27,61
Centro-Oeste	1.600.454,0	18,85	15.660.988	7,60
Sudeste	924.614,1	10,85	86.356.952	41,90
Sul	576.783,8	6,80	29.439.773	14,29
BRASIL	8.515.767,0	100,00	206.081.432	100,00

Fonte: IBGE, 2016.

Estados – Área e População

Estado	Área		População – 2016		Estado	Área		População – 2016	
	Absoluta (km^2)	Relativa (%)	Absoluta (hab.)	Relativa (%)		Absoluta (km^2)	Relativa (%)	Absoluta (hab.)	Relativa (%)
Acre	164.123,7	1,92	816.687	0,40	Paraná	199.307,9	2,35	11.242.720	5,45
Alagoas	27.848,1	0,32	3.358.963	1,65	Pernambuco	98.076,0	1,15	9.410.336	4,60
Amapá	142.828,5	1,67	782.295	0,39	Piauí	251.611,9	2,95	3.212.180	1,55
Amazonas	1.559.149,0	18,30	4.001.667	1,95	Rio de Janeiro	43.781,5	0,51	16.635.996	8,07
Bahia	564.732,6	6,65	15.276.566	7,40	Rio Grande do Norte	52.811,1	0,62	3.474.998	1,60
Ceará	148.887,6	1,75	8.963.663	4,35	Rio Grande do Sul	281.737,9	3,30	11.286.500	5,47
Espírito Santo	46.089,3	0,55	3.973.697	1,95	Rondônia	237.765,3	2,79	1.787.279	0,86
Goiás	340.110,3	4,00	6.695.855	3,25	Roraima	224.301,0	2,65	514.229	0,25
Maranhão	331.936,9	3,90	6.954.036	3,40	Santa Catarina	95.737,8	1,12	6.910.553	3,35
Mato Grosso	903.198,0	10,60	3.305.531	1,60	São Paulo	248.221,9	2,93	44.749.699	21,70
Mato Grosso do Sul	357.145,5	4,20	2.682.386	1,30	Sergipe	21.918,4	0,26	2.265.779	1,10
Minas Gerais	586.521,2	6,88	20.997.560	10,20	Tocantins	277.720,5	3,26	1.532.902	0,75
Pará	1.247.955,3	14,65	8.272.724	4,00	Distrito Federal	5.779,9	0,06	2.977.216	1,46
Paraíba	56.468,4	0,66	3.999.415	1,95	Brasil	8.515.767,0	100,00	206.081.432	100,00

Fonte: IBGE, 2016.

Capitais dos Estados – Localização, Altitude, População e Distância Rodoviária de Brasília

Capital – Estado	Localização Geográfica		Altitude em Relação ao Nível do Mar (m)	População 2016	Distância Rodoviária de Brasília (km)
	Latitude	Longitude Oeste de Greenwich			
Aracaju – Sergipe	10°54′40″S	37°04′18″	4,9	641.523	1.748
Belém – Pará	01°27′21″S	48°30′16″	10,8	1.446.042	2.120
Belo Horizonte – Minas Gerais	19°55′15″S	43°56′16″	858,3	2.513.451	716
Boa Vista – Roraima	02°49′11″N	60°40′24″	85,1	326.419	4.275
Brasília – Distrito Federal	15°46′47″S	47°55′47″	1.171,8	2.977.216	0
Campo Grande – Mato Grosso do Sul	20°26′34″S	54°38′47″	532,1	863.982	1.134
Cuiabá – Mato Grosso	15°35′46″S	56°05′48″	176,7	585.367	1.133
Curitiba – Paraná	25°25′40″S	49°16′23″	934,6	1.893.997	1.386
Florianópolis – Santa Catarina	27°35′48″S	48°32′57″	22,7	477.798	1.673
Fortaleza – Ceará	03°43′02″S	38°32′35″	27,0	2.609.716	2.285
Goiânia – Goiás	16°40′43″S	49°15′14″	749,5	1.448.639	209
João Pessoa – Paraíba	07°06′54″S	34°51′47″	47,4	801.718	2.230
Macapá – Amapá	00°02′20″N	51°03′59″	16,5	465.495	2.410
Maceió – Alagoas	09°39′57″S	35°44′07″	16,6	1.021.709	2.013
Manaus – Amazonas	03°06′07″S	60°01′30″	92,9	2.094.391	3.490
Natal – Rio Grande do Norte	05°47′42″S	35°12′34″	30,9	877.662	2.507
Palmas – Tocantins	10°12′46″S	48°21′37″	230,0	279.856	920
Porto Alegre – Rio Grande do Sul	30°01′59″S	51°13′48″	7,3	1.481.019	2.027
Porto Velho – Rondônia	08°45′43″S	63°54′14″	85,2	511.219	2.589
Recife – Pernambuco	08°03′14″S	34°52′52″	4,5	1.625.583	2.220
Rio Branco – Acre	09°58′29″S	67°48′36″	152,5	377.057	3.123
Rio de Janeiro – Rio de Janeiro	22°54′10″S	43°12′27″	2,3	6.498.837	1.148
Salvador – Bahia	12°58′16″S	38°30′39″	8,3	2.938.092	1.531
São Luís – Maranhão	02°31′47″S	44°18′10″	24,4	1.082.935	2.157
São Paulo – São Paulo	23°32′51″S	46°38′10″	760,2	12.038.175	1.015
Teresina – Piauí	05°05′21″S	42°48′07″	72,7	847.430	1.789
Vitória – Espírito Santo	20°19′10″S	40°20′16″	3,3	359.555	1.238

Fonte: IBGE – Estimativas da população, 2016.

Distribuição das Pessoas Ocupadas* por Setor de Atividade (%) – 2016

Setor Primário	Setor Secundário	Setor Terciário							
		Construção	Comércio, reparação de veículos automotores e motocicletas	Transporte, armazenagem e correio	Alojamento e alimentação	Informação, comunicação e atividades financeiras, imobiliárias, profissionais e administrativas	Administração pública, defesa, seguridade social, educação, saúde humana e serviços sociais	Outro serviço	Serviço doméstico
9,9	23,8	7,8	19,6	5,1	5,4	10,8	17,2	4,8	6,8

Fonte: PNAD Contínua – 2016. *Pessoas de 14 anos de idade ou mais.

Concentração Agrária por Grupos de Área Total (%)

Grupos de área total (ha)	1980		1995		2009	
	Unidades (%)	Área (%)	Unidades (%)	Área (%)	Unidade (%)	Área (%)
Menos de 10	50,3	2,4	49,4	2,2	33,7	1,4
De 10 a 50	31,4	10,1	31,6	9,9	41,1	8,7
De 51 a 100	7,5	7,5	8,2	7,7	11,2	7,0
De 101 a 500	8,3	23,7	8,4	23,5	10,9	20,3
De 501 a 1.000	1,1	11,0	1,2	11,3	1,6	10,4
Mais de 1.000	0,9	45,1	1,0	45,2	1,6	52,2

Fonte: Ministério do Desenvolvimento Agrário – 2011.

Taxa de Natalidade (por mil) e Esperança de Vida (em anos)

Ano	1980	1990	2000	2015
Nascimentos/1.000 hab.	32,13	24,21	21,13	14,16
Idade	62,6	66,57	70,43	75,44

Fonte: IBGE – Brasil em síntese – 2015

Mortalidade Infantil (por mil nascidos), segundo as Regiões Administrativas – 2014

Região	‰
Norte	18,6
Nordeste	18,4
Centro-Oeste	15,2
Sudeste	11,1
Sul	10,1
Brasil	**14,4**

Fonte: Síntese de Indicadores Sociais – 2015.

Escolaridade*, por Sexo, Segundo os Grupos de Anos de Estudo – 2015

	Total	Homens	Mulheres
Sem instrução e menos de 1 ano	11,1	11,4	10,8
De 1 a 3 anos	9,5	10,0	9,1
De 4 a 7 anos	21,7	22,5	21,0
De 8 a 10 anos	13,9	14,5	13,3
De 11 anos ou mais	43,7	41,6	45,7

Fonte: IBGE – Brasil em Síntese, 2015. * Pessoas de 25 anos de idade ou mais.

Analfabetismo Funcional*, Segundo as Regiões Administrativas

Região	%
Norte	20,1
Nordeste	26,6
Centro-Oeste	14,7
Sudeste	12,4
Sul	13,4
Brasil	**17,1**

Fonte: PNAD – 2015. *Pessoas de 15 anos ou mais de idade.

Brasil: Gráficos

Regiões Hidrográficas

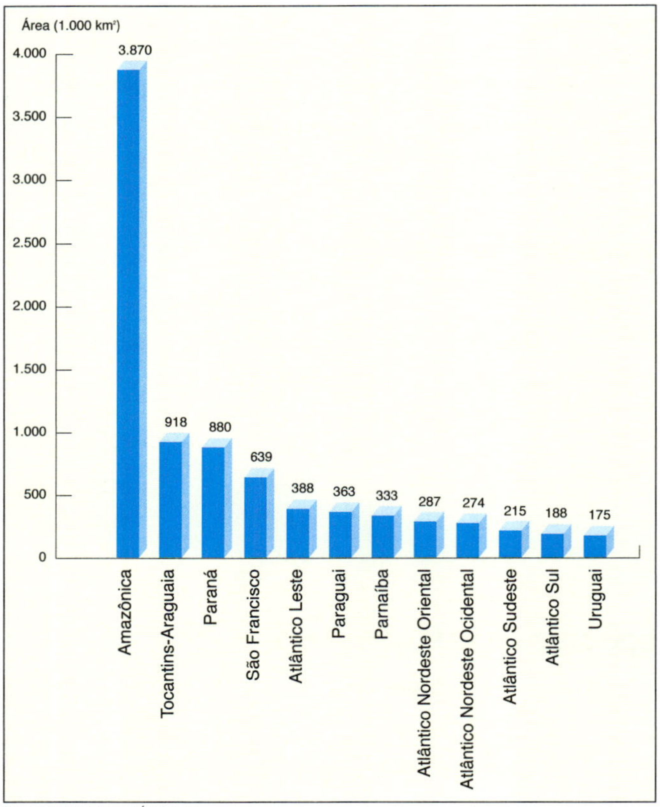

Fonte: Agência Nacional de Águas, 2017.

Rios Mais Extensos

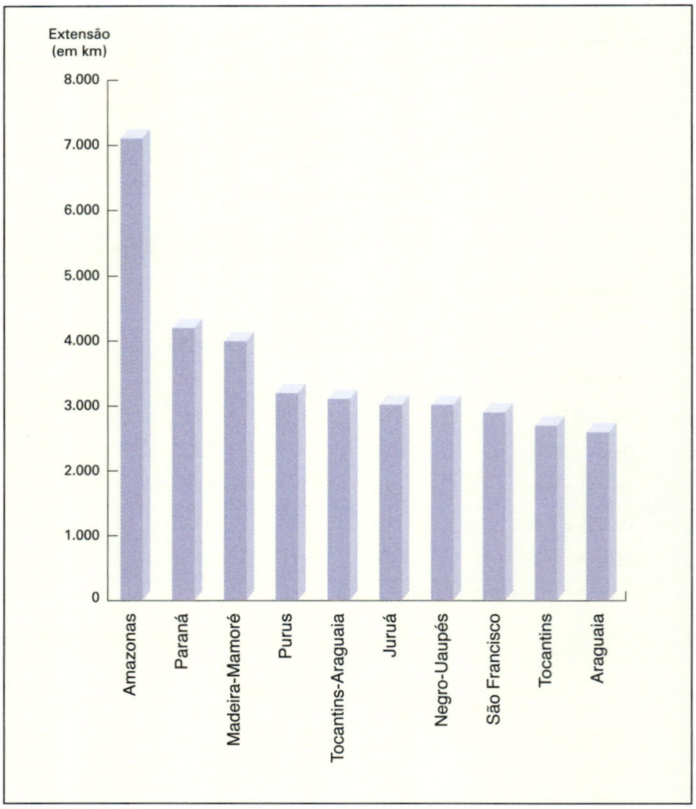

Fonte: Melhoramentos, 2017.

Usos da água por Região Hidrográfica (%)

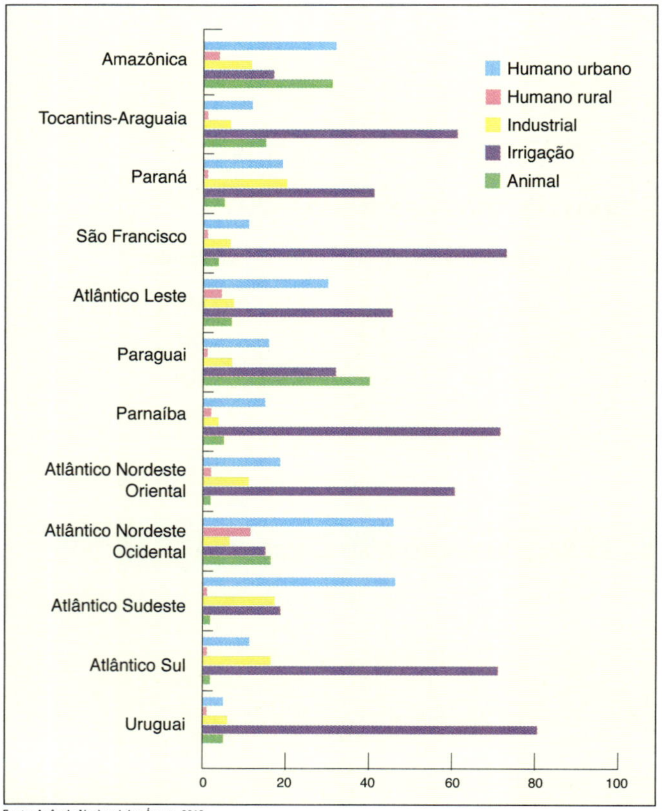

Fonte: Agência Nacional das Águas, 2013.

Índice de Abastecimento de Água e Coleta de Esgotos Urbanos, por Região Hidrográfica

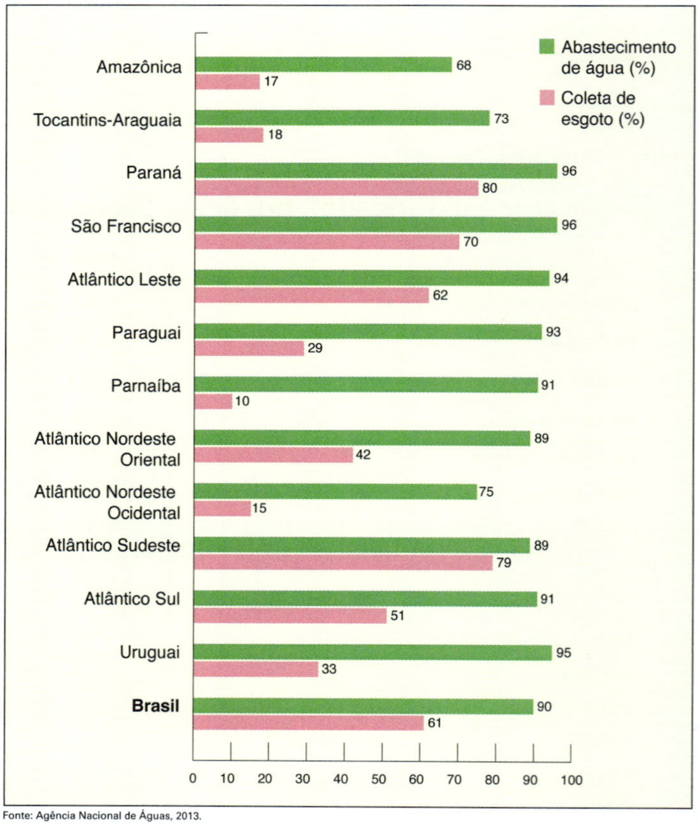

Fonte: Agência Nacional de Águas, 2013.

Produção e Consumo de Energia
(não renovável e renovável)

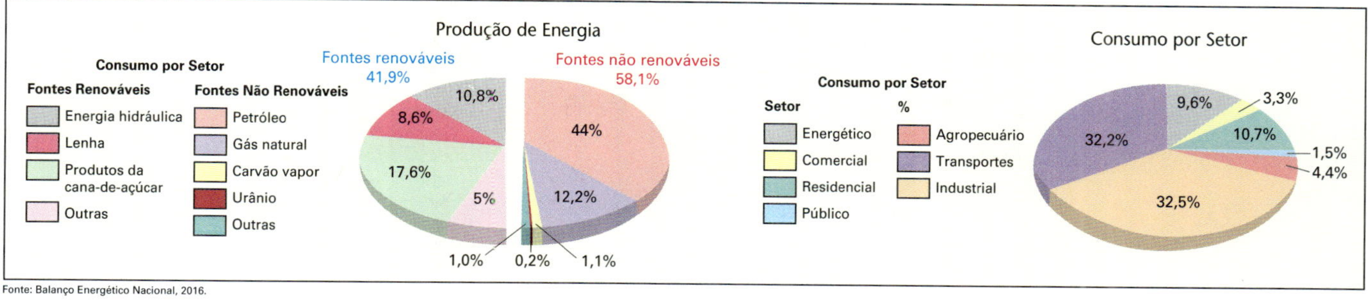

Fonte: Balanço Energético Nacional, 2016.

Principais Reservas Minerais

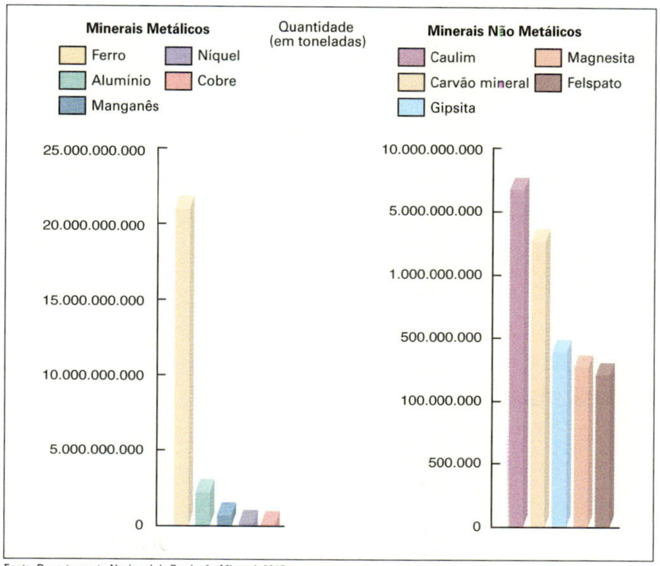

Fonte: Departamento Nacional de Produção Mineral, 2015.

Principais Portos (por Movimento de Carga)

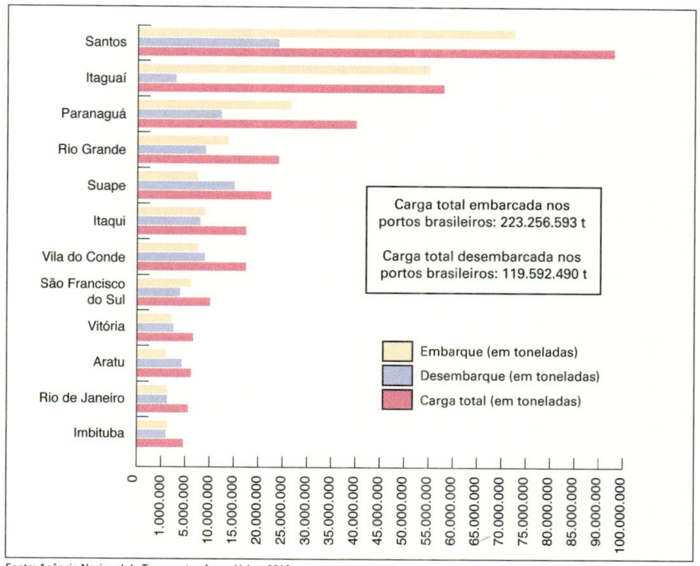

Fonte: Agência Nacional de Transportes Aquaviários, 2016.

Participação das Regiões do Brasil na Produção Agrícola

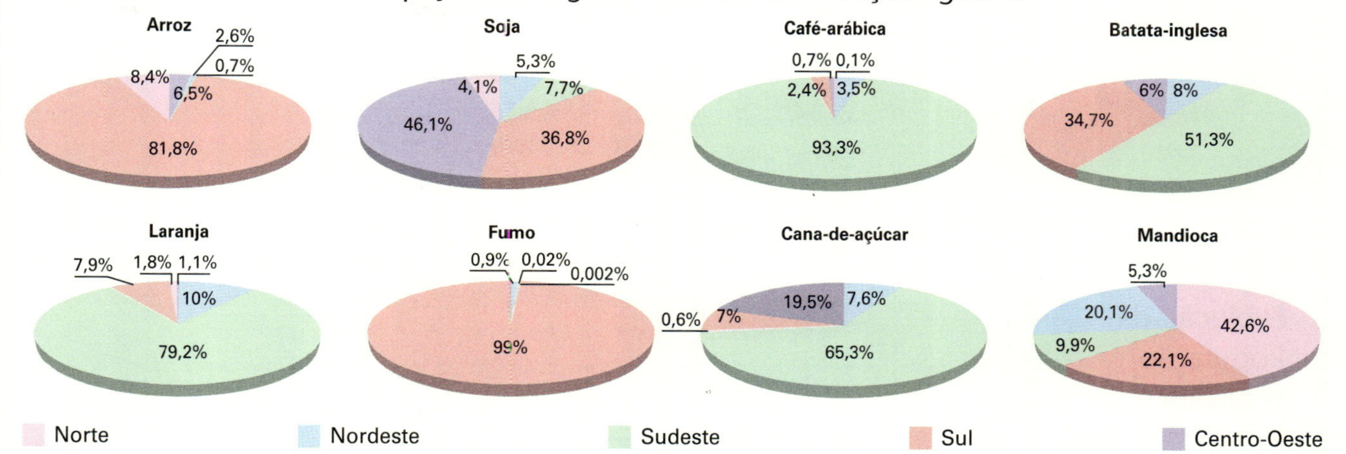

Participação das Regiões do Brasil na Produção Pecuária

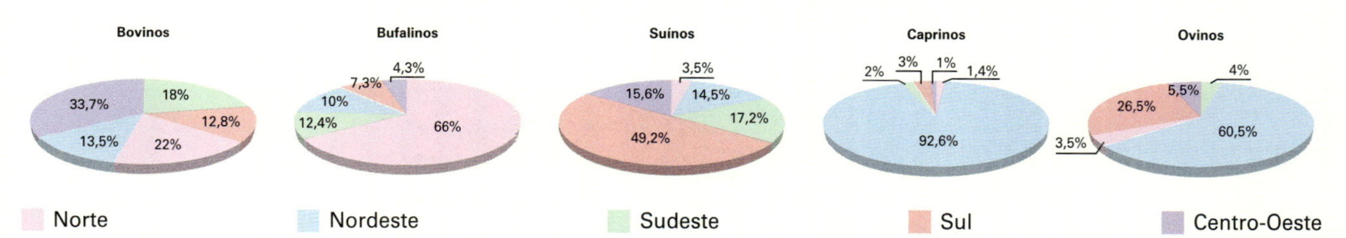

Fonte: IBGE/CEPAGRO, 2016; IBGE, 2015.

Pirâmides Etárias da População

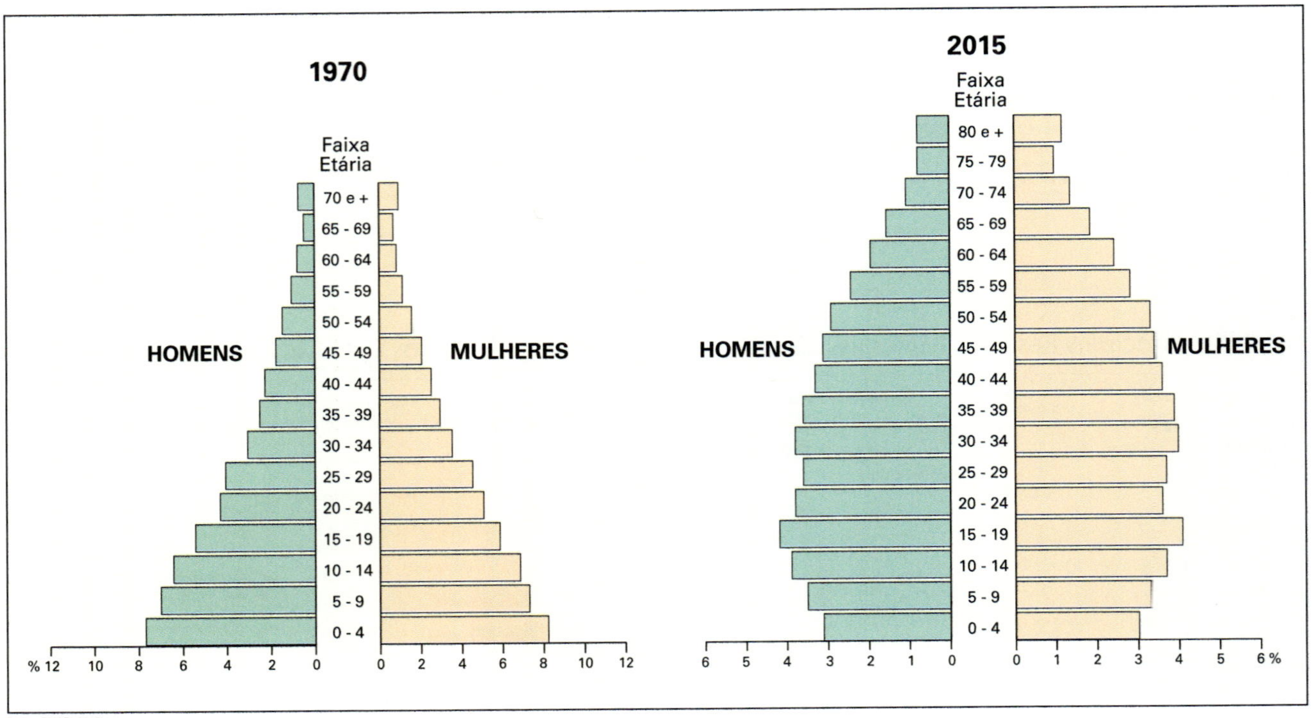

Fonte: PNAD, 2015.

População Rural e População Urbana

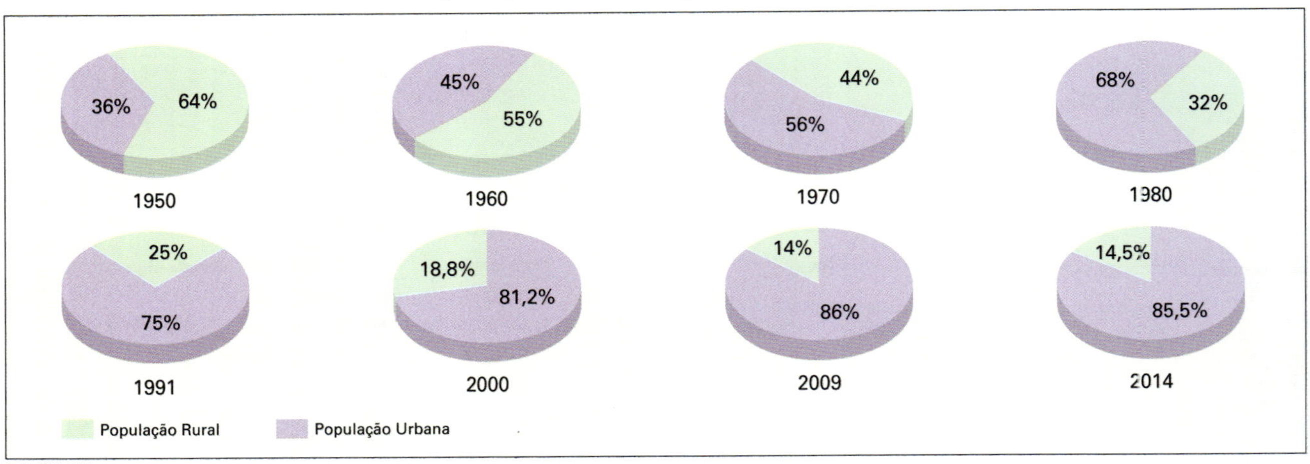

Fonte: ONU, 2014.

Evolução da População Brasileira

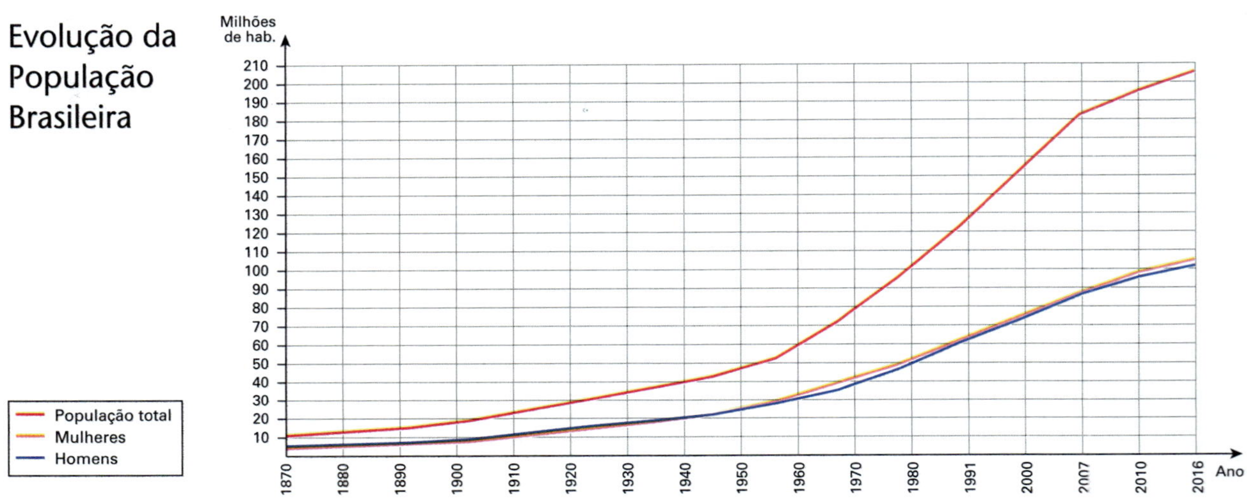

Fonte: IBGE, 2017.

Afeganistão
Ásia central
Forma de governo: república presidencialista
Área: 652.230 km²
População: 32.526.562 hab.
Densidade: 49,8 hab./km²
Capital: Cabul
Línguas: persa*, pachto*, dari, uzbeque, turcomano
PIB *per capita*: US$ 627
Mortalidade infantil: 66‰

África do Sul
Sul da África
Forma de governo: república de sistema misto
Área: 1.219.090 km²
População: 54.490.406 hab.
Densidade: 44,69 hab./km²
Capitais: Pretória, Cidade do Cabo e Bloemfontein
Línguas: africâner*, inglês, 11 línguas africanas
PIB *per capita*: US$ 5.773
Mortalidade infantil: 34‰

Albânia
Sudeste da Europa
Forma de governo: república parlamentarista
Área: 28.750 km²
População: 2.896.679 hab.
Densidade: 100,75 hab./km²
Capital: Tirana
Línguas: albanês, grego, macedônio
PIB *per capita*: US$ 3.984
Mortalidade infantil: 13‰

Alemanha
Europa central
Forma de governo: república parlamentarista
Área: 357.120 km²
População: 80.688.545 hab.
Densidade: 225,94 hab./km²
Capital: Berlim
Línguas: alemão*, sorábio, turco
PIB *per capita*: US$ 41.686
Mortalidade infantil: 3‰

Andorra
Sudoeste da Europa
Forma de governo: monarquia constitucional
Área: 470 km²
População: 70.473 hab.
Densidade: 149,9 hab./km²
Capital: Andorra la Vella
Línguas: catalão*, espanhol, francês, português
PIB *per capita*: US$ 39.896
Mortalidade infantil: 3‰

Angola
Sul da África
Forma de governo: república presidencialista
Área: 1.246.700 km²
População: 25.021.974 hab.
Densidade: 20,1 hab./km²
Capital: Luanda
Línguas: português*, umbundo, quimbundo, congo
PIB *per capita*: US$ 4.740
Mortalidade infantil: 96‰

Antígua e Barbuda
América Central (Caribe)
Forma de governo: monarquia constitucional
Área: 440 km²
População: 91.818 hab.
Densidade: 208,7 hab./km²
Capital: Saint John's
Línguas: inglês*, crioulo inglês
PIB *per capita*: US$ 14.764
Mortalidade infantil: 6‰

Arábia Saudita
Sudoeste da Ásia
Forma de governo: monarquia absoluta
Área: 2.149.690 km²
População: 31.540.372 hab.
Densidade: 14,7 hab./km²
Capital: Riad
Línguas: árabe*
PIB *per capita*: US$ 20.711
Mortalidade infantil: 13‰

Argélia
Norte da África
Forma de governo: república de sistema misto**
Área: 2.381.740 km²
População: 39.666.519 hab.
Densidade: 16,7 hab./km²
Capital: Argel
Línguas: árabe*, bèrbere, francês
PIB *per capita*: US$ 4.154
Mortalidade infantil: 22‰

Argentina
América do Sul
Forma de governo: república presidencialista
Área: 2.791.810 km²
População: 43.416.755 hab.
Densidade: 15,55 hab./km²
Capital: Buenos Aires
Línguas: espanhol*, italiano, inglês, alemão, francês, línguas indígenas
PIB *per capita*: US$ 14.565
Mortalidade infantil: 11‰

Armênia
Sudoeste da Ásia
Forma de governo: república de sistema misto**
Área: 29.740 km²
População: 3.017.712 hab.
Densidade: 101,47 hab./km²
Capital: Ierevan
Línguas: armênio*, azerbaijano, russo, curdo
PIB *per capita*: US$ 3.489
Mortalidade infantil: 13‰

Austrália
Oceania
Forma de governo: monarquia constitucional
Área: 7.741.220 km²
População: 23.968.973 hab.
Densidade: 3,1 hab./km²
Capital: Camberra
Línguas: inglês*, grego, italiano, malaio, vietnamita, aborígine
PIB *per capita*: US$ 51.352
Mortalidade infantil: 3‰

Áustria
Europa central
Forma de governo: república parlamentarista
Área: 83.879 km²
População: 8.544.586 hab.
Densidade: 101,87 hab./km²
Capital: Viena
Línguas: alemão*, servo-croata, esloveno, húngaro
PIB *per capita*: US$ 44.118
Mortalidade infantil: 34‰

Azerbaijão
Sudoeste da Ásia
Forma de governo: república presidencialista
Área: 86.600 km²
População: 9.753.968 hab.
Densidade: 112,63 hab./km²
Capital: Baku
Línguas: azerbaijano*, russo, armênio
PIB *per capita*: US$ 5.439
Mortalidade infantil: 28‰

Bahamas
América Central (Caribe)
Forma de governo: monarquia constitucional
Área: 13.880 km²
População: 388.019 hab.
Densidade: 27,95 hab./km²
Capital: Nassau
Línguas: inglês*, crioulo inglês
PIB *per capita*: US$ 22.817
Mortalidade infantil: 10‰

Bangladesh
Sul da Ásia
Forma de governo: república parlamentarista
Área: 144.000 km²
População: 160.995.642 hab.
Densidade: 1.118,02 hab./km²
Capital: Daca
Línguas: bengali*, urdu, chakma, marma, garo, khasi
PIB *per capita*: US$ 1.208
Mortalidade infantil: 31‰

Barbados
América Central (Caribe)
Forma de governo: monarquia constitucional
Área: 430 km²
População: 284.215 hab.
Densidade: 661 hab./km²
Capital: Bridgetown
Línguas: inglês*, crioulo inglês
PIB *per capita*: US$ 15.429
Mortalidade infantil: 12‰

Barein
Sudoeste da Ásia
Forma de governo: monarquia parlamentar
Área: 760 km²
População: 1.377.237 hab.
Densidade: 1.812,2 hab./km²
Capital: Manama
Línguas: árabe*, inglês, urdu
PIB *per capita*: US$ 22.600
Mortalidade infantil: 5‰

Bélgica
Noroeste da Europa
Forma de governo: monarquia parlamentar
Área: 30.530 km²
População: 11.299.192 hab.
Densidade: 370,1 hab./km²
Capital: Bruxelas
Línguas: francês*, holandês*, alemão, flamengo
PIB *per capita*: US$ 40.278
Mortalidade infantil: 3‰

Belize
América Central
Forma de governo: monarquia constitucional
Área: 22.970 km²
População: 359.287 hab.
Densidade: 15,64 hab./km²
Capital: Belmopan
Línguas: inglês*, crioulo inglês, espanhol
PIB *per capita*: US$ 4.906
Mortalidade infantil: 14‰

Benin
África ocidental
Forma de governo: república presidencialista
Área: 112.620 km²
População: 10.879.829 hab.
Densidade: 96,5 hab./km²
Capital: Porto Novo
Línguas: francês*, fon, adja, ioruba
PIB *per capita*: US$ 779
Mortalidade infantil: 64‰

Bielo-Rússia
Europa oriental
Forma de governo: república presidencialista
Área: 207.600 km²
População: 9.495.826 hab.
Densidade: 45,74 hab./km²
Capital: Minsk
Línguas: bielo-russo*, russo*
PIB *per capita*: US$ 5.751
Mortalidade infantil: 3‰

Bolívia
América do Sul
Forma de governo: república presidencialista
Área: 1.098.580 km²
População: 10.724.705 hab.
Densidade: 9,76 hab./km²
Capitais: La Paz e Sucre
Línguas: espanhol*, quíchua*, aimará*
PIB *per capita*: US$ 3.077
Mortalidade infantil: 31‰

Bósnia-Herzegovina
Sudeste da Europa
Forma de governo: república parlamentarista
Área: 51.210 km²
População: 3.810.416 hab.
Densidade: 74,4 hab./km²
Capital: Sarajevo
Línguas: bósnio*
PIB *per capita*: US$ 4.191
Mortalidade infantil: 5‰

Botsuana
Sul da África
Forma de governo: república parlamentarista
Área: 581.730 km²
População: 2.262.485 hab.
Densidade: 3,89 hab./km²
Capital: Gaborone
Línguas: inglês*, tsuana, shona, san
PIB *per capita*: US$ 6.361
Mortalidade infantil: 35‰

Brasil
América do Sul
Forma de governo: república presidencialista
Área: 8.515.767 km²
População: 206.081.432 hab.
Densidade: 24,1 hab./km²
Capital: Brasília
Línguas: português*, idiomas indígenas, pequenas minorias: alemão, italiano, japonês, outras
PIB *per capita*: US$ 8.528
Mortalidade infantil: 14‰

Brunei
Sudeste da Ásia
Forma de governo: monarquia absoluta
Área: 5.770 km²
População: 423.188 hab.
Densidade: 73,34 hab./km²
Capital: Bandar Seri Begawan
Línguas: malaio*, inglês, chinês
PIB *per capita*: US$ 30.553
Mortalidade infantil: 9‰

Bulgária
Sudeste da Europa
Forma de governo: república parlamentarista
Área: 111.000 km²
População: 7.149.787 hab.
Densidade: 64,41 hab./km²
Capital: Sófia
Línguas: búlgaro*, turco, macedônio, romani, armênio
PIB *per capita*: US$ 6.847
Mortalidade infantil: 9‰

Burkina Faso
África ocidental
Forma de governo: república de sistema misto**
Área: 274.220 km²
População: 18.105.570 hab.
Densidade: 66,02 hab./km²
Capital: Uagadugu
Línguas: francês*, mossi, fulani
PIB *per capita*: US$ 611
Mortalidade infantil: 61‰

Burundi
África central
Forma de governo: república presidencialista
Área: 27.830 km²
População: 11.178.921 hab.
Densidade: 401,68 hab./km²
Capital: Bujumbura
Línguas: quirundi*, francês*, suaíli
PIB *per capita*: US$ 245
Mortalidade infantil: 54‰

Butão
Sudeste da Ásia
Forma de governo: monarquia parlamentar
Área: 38.394 km²
População: 774.830 hab.
Densidade: 20,18 hab./km²
Capital: Timphu
Línguas: zoncá*, nepalês, assamês
PIB *per capita*: US$ 2.677
Mortalidade infantil: 27‰

Cabo Verde
Oceano Atlântico, África ocidental
Forma de governo: república parlamentarista
Área: 4.030 km²
População: 520.502 hab.
Densidade: 129,2 hab./km²
Capital: Praia
Línguas: português*, crioulo
PIB *per capita*: US$ 3.080
Mortalidade infantil: 21‰

Camarões
África central
Forma de governo: república presidencialista
Área: 475.440 km²
População: 23.344.179 hab.
Densidade: 49,1 hab./km²
Capital: Iaundé
Línguas: inglês*, francês*, fang, bulu, iaundê, duala
PIB *per capita*: US$ 1.217
Mortalidade infantil: 57‰

Camboja
Sudeste da Ásia
Forma de governo: monarquia parlamentar
Área: 181.040 km²
População: 15.577.899 hab.
Densidade: 86,04 hab./km²
Capital: Phnom Penh
Línguas: khmer*, francês, chinês, vietnamita
PIB *per capita*: US$ 1.159
Mortalidade infantil: 25‰

Canadá
América do Norte
Forma de governo: democracia parlamentarista
Área: 9.984.670 km²
População: 35.939.927 hab.
Densidade: 3,6 hab./km²
Capital: Ottawa
Línguas: inglês*, francês* e minorias: chinês, italiano, alemão, português, inuíte
PIB *per capita*: US$ 43.206
Mortalidade infantil: 4‰

Casaquistão
Ásia central
Forma de governo: república presidencialista
Área: 2.724.900 km²
População: 17.625.226 hab.
Densidade: 6,5 hab./km²
Capital: Astana
Línguas: casaque*, russo, alemão
PIB *per capita*: US$ 10.312
Mortalidade infantil: 13‰

Catar
Sudoeste da Ásia
Forma de governo: monarquia absoluta
Área: 11.590 km²
População: 2.235.355 hab.
Densidade: 192,87 hab./km²
Capital: Doha
Línguas: árabe*, persa, urdu, híndi, inglês
PIB *per capita*: US$ 75.274
Mortalidade infantil: 7‰

Chade
África central
Forma de governo: república presidencialista
Área: 1.284.000 km²
População: 14.037.472 hab.
Densidade: 10,93 hab./km²
Capital: N'Djamena
Línguas: francês*, sara, maba
PIB *per capita*: US$ 713
Mortalidade infantil: 85‰

Chile
América do Sul
Forma de governo: república presidencialista
Área: 756.096 km²
População: 17.948.141 hab.
Densidade: 23,74 hab./km²
Capital: Santiago
Línguas: espanhol*, línguas indígenas
PIB *per capita*: US$ 13.416
Mortalidade infantil: 7‰

China
Leste da Ásia
Forma de governo: república socialista
Área: 9.600.001 km²
População: 1.376.048.943 hab.
Densidade: 143,3 hab./km²
Capital: Pequim (Beijing)
Línguas: chinês mandarim*, wu, cantonês, hsiang, min, hakka, kan
PIB *per capita*: US$ 8.109
Mortalidade infantil: 9‰

Chipre
Sudeste da Europa
Forma de governo: república presidencialista
Área: 9.251 km²
População: 1.165.300 hab.
Densidade: 125,96 hab./km²
Capital: Nicósia
Línguas: grego*, turco*, inglês
PIB *per capita*: US$ 21.942
Mortalidade infantil: 3‰

Cingapura
Sudeste da Ásia
Forma de governo: república parlamentarista
Área: 710 km²
População: 5.603.740 hab.
Densidade: 7.892,6 hab./km²
Capital: Cingapura
Línguas: malaio*, chinês*, tâmil*, inglês*
PIB *per capita*: US$ 52.239
Mortalidade infantil: 2‰

Países do Mundo: Bandeiras e Dados

Colômbia
América do Sul
Forma de governo: república presidencialista
Área: 1.141.750 km^2
População: 48.228.704 hab.
Densidade: 42,2 hab./km^2
Capital: Bogotá
Línguas: espanhol*, línguas indígenas, crioulo inglês
PIB *per capita*: US$ 6.056
Mortalidade infantil: 14‰

Comores
Oceano Índico, África oriental
Forma de governo: república presidencialista
Área: 1.862 km^2
População: 788.474 hab.
Densidade: 423,4 hab./km^2
Capital: Moroni
Línguas: árabe*, francês*, comoriano*
PIB *per capita*: US$ 707
Mortalidade infantil: 55‰

Congo, República Democrática do
África central
Forma de governo: república de sistema misto
Área: 2.344.860 km^2
População: 77.266.814 hab.
Densidade: 32,9 hab./km^2
Capitais: Kinshasa
Línguas: francês*, quissuaíli, tshiluba, lingala
PIB *per capita*: US$ 486
Mortalidade infantil: 75‰

Congo, República do
África central
Forma de governo: república presidencialista
Área: 342.000 km^2
População: 4.620.330 hab.
Densidade: 13,5 hab./km^2
Capital: Brazzaville
Línguas: francês*, congo, teke, lingala
PIB *per capita*: US$ 1.838
Mortalidade infantil: 33‰

Coreia do Norte
Leste da Ásia
Forma de governo: república socialista unipartidária
Área: 120.540 km2
População: 25.155.317 hab.
Densidade: 208,7 hab./km2
Capital: Pyongyang
Línguas: coreano*, chinês
PIB per capita: US$ 642
Mortalidade infantil: 20‰

Coreia do Sul
Leste da Ásia
Forma de governo: república presidencialista
Área: 99.900 km^2
População: 50.293.439 hab.
Densidade: 503,4 hab./km^2
Capital: Seul
Línguas: coreano*, chinês
PIB *per capita*: US$ 27.397
Mortalidade infantil: 3‰

Costa do Marfim
África ocidental
Forma de governo: república presidencialista
Área: 322.463 km^2
População: 22.701.556 hab.
Densidade: 70,4 hab./km^2
Capitais: Yamoussoukro e Abidjan
Línguas: francês*, akran, baulês, kru, voltaico
PIB *per capita*: US$ 1.413
Mortalidade infantil: 67‰

Costa Rica
América Central
Forma de governo: república presidencialista
Área: 51.100 km^2
População: 4.807.850 hab.
Densidade: 94,1 hab./km^2
Capital: San José
Línguas: espanhol*, crioulo inglês, bribri, cabecar
PIB *per capita*: US$ 11.015
Mortalidade infantil: 9‰

Croácia
Sudeste da Europa
Forma de governo: república parlamentarista
Área: 56.590 km^2
População: 4.240.317 hab.
Densidade: 74,9 hab./km^2
Capital: Zagreb
Línguas: croata*, húngaro (magiar), esloveno
PIB *per capita*: US$ 11.479
Mortalidade infantil: 4‰

Cuba
América Central (Caribe)
Forma de governo: república socialista unipartidária
Área: 109.890 km^2
População: 11.389.562 hab.
Densidade: 103,6 hab./km^2
Capital: Havana
Línguas: espanhol*, inglês, francês
PIB *per capita*: US$ 7.657
Mortalidade infantil: 4‰

Dinamarca
Norte da Europa
Forma de governo: monarquia parlamentar
Área: 43.090 km^2
População: 5.669.081 hab.
Densidade: 131,6 hab./km^2
Capital: Copenhague
Línguas: dinamarquês*, faroês, inuíte
PIB *per capita*: US$ 53.149
Mortalidade infantil: 3‰

Djibuti
África oriental
Forma de governo: república de sistema misto**
Área: 23.200 km^2
População: 887.861 hab.
Densidade: 38,3 hab./km^2
Capital: Djibuti
Línguas: árabe*, francês*, somali, afar
PIB *per capita*: US$ 1.956
Mortalidade infantil: 54‰

Dominica
América Central (Caribe)
Forma de governo: república parlamentarista
Área: 750 km^2
População: 72.680 hab.
Densidade: 96,9 hab./km^2
Capital: Roseau
Línguas: inglês*, crioulo francês, caraíba, cocoy
PIB *per capita*: US$ 7.051
Mortalidade infantil: 20‰

Egito
Norte da África
Forma de governo: república presidencialista
Área: 1.001.450 km^2
População: 91.508.084 hab.
Densidade: 91,4 hab./km^2
Capital: Cairo
Línguas: árabe*, francês, inglês, bérbere, grego, armênio
PIB *per capita*: US$ 3.452
Mortalidade infantil: 20‰

El Salvador
América Central
Forma de governo: república presidencialista
Área: 21.040 km^2
População: 6.126.583 hab.
Densidade: 291,2 hab./km^2
Capital: San Salvador
Línguas: espanhol*, naua
PIB *per capita*: US$ 4.219
Mortalidade infantil: 14‰

Emirados Árabes Unidos
Sudoeste da Ásia
Forma de governo: monarquia constitucional
Área: 83.600 km^2
População: 9.156.963 hab.
Densidade: 109,5 hab./km^2
Capital: Abu Dhabi
Línguas: árabe*, persa, urdu, híndi, inglês
PIB *per capita*: US$ 40.439
Mortalidade infantil: 6‰

Equador
América do Sul
Forma de governo: república presidencialista
Área: 256.370 km^2
População: 16.144.363 hab.
Densidade: 63 hab./km^2
Capital: Quito
Línguas: espanhol*, quíchua, outras línguas indígenas
PIB *per capita*: US$ 6.205
Mortalidade infantil: 18‰

Eritreia
África oriental
Forma de governo: república presidencialista unipartidária
Área: 117.600 km^2
População: 5.227.791 hab.
Densidade: 44,4 hab./km^2
Capital: Asmara
Línguas: tigrina*, árabe*, tigré
PIB *per capita*: US$ 915
Mortalidade infantil: 34‰

Eslováquia
Europa central
Forma de governo: república parlamentarista
Área: 49.040 km^2
População: 5.426.258 hab.
Densidade: 110,64 hab./km^2
Capital: Bratislava
Línguas: eslovaco*, húngaro (magiar), romani, tcheco
PIB *per capita*: US$ 16.082
Mortalidade infantil: 6‰

Eslovênia
Europa central
Forma de governo: república parlamentarista
Área: 20.270 km^2
População: 2.067.526 hab.
Densidade: 102 hab./km^2
Capital: Liubliana
Línguas: esloveno*, servo-croata
PIB *per capita*: US$ 20.690
Mortalidade infantil: 2‰

Espanha
Sudoeste da Europa
Forma de governo: monarquia parlamentar
Área: 505.370 km^2
População: 46.121.699 hab.
Densidade: 91,3 hab./km^2
Capital: Madri
Línguas: espanhol*, catalão*, galego*, basco*
PIB *per capita*: US$ 25.865
Mortalidade infantil: 4‰

Estados Unidos
América do Norte
Forma de governo: república presidencialista
Área: 9.831.510 km^2
População: 321.773.631 hab.
Densidade: 32,7 hab./km^2
Capital: Washington
Línguas: inglês*, espanhol, italiano, alemão, francês, polonês, chinês, grego
PIB *per capita*: US$ 56.054
Mortalidade infantil: 6‰

Estônia
Nordeste da Europa
Forma de governo: república parlamentarista
Área: 45.230 km^2
População: 1.312.558 hab.
Densidade: 29,01 hab./km^2
Capital: Tallinn
Línguas: estoniano*, russo
PIB *per capita*: US$ 17.112
Mortalidade infantil: 2‰

Etiópia
África oriental
Forma de governo: república parlamentarista
Área: 1.104.300 km^2
População: 99.390.750 hab.
Densidade: 90 hab./km^2
Capital: Adis Abeba
Línguas: amárico*, inglês, árabe
PIB *per capita*: US$ 603
Mortalidade infantil: 41‰

Fiji
Oceania
Forma de governo: república parlamentar (ditadura militar)
Área: 18.270 km^2
População: 892.145 hab.
Densidade: 48,8 hab./km^2
Capital: Suva
Línguas: inglês*, fijiano*, híndi, urdu
PIB *per capita*: US$ 4.922
Mortalidade infantil: 19‰

Filipinas
Sudeste da Ásia
Forma de governo: república presidencialista
Área: 300.000 km^2
População: 100.699.395 hab.
Densidade: 335,7 hab./km^2
Capital: Manila
Línguas: filipino*, inglês, espanhol, cebuano, tagalog, hiligaynon, samaran, bikol
PIB *per capita*: US$ 2.904
Mortalidade infantil: 22‰

Finlândia
Norte da Europa
Forma de governo: república de sistema misto**
Área: 338.420 km^2
População: 5.503.457 hab.
Densidade: 16,3 hab./km^2
Capital: Helsinque
Línguas: finlandês*, sueco*, lapão
PIB *per capita*: US$ 42.148
Mortalidade infantil: 2‰

França
Oeste da Europa
Forma de governo: república de sistema misto**
Área: 549.190 km^2
População: 64.395.345 hab.
Densidade: 117,2 hab./km^2
Capital: Paris
Línguas: francês*, provençal, bretão, catalão, basco
PIB *per capita*: US$ 36.304
Mortalidade infantil: 4‰

Gabão
África central
Forma de governo: república presidencialista
Área: 267.670 km^2
População: 1.725.292 hab.
Densidade: 6,4 hab./km^2
Capital: Libreville
Línguas: francês*, fang, punu, sira, nzebi, mpongwe
PIB *per capita*: US$ 7.961
Mortalidade infantil: 36‰

Gâmbia
África ocidental
Forma de governo: república presidencialista
Área: 11.300 km^2
População: 1.990.924 hab.
Densidade: 176,2 hab./km^2
Capital: Banjul
Línguas: inglês*, mandinga, fulani, uolofe, diola, soninquê
PIB *per capita*: US$ 473
Mortalidade infantil: 48‰

Gana
África ocidental
Forma de governo: república presidencialista
Área: 238.540 km^2
População: 27.409.893 hab.
Densidade: 114,9 hab./km^2
Capital: Acra
Línguas: inglês*, akan, mossi, euê
PIB *per capita*: US$ 1.356
Mortalidade infantil: 43‰

Geórgia
Sudoeste da Ásia
Forma de governo: república de sistema misto**
Área: 69.700 km^2
População: 3.999.812 hab.
Densidade: 57,4 hab./km^2
Capital: Tbilisi
Línguas: georgiano*, russo
PIB *per capita*: US$ 3.491
Mortalidade infantil: 11‰

Granada
América Central (Caribe)
Forma de governo: monarquia constitucional
Área: 340 km^2
População: 106.825 hab.
Densidade: 314,2 hab./km^2
Capital: Saint George's
Línguas: inglês*, crioulo inglês
PIB *per capita*: US$ 8.934
Mortalidade infantil: 11‰

Grécia
Sudeste da Europa
Forma de governo: república parlamentarista
Área: 131.960 km^2
População: 10.954.617 hab.
Densidade: 83 hab./km^2
Capital: Atenas
Línguas: grego*, turco, albanês, macedônio
PIB *per capita*: US$ 17.788
Mortalidade infantil: 4‰

Guatemala
América Central
Forma de governo: república presidencialista
Área: 108.890 km^2
População: 16.342.897 hab.
Densidade: 150,1 hab./km^2
Capital: Cidade da Guatemala
Línguas: espanhol*, quiché, mam, kekchf
PIB *per capita*: US$ 3.903
Mortalidade infantil: 24‰

Guiana
América do Sul
Forma de governo: república de sistema misto**
Área: 214.970 km^2
População: 767.085 hab.
Densidade: 3,6 hab./km^2
Capital: Georgetown
Línguas: inglês*, crioulo inglês, híndi, tâmil
PIB *per capita*: US$ 4.279
Mortalidade infantil: 32‰

Guiné
África ocidental
Forma de governo: república presidencialista (ditadura militar)
Área: 245.860 km^2
População: 12.608.590 hab.
Densidade: 51,3 hab./km^2
Capital: Conacri
Línguas: francês*, fulani, malinquês, sussu, kissi
PIB *per capita*: US$ 704
Mortalidade infantil: 61‰

Guiné-Bissau
África ocidental
Forma de governo: república de sistema misto**
Área: 36.130 km^2
População: 1.844.325 hab.
Densidade: 51 hab./km^2
Capital: Bissau
Línguas: português*, balanto, fulani, malinquês
PIB *per capita*: US$ 530
Mortalidade infantil: 60‰

Guiné Equatorial
África central
Forma de governo: república presidencialista
Área: 28.050 km^2
População: 845.060 hab.
Densidade: 30,1 hab./km^2
Capital: Malabo
Línguas: espanhol*, francês*, fang, bubi
PIB *per capita*: US$ 16.344
Mortalidade infantil: 68‰

Haiti
América Central (Caribe)
Forma de governo: república de sistema misto**
Área: 27.750 km^2
População: 10.711.067 hab.
Densidade: 386 hab./km^2
Capital: Porto Príncipe
Línguas: francês*, crioulo francês*
PIB *per capita*: US$ 794
Mortalidade infantil: 52‰

Honduras
América Central
Forma de governo: república presidencialista
Área: 112.490 km^2
População: 8.075.060 hab.
Densidade: 71,8 hab./km^2
Capital: Tegucigalpa
Línguas: espanhol*, crioulo inglês, garifuna, línguas indígenas
PIB *per capita*: US$ 2.522
Mortalidade infantil: 17‰

Hungria
Europa central
Forma de governo: república parlamentarista
Área: 93.030 km^2
População: 9.855.023 hab.
Densidade: 105,9 hab./km^2
Capital: Budapeste
Línguas: húngaro (magiar)*, alemão, eslovaco
PIB *per capita*: US$ 12.351
Mortalidade infantil: 5‰

Iêmen
Sudoeste da Ásia
Forma de governo: república presidencialista
Área: 527.970 km^2
População: 26.832.215 hab.
Densidade: 50,8 hab./km^2
Capital: Sana
Línguas: árabe*, hindi, tâmil, urdu
PIB *per capita*: US$ 1.106
Mortalidade infantil: 34‰

Ilhas Marshall
Oceania
Forma de governo: república de sistema misto
Área: 181 km^2
População: 52.993 hab.
Densidade: 292,8 hab./km^2
Capital: Majuro
Línguas: inglês*, marshalês*
PIB *per capita*: US$ 3.453
Mortalidade infantil: 30‰

Ilhas Salomão
Oceania
Forma de governo: monarquia constitucional
Área: 28.900 km^2
População: 583.591 hab.
Densidade: 20,2 hab./km^2
Capital: Honiara
Línguas: inglês*, 87 línguas nativas (estabelecidas)
PIB *per capita*: US$ 1.842
Mortalidade infantil: 24‰

Índia
Sul da Ásia
Forma de governo: república parlamentarista
Área: 3.287.260 km^2
População: 1.311.050.527 hab.
Densidade: 398,8 hab./km^2
Capital: Nova Délhi
Línguas: híndi*, inglês*, bengali, biari, marati, télego, tâmil, urdu
PIB *per capita*: US$ 1.614
Mortalidade infantil: 38‰

Indonésia
Sudeste da Ásia
Forma de governo: república presidencialista
Área: 1.904.570 km^2
População: 257.563.815 hab.
Densidade: 135,2 hab./km^2
Capital: Jacarta
Línguas: indonésio*, línguas e dialetos regionais (o principal, javanês)
PIB *per capita*: US$ 3.346
Mortalidade infantil: 23‰

Irã
Sudoeste da Ásia
Forma de governo: república teocrática
Área: 1.745.150 km^2
População: 79.109.272 hab.
Densidade: 45,3 hab./km^2
Capital: Teerã
Línguas: persa*, azerbaijano, giaki, mazenderani, curdo, balúchi, árabe, turcomano
PIB *per capita*: US$ 5.038
Mortalidade infantil: 13‰

Iraque
Sudoeste da Ásia
Forma de governo: república parlamentarista
Área: 435.240 km^2
População: 36.423.395 hab.
Densidade: 83,7 hab./km^2
Capital: Bagdá
Línguas: árabe*, curdo, turco, persa
PIB *per capita*: US$ 4.509
Mortalidade infantil: 27‰

Irlanda
Noroeste da Europa
Forma de governo: república parlamentarista
Área: 70.280 km^2
População: 4.688.465 hab.
Densidade: 66,7 hab./km^2
Capital: Dublin
Línguas: inglês*, irlandês*
PIB *per capita*: US$ 60.514
Mortalidade infantil: 3‰

Islândia
Noroeste da Europa
Forma de governo: república parlamentarista
Área: 103.000 km^2
População: 329.425 hab.
Densidade: 3,2 hab./km^2
Capital: Reikjavik
Línguas: islandês*, inglês
PIB *per capita*: US$ 50.936
Mortalidade infantil: 2‰

Israel
Sudoeste da Ásia
Forma de governo: república parlamentarista
Área: 22.070 km^2
População: 8.064.036 hab.
Densidade: 365,4 hab./km^2
Capitais: Jerusalém e Tel Aviv
Línguas: hebraico*, árabe, idiche
PIB *per capita*: US$ 37.129
Mortalidade infantil: 3‰

Itália
Sul da Europa
Forma de governo: república parlamentarista
Área: 301.340 km^2
População: 59.797.685 hab.
Densidade: 198,4 hab./km^2
Capital: Roma
Línguas: italiano*, alemão, francês, romanche, sardo
PIB *per capita*: US$ 30.462
Mortalidade infantil: 3‰

Jamaica
América Central (Caribe)
Forma de governo: monarquia constitucional
Área: 10.990 km^2
População: 2.793.335 hab.
Densidade: 254,2 hab./km^2
Capital: Kingston
Línguas: inglês*, crioulo inglês
PIB *per capita*: US$ 5.106
Mortalidade infantil: 14‰

Japão
Leste da Ásia
Forma de governo: monarquia parlamentar
Área: 377.947 km^2
População: 126.573.481 hab.
Densidade: 334,9 hab./km^2
Capital: Tóquio
Línguas: japonês*, coreano, chinês
PIB *per capita*: US$ 34.629
Mortalidade infantil: 2‰

Jordânia
Sudoeste da Ásia
Forma de governo: monarquia parlamentar
Área: 89.320 km^2
População: 7.594.547 hab.
Densidade: 85 hab./km^2
Capital: Amã
Línguas: árabe*
PIB *per capita*: US$ 4.940
Mortalidade infantil: 15‰

Kiribati
Oceania
Forma de governo: república de sistema misto**
Área: 810 km^2
População: 112.423 hab.
Densidade: 138,8 hab./km^2
Capital: Bairiki
Línguas: inglês*, quiribati*
PIB *per capita*: US$ 1.443
Mortalidade infantil: 44‰

Kuwait
Sudoeste da Ásia
Forma de governo: monarquia parlamentar
Área: 17.820 km^2
População: 3.892.115 hab.
Densidade: 218,4 hab./km^2
Capital: Cidade do Kuwait
Línguas: árabe*, inglês
PIB *per capita*: US$ 29.304
Mortalidade infantil: 7‰

Laos
Sudeste da Ásia
Forma de governo: república socialista unipartidária
Área: 236.800 km^2
População: 6.802.023 hab.
Densidade: 28,7 hab./km^2
Capital: Vientiane
Línguas: lao*, miao, iao
PIB *per capita*: US$ 1.850
Mortalidade infantil: 51‰

Lesoto
Sul da África
Forma de governo: monarquia parlamentar
Área: 30.360 km^2
População: 2.135.022 hab.
Densidade: 70,3 hab./km^2
Capital: Maseru
Línguas: inglês*, soto*, zulu
PIB *per capita*: US$ 941
Mortalidade infantil: 69‰

Letônia
Nordeste da Europa
Forma de governo: república parlamentarista
Área: 64.560 km^2
População: 1.970.503 hab.
Densidade: 30,5 hab./km^2
Capital: Riga
Línguas: letão*, russo
PIB *per capita*: US$ 13.704
Mortalidade infantil: 7‰

Líbano
Sudoeste da Ásia
Forma de governo: república parlamentarista
Área: 10.450 km^2
População: 5.850.743 hab.
Densidade: 559,9 hab./km^2
Capital: Beirute
Línguas: árabe*, francês, armênio
PIB *per capita*: US$ 8.571
Mortalidade infantil: 7‰

Libéria
África ocidental
Forma de governo: república presidencialista
Área: 111.370 km^2
População: 4.503.438 hab.
Densidade: 40,4 hab./km^2
Capital: Monróvia
Línguas: inglês*, kpelle, bassa, vai, kru, grebo, kissi, gola
PIB *per capita*: US$ 456
Mortalidade infantil: 53‰

Líbia
Norte da África
Forma de governo: república de sistema misto
Área: 1.759.540 km^2
População: 6.278.438 hab.
Densidade: 3,6 hab./km^2
Capital: Trípoli
Línguas: árabe*, tuaregue
PIB *per capita*: US$ 5.488
Mortalidade infantil: 11‰

Liechtenstein
Europa central
Forma de governo: monarquia parlamentar
Área: 160 km^2
População: 37.531 hab.
Densidade: 234,6 hab./km^2
Capital: Vaduz
Línguas: alemão*, dialeto alemão, italiano
PIB *per capita*: US$ 169.492
Mortalidade infantil: 3‰

Lituânia
Nordeste da Europa
Forma de governo: república de sistema misto**
Área: 65.300 km^2
População: 2.878.405 hab.
Densidade: 44,1 hab./km^2
Capital: Vilnius
Línguas: lituano*, russo
PIB *per capita*: US$ 14.384
Mortalidade infantil: 3‰

Luxemburgo
Noroeste da Europa
Forma de governo: monarquia parlamentar
Área: 2.586 km^2
População: 567.110 hab.
Densidade: 219,3 hab./km^2
Capital: Luxemburgo
Línguas: luxemburguês*, alemão, francês, português, italiano
PIB *per capita*: US$ 100.161
Mortalidade infantil: 2‰

Macedônia
Sudeste da Europa
Forma de governo: república parlamentarista
Área: 25.715 km^2
População: 2.078.453 hab.
Densidade: 80,8 hab./km^2
Capital: Skopje
Línguas: macedônio*, albanês, servo-croata, turco
PIB *per capita*: US$ 4.836
Mortalidade infantil: 5‰

Madagascar
Oceano Índico, sudeste da África
Forma de governo: república de sistema misto**
Área: 587.040 km^2
População: 24.235.390 hab.
Densidade: 41,3 hab./km^2
Capital: Antananarivo
Línguas: malgaxe*, francês*
PIB *per capita*: US$ 402
Mortalidade infantil: 36‰

Malásia
Sudeste da Ásia
Forma de governo: monarquia parlamentar
Área: 330.800 km^2
População: 30.331.007 hab.
Densidade: 91,7 hab./km^2
Capital: Kuala Lumpur
Línguas: malaio*, chinês, tâmil
PIB *per capita*: US$ 9.768
Mortalidade infantil: 6‰

Malauí
Sul da África
Forma de governo: república presidencialista
Área: 118.480 km^2
População: 17.215.232 hab.
Densidade: 145,3 hab./km^2
Capital: Lilongue
Línguas: inglês*, cinianja, lomwe, yao
PIB *per capita*: US$ 373
Mortalidade infantil: 43‰

Maldivas
Oceano Índico, sul da Ásia
Forma de governo: república presidencialista
Área: 300 km^2
População: 363.657 hab.
Densidade: 1.212,2 hab./km^2
Capital: Male
Línguas: divehi (maldívio)*, cingalês, tâmil
PIB *per capita*: US$ 9.446
Mortalidade infantil: 7‰

Mali
África ocidental
Forma de governo: república presidencialista
Área: 1.240.190 km^2
População: 17.599.694 hab.
Densidade: 14,1 hab./km^2
Capital: Bamaco
Línguas: francês*, bambara, fulani, senufo, soninquê
PIB *per capita*: US$ 744
Mortalidade infantil: 75‰

Malta
Sul da Europa
Forma de governo: república parlamentarista
Área: 320 km^2
População: 418.670 hab.
Densidade: 1.308,3 hab./km^2
Capital: Valletta
Línguas: maltês*, inglês*
PIB *per capita*: US$ 23.281
Mortalidade infantil: 5‰

Marrocos
Norte da África
Forma de governo: monarquia parlamentar
Área: 446.550 km^2
População: 34.377.511 hab.
Densidade: 77 hab./km^2
Capital: Rabat
Línguas: árabe*, francês, espanhol
PIB *per capita*: US$ 2.919
Mortalidade infantil: 24‰

Maurício
Oceano Índico, sudeste da África
Forma de governo: república parlamentarista
Área: 2.040 km^2
População: 1.273.212 hab.
Densidade: 624,1 hab./km^2
Capital: Port Louis
Línguas: inglês*, crioulo francês, híndi, urdu, tâmil, chinês
PIB *per capita*: US$ 9.041
Mortalidade infantil: 12‰

Mauritânia
África ocidental
Forma de governo: ditadura militar
Área: 1.030.700 km^2
População: 4.067.564 hab.
Densidade: 3,9 hab./km^2
Capital: Nouakchott
Línguas: árabe*, francês*, soninquê, uolofe
PIB *per capita*: US$ 1.235
Mortalidade infantil: 65‰

México
América do Norte
Forma de governo: república presidencialista
Área: 1.964.380 km^2
População: 127.017.224 hab.
Densidade: 64,6 hab./km^2
Capital: Cidade do México
Línguas: espanhol*, dialetos maias
PIB *per capita*: US$ 8.981
Mortalidade infantil: 11‰

Mianmar
Sudeste da Ásia
Forma de governo: ditadura militar
Área: 676.590 km^2
População: 53.897.154 hab.
Densidade: 79,6 hab./km^2
Capital: Naypyidaw (fim da construção em 2012)
Línguas: birmanês*, karen, mon
PIB *per capita*: US$ 1.161
Mortalidade infantil: 40‰

Micronésia
Oceania
Forma de governo: república de sistema misto** sem partidos
Área: 701 km^2
População: 104.460 hab.
Densidade: 140 hab./km^2
Capital: Palikir
Línguas: inglês* e dialetos locais
PIB *per capita*: US$ 3.015
Mortalidade infantil: 29‰

Moçambique
Sul da África
Forma de governo: república presidencialista
Área: 799.380 km^2
População: 27.977.863 hab.
Densidade: 35 hab./km^2
Capital: Maputo
Línguas: português*, macua, tsonga, sena, lomué
PIB *per capita*: US$ 529
Mortalidade infantil: 57‰

Moldávia
Sudeste da Europa
Forma de governo: república parlamentarista
Área: 33.850 km^2
População: 4.068.897 hab.
Densidade: 120,2 hab./km^2
Capital: Chisinau
Línguas: moldávio (romeno)*, russo
PIB *per capita*: US$ 1.591
Mortalidade infantil: 14‰

Mônaco
Sul da Europa
Forma de governo: monarquia parlamentar
Área: 1,95 km^2
População: 37.731 hab.
Densidade: 19.349,2 hab./km^2
Capital: Mônaco
Línguas: francês*, italiano, monegasco, inglês
PIB *per capita*: US$ 165.871
Mortalidade infantil: 3‰

Mongólia
Ásia central
Forma de governo: república parlamentarista
Área: 1.564.120 km^2
População: 2.959.134 hab.
Densidade: 1,9 hab./km^2
Capital: Ulan Bator
Línguas: mongol khalkha*, línguas altaicas, russo, chinês
PIB *per capita*: US$ 3.973
Mortalidade infantil: 19‰

Montenegro
Sudeste da Europa
Forma de governo: república parlamentarista
Área: 13.812 km^2
População: 625.781 hab.
Densidade: 45,3 hab./km^2
Capital: Podgorica
Línguas: montenegrino*, sérvio
PIB *per capita*: US$ 6.424
Mortalidade infantil: 4‰

Namíbia
Sul da África
Forma de governo: república de sistema misto**
Área: 824.290 km^2
População: 2.458.830 hab.
Densidade: 3 hab./km^2
Capital: Windhoek
Línguas: inglês*, africâner, alemão, ovambo, kavango, bergdama
PIB *per capita*: US$ 4.674
Mortalidade infantil: 33‰

Nauru
Oceania
Forma de governo: república parlamentarista
Área: 21,2 km^2
População: 10.222 hab.
Densidade: 482 hab./km^2
Capital: Yaren
Línguas: nauruano*, inglês, quiribati, chinês, tuvaluano
PIB *per capita*: US$ 18.469
Mortalidade infantil: 29‰

Nepal
Sul da Ásia
Forma de governo: república parlamentarista
Área: 147.180 km^2
População: 28.513.700 hab.
Densidade: 193,7 hab./km^2
Capital: Kathmandu
Línguas: nepalês*, maithlli, bhojpuri
PIB *per capita*: US$ 725
Mortalidade infantil: 29‰

Nicarágua
América Central
Forma de governo: república presidencialista
Área: 130.370 km^2
População: 6.082.032 hab.
Densidade: 46,5 hab./km^2
Capital: Manágua
Línguas: espanhol*, crioulo inglês, misquito
PIB *per capita*: US$ 2.087
Mortalidade infantil: 19‰

Níger
África ocidental
Forma de governo: república de sistema misto
Área: 1.267.000 km^2
População: 19.899.120 hab.
Densidade: 15,7 hab./km^2
Capital: Niamei
Línguas: francês*, haúça, djerma, fulani, tuaregue, teda
PIB *per capita*: US$ 359
Mortalidade infantil: 57‰

Nigéria
África ocidental
Forma de governo: república presidencialista
Área: 923.770 km^2
População: 182.201.962 hab.
Densidade: 197,3 hab./km^2
Capital: Abuja
Línguas: inglês*, haúça, ioruba, ibo
PIB *per capita*: US$ 2.714
Mortalidade infantil: 69‰

Noruega
Norte da Europa
Forma de governo: monarquia parlamentar
Área: 323.780 km^2
População: 5.210.967 hab.
Densidade: 16 hab./km^2
Capital: Oslo
Línguas: norueguês* (bokmal e nynorsk), lapão, finlandês
PIB *per capita*: US$ 74.186
Mortalidade infantil: 2‰

Nova Zelândia
Oceania
Forma de governo: democracia parlamentarista (formalmente monarquia)
Área: 267.710 km^2
População: 4.528.526 hab.
Densidade: 17 hab./km^2
Capital: Wellington
Línguas: inglês*, maori*
PIB *per capita*: US$ 38.294
Mortalidade infantil: 5‰

Omã
Sudoeste da Ásia
Forma de governo: monarquia absoluta
Área: 309.500 km^2
População: 4.490.541 hab.
Densidade: 14,5 hab./km^2
Capital: Mascate
Línguas: árabe*, balúchi
PIB *per capita*: US$ 15.551
Mortalidade infantil: 10‰

Países Baixos (Holanda)
Noroeste da Europa
Forma de governo: monarquia parlamentar
Área: 41.540 km^2
População: 16.924.929 hab.
Densidade: 407,5 hab./km^2
Capitais: Amsterdã e Haia
Línguas: holandês*, frísio
PIB *per capita*: US$ 44.332
Mortalidade infantil: 3‰

Palau
Oceania
Forma de governo: república presidencialista
Área: 460 km^2
População: 21.291 hab.
Densidade: 46,3 hab./km^2
Capital: Ngerulmud
Línguas: palauano*, inglês*, sonsorolense-tobiano
PIB *per capita*: US$ 12.122
Mortalidade infantil: 14‰

Panamá
América Central
Forma de governo: república presidencialista
Área: 75.420 km^2
População: 3.929.141 hab.
Densidade: 52 hab./km^2
Capital: Cidade do Panamá
Línguas: espanhol*, crioulo inglês, línguas indígenas
PIB *per capita*: US$ 13.268
Mortalidade infantil: 15‰

Papua Nova Guiné
Oceania
Forma de governo: monarquia constitucional
Área: 462.840 km^2
População: 7.619.321 hab.
Densidade: 16,5 hab./km^2
Capital: Port Moresby
Línguas: inglês*, dialeto inglês*, motu*, numerosas línguas nativas
PIB *per capita*: US$ 2.798
Mortalidade infantil: 45‰

Paquistão
Sul da Ásia
Forma de governo: república parlamentarista
Área: 796.100 km^2
População: 188.924.874 hab.
Densidade: 237,3 hab./km^2
Capital: Islamabad
Línguas: urdu*, panjabi, sindi, pachto, balúchi
PIB *per capita*: US$ 1.410
Mortalidade infantil: 66‰

Paraguai
América do Sul
Forma de governo: república presidencialista
Área: 406.750 km^2
População: 6.639.123 hab.
Densidade: 16,3 hab./km^2
Capital: Assunção
Línguas: espanhol*, guarani*
PIB *per capita*: US$ 4.174
Mortalidade infantil: 18‰

Peru
América do Sul
Forma de governo: república presidencialista
Área: 1.285.220 km^2
População: 31.376.670 hab.
Densidade: 24,5 hab./km^2
Capital: Lima
Línguas: espanhol*, quíchua*, aimará*
PIB *per capita*: US$ 6.069
Mortalidade infantil: 13‰

Polônia
Europa central
Forma de governo: república parlamentarista
Área: 312.680 km^2
População: 38.611.794 hab.
Densidade: 123,5 hab./km^2
Capital: Varsóvia
Línguas: polonês*, alemão
PIB *per capita*: US$ 12.355
Mortalidade infantil: 5‰

Portugal
Sudoeste da Europa
Forma de governo: república de sistema misto**
Área: 92.090 km^2
População: 10.349.803 hab.
Densidade: 112,4 hab./km^2
Capital: Lisboa
Línguas: português*
PIB *per capita*: US$ 19.239
Mortalidade infantil: 3‰

Quênia
África oriental
Forma de governo: república presidencialista
Área: 580.370 km^2
População: 46.050.302 hab.
Densidade: 79,3 hab./km^2
Capital: Nairóbi
Línguas: suaíli*, inglês, quicuio, luo, camba
PIB *per capita*: US$ 1.377
Mortalidade infantil: 36‰

Quirguistão
Ásia central
Forma de governo: república de sistema misto**
Área: 199.949 km^2
População: 5.939.962 hab.
Densidade: 29,7 hab./km^2
Capital: Bishkek
Línguas: quirguiz*, russo, uzbeque
PIB *per capita*: US$ 1.106
Mortalidade infantil: 19‰

Reino Unido
Noroeste da Europa
Forma de governo: monarquia parlamentar
Área: 243.610 km^2
População: 64.715.810 hab.
Densidade: 265 hab./km^2
Capital: Londres
Línguas: inglês*, galês, escocês, gaélico
PIB *per capita*: US$ 44.162
Mortalidade infantil: 3‰

República Centro-Africana
África central
Forma de governo: república presidencialista
Área: 622.980 km^2
População: 4.900.274 hab.
Densidade: 7,9 hab./km^2
Capital: Bangui
Línguas: francês*, sango*, banda, gbaia
PIB *per capita*: US$ 333
Mortalidade infantil: 92‰

República Dominicana
América Central (Caribe)
Forma de governo: república presidencialista
Área: 48.670 km^2
População: 10.528.391 hab.
Densidade: 216,3 hab./km^2
Capital: São Domingos
Línguas: espanhol*, crioulo francês
PIB *per capita*: US$ 6.374
Mortalidade infantil: 26‰

República Tcheca
Europa central
Forma de governo: república parlamentarista
Área: 78.870 km^2
População: 10.543.186 hab.
Densidade: 133,6 hab./km^2
Capital: Praga
Línguas: tcheco*, eslovaco, romani, húngaro (magiar)
PIB *per capita*: US$ 17.562
Mortalidade infantil: 3‰

Romênia
Sudeste da Europa
Forma de governo: república de sistema misto**
Área: 238.390 km^2
População: 19.511.324 hab.
Densidade: 81,8 hab./km^2
Capital: Bucareste
Línguas: romeno*, húngaro
PIB *per capita*: US$ 9.121
Mortalidade infantil: 10‰

Ruanda
África central
Forma de governo: república presidencialista
Área: 26.340 km^2
População: 11.609.666 hab.
Densidade: 440,7 hab./km^2
Capital: Kigali
Línguas: francês*, quiniaruanda*, inglês* quissuaíli
PIB *per capita*: US$ 697
Mortalidade infantil: 31‰

Rússia (Federação Russa)
Europa/Ásia
Forma de governo: república de sistema misto**
Área: 17.098.240 km^2
População: 143.456.918 hab.
Densidade: 8,4 hab./km^2
Capital: Moscou
Línguas: russo*, tártaro, ucraniano
PIB *per capita*: US$ 9.243
Mortalidade infantil: 8‰

Samoa
Oceania
Forma de governo: república parlamentarista (formalmente monarquia)
Área: 2.840 km^2
População: 193.228 hab.
Densidade: 68 hab./km^2
Capital: Apia
Línguas: samoano*, inglês*
PIB *per capita*: US$ 4.006
Mortalidade infantil: 15‰

San Marino
Sul da Europa
Forma de governo: república parlamentarista
Área: 61 km^2
População: 31.781 hab.
Densidade: 521 hab./km^2
Capital: San Marino
Línguas: italiano*
PIB *per capita*: US$ 49.240
Mortalidade infantil: 3‰

Santa Lúcia
América Central (Caribe)
Forma de governo: monarquia constitucional
Área: 620 km^2
População: 184.999 hab.
Densidade: 298,3 hab./km^2
Capital: Castries
Línguas: inglês*, crioulo francês, híndi, urdu
PIB *per capita*: US$ 7.839
Mortalidade infantil: 13‰

São Cristóvão e Névis
América Central (Caribe)
Forma de governo: monarquia constitucional
Área: 260 km^2
População: 55.572 hab.
Densidade: 213,7 hab./km^2
Capital: Basseterre
Línguas: inglês*, crioulo inglês
PIB *per capita*: US$ 15.772
Mortalidade infantil: 8‰

São Tomé e Príncipe
África ocidental
Forma de governo: república de sistema misto**
Área: 964 km^2
População: 190.344 hab.
Densidade: 197,4 hab./km^2
Capital: São Tomé
Línguas: português*, crioulo português
PIB *per capita*: US$ 1.753
Mortalidade infantil: 35‰

São Vicente e Granadinas
América Central (Caribe)
Forma de governo: monarquia constitucional
Área: 390 km^2
População: 109.462 hab.
Densidade: 280,7 hab./km^2
Capital: Kingstown
Línguas: inglês*, crioulo inglês
PIB *per capita*: US$ 6.739
Mortalidade infantil: 17‰

Senegal
África ocidental
Forma de governo: república de sistema misto**
Área: 196.720 km^2
População: 15.129.273 hab.
Densidade: 77 hab./km^2
Capital: Dacar
Línguas: francês*, uólofe, fulani, serere
PIB *per capita*: US$ 901
Mortalidade infantil: 42‰

Serra Leoa
África ocidental
Forma de governo: república presidencialista
Área: 71.740 km^2
População: 6.453.184 hab.
Densidade: 90 hab./km^2
Capital: Freetown
Línguas: inglês*, criô (crioulo), mende, temne
PIB *per capita*: US$ 695
Mortalidade infantil: 87‰

Sérvia
Sudeste da Europa
Forma de governo: república parlamentarista
Área: 88.361 km^2
População: 8.850.975 hab.
Densidade: 100 hab./km^2
Capital: Belgrado
Línguas: servo*, albanês
PIB *per capita*: US$ 5.239
Mortalidade infantil: 6‰

Seychelles
Oceano Índico, África oriental
Forma de governo: república presidencialista
Área: 460 km^2
População: 96.471 hab.
Densidade: 209,7 hab./km^2
Capital: Victoria
Línguas: crioulo*, francês, inglês
PIB *per capita*: US$ 14.133
Mortalidade infantil: 12‰

Síria
Sudoeste da Ásia
Forma de governo: república de sistema misto**
Área: 185.180 km^2
População: 18.502.413 hab.
Densidade: 100 hab./km^2
Capital: Damasco
Línguas: árabe*, francês, curdo, armênio, circassiano, turcomano
PIB *per capita*: US$ 1.535
Mortalidade infantil: 11‰

Somália
África oriental
Forma de governo: república de sistema misto**
Área: 637.660 km^2
População: 10.787.104 hab.
Densidade: 17 hab./km^2
Capital: Mogadíscio
Línguas: somali*, árabe*, inglês
PIB *per capita*: US$ 124
Mortalidade infantil: 85‰

Sri Lanka
Sul da Ásia
Forma de governo: república de sistema misto**
Área: 65.610 km^2
População: 20.715.010 hab.
Densidade: 315,7 hab./km^2
Capital: Sri Jayewardenepura Kotte / Colombo
Línguas: cingalês*, tâmil*, inglês
PIB *per capita*: US$ 3.974
Mortalidade infantil: 8‰

Suazilândia
Sul da África
Forma de governo: monarquia absoluta
Área: 17.360 km^2
População: 1.286.970 hab.
Densidade: 74,1 hab./km^2
Capitais: Mbabane e Lobamba
Línguas: suázi*, inglês*, zulu
PIB *per capita*: US$ 3.212
Mortalidade infantil: 45‰

Sudão
África oriental
Forma de governo: república presidencialista
Área: 1.861.484 km^2
População: 40.234.882 hab.
Densidade: 21,6 hab./km^2
Capital: Cartum
Línguas: árabe*, dinca, nuer, núbio, bedja, zandê, bari, fur
PIB *per capita*: US$ 2.335
Mortalidade infantil: 48‰

Sudão do Sul
Norte da África
Forma de governo: república presidencialista
Área: 644.329 km^2
População: 12.339.812 hab.
Densidade: 19 hab./km^2
Capital: Juba
Línguas: inglês e árabe
PIB *per capita*: US$ 1.067
Mortalidade infantil: 60‰

Suécia
Norte da Europa
Forma de governo: monarquia parlamentar
Área: 450.300 km^2
População: 9.779.426 hab.
Densidade: 21,7 hab./km^2
Capital: Estocolmo
Línguas: sueco*, finlandês, lapão
PIB *per capita*: US$ 50.687
Mortalidade infantil: 2‰

Suíça
Europa central
Forma de governo: república parlamentarista confederativa
Área: 41.280 km^2
População: 8.298.663 hab.
Densidade: 201 hab./km^2
Capital: Berna
Línguas: alemão*, francês*, italiano*, romanche*
PIB *per capita*: US$ 80.831
Mortalidade infantil: 3‰

Suriname
América do Sul
Forma de governo: república de sistema misto**
Área: 163.820 km^2
População: 542.975 hab.
Densidade: 3,5 hab./km^2
Capital: Paramaribo
Línguas: holandês*, dialeto inglês (taki-taki), híndi, javanês, francês, caraíba
PIB *per capita*: US$ 8.985
Mortalidade infantil: 19‰

Tadjiquistão
Ásia central
Forma de governo: república presidencialista
Área: 142.550 km^2
População: 8.481.855 hab.
Densidade: 60 hab./km^2
Capital: Dushanbe
Línguas: tadjique*, uzbeque, russo
PIB *per capita*: US$ 926
Mortalidade infantil: 39‰

Tailândia
Sudeste da Ásia
Forma de governo: monarquia parlamentar
Área: 513.120 km^2
População: 67.959.359 hab.
Densidade: 132,4 hab./km^2
Capital: Bangcoc
Línguas: tai*, chinês, malaio, khmer, mon, karen
PIB *per capita*: US$ 5.815
Mortalidade infantil: 11‰

Taiwan (Formosa)
Ásia oriental
Forma de governo: república de sistema misto**
Área: 36.179 km^2
População: 23.037.031 hab.
Densidade: 636,7 hab./km^2
Capital: Taipei
Línguas: chinês mandarim*, chinês de Amoy, chinês de Taiwan
PIB *per capita*: US$ 21.571
Mortalidade infantil: 5‰

Tanzânia
África oriental
Forma de governo: república presidencialista
Área: 947.300 km^2
População: 53.470.420 hab.
Densidade: 56,4 hab./km^2
Capital: Dar es Salaam / Dodoma
Línguas: inglês*, suaíli*, sucuma, chaga, niamuezi, hehe, maconde
PIB *per capita*: US$ 877
Mortalidade infantil: 35‰

Timor-Leste
Sudeste da Ásia
Forma de governo: república parlamentarista
Área: 14.870 km^2
População: 1.184.765 hab.
Densidade: 79,7 hab./km^2
Capital: Díli
Línguas: português, tétum
PIB *per capita*: US$ 2.425
Mortalidade infantil: 45‰

Togo
África ocidental
Forma de governo: república de sistema misto**
Área: 56.790 km^2
População: 7.304.578 hab.
Densidade: 128,6 hab./km^2
Capital: Lomé
Línguas: francês*, jeje, cabiê, gurma
PIB *per capita*: US$ 567
Mortalidade infantil: 52‰

Tonga
Oceania
Forma de governo: monarquia parlamentar
Área: 750 km^2
População: 106.170 hab.
Densidade: 141,6 hab./km^2
Capital: Nukualofa
Línguas: tonganês*, inglês*
PIB *per capita*: US$ 3.784
Mortalidade infantil: 14‰

Trinidad e Tobago
América Central (Caribe)
Forma de governo: república parlamentarista
Área: 5.130 km^2
População: 1.360.088 hab.
Densidade: 265,1 hab./km^2
Capital: Port of Spain
Línguas: inglês*, crioulo inglês, híndi, francês, espanhol
PIB *per capita*: US$ 20.452
Mortalidade infantil: 18‰

Tunísia
Norte da África
Forma de governo: república presidencialista
Área: 163.610 km^2
População: 11.253.554 hab.
Densidade: 68,8 hab./km^2
Capital: Túnis
Línguas: árabe*, francês, bérbere
PIB *per capita*: US$ 3.661
Mortalidade infantil: 12‰

Turcomenistão
Ásia central
Forma de governo: república presidencialista unipartidária
Área: 488.100 km^2
População: 5.373.502 hab.
Densidade: 11 hab./km^2
Capital: Ashgabat
Línguas: turcomano*, uzbeque, russo
PIB *per capita*: US$ 6.997
Mortalidade infantil: 44‰

Turquia
Ásia/Europa
Forma de governo: república parlamentarista
Área: 783.560 km^2
População: 78.665.830 hab.
Densidade: 100,4 hab./km^2
Capital: Ancara
Línguas: turco*, curdo, árabe, circassiano, armênio
PIB *per capita*: US$ 9.126
Mortalidade infantil: 12‰

Tuvalu
Oceania
Forma de governo: monarquia constitucional
Área: 30 km^2
População: 9.916 hab.
Densidade: 330,5 hab./km^2
Capital: Funafuti
Línguas: tuvaluano*, quiribati, inglês
PIB *per capita*: US$ 3.362
Mortalidade infantil: 23‰

Ucrânia
Europa oriental
Forma de governo: república de sistema misto**
Área: 603.550 km^2
População: 44.823.765 hab.
Densidade: 74,3 hab./km^2
Capital: Kiev
Línguas: ucraniano*, russo, tártaro
PIB *per capita*: US$ 2.022
Mortalidade infantil: 8‰

Países do Mundo: Bandeiras e Dados

Uganda
África oriental
Forma de governo: república presidencialista
Área: 241.550 km²
População: 39.032.383 hab.
Densidade: 161,6 hab./km²
Capital: Campala
Línguas: inglês*, luganda, suaíli, niancole, chiga, lango, acholi, teso
PIB *per capita*: US$ 648
Mortalidade infantil: 38‰

Uruguai
América do Sul
Forma de governo: república presidencialista
Área: 176.220 km²
População: 3.431.555 hab.
Densidade: 19,5 hab./km²
Capital: Montevidéu
Línguas: espanhol*
PIB *per capita*: US$ 15.574
Mortalidade infantil: 9‰

Uzbequistão
Ásia central
Forma de governo: república presidencialista
Área: 447.400 km²
População: 29.893.488 hab.
Densidade: 66,8 hab./km²
Capital: Tashkent
Línguas: uzbeque*, russo
PIB *per capita*: US$ 2.308
Mortalidade infantil: 34‰

Vanuatu
Oceania
Forma de governo: república parlamentarista
Área: 12.190 km²
População: 264.652 hab.
Densidade: 21,7 hab./km²
Capital: Porto-Vila
Línguas: bislamá*, inglês*, francês*
PIB *per capita*: US$ 2.783
Mortalidade infantil: 23‰

Vaticano
Sul da Europa
Forma de governo: monarquia absoluta
Área: 0,44 km²
População: 836 hab.
Densidade: 1.877,3 hab./km²
Capital: Cidade do Vaticano
Línguas: italiano*, latim*
PIB *per capita*: n.d.
Mortalidade infantil: n.d.

Venezuela
América do Sul
Forma de governo: república presidencialista
Área: 912.050 km²
População: 31.108.083 hab.
Densidade: 34,1 hab./km²
Capital: Caracas
Línguas: espanhol*, línguas indígenas
PIB *per capita*: US$ 11.069
Mortalidade infantil: 13‰

Vietnã
Sudeste da Ásia
Forma de governo: república socialista unipartidária
Área: 331.051 km²
População: 93.447.601 hab.
Densidade: 282,3 hab./km²
Capital: Hanói
Línguas: vietnamita*, chinês, tai, khmer, muong
PIB *per capita*: US$ 2.068
Mortalidade infantil: 17‰

Zâmbia
Sul da África
Forma de governo: república presidencialista
Área: 752.610 km²
População: 16.211.767 hab.
Densidade: 21,6 hab./km²
Capital: Lusaca
Línguas: inglês*, bemba, nianja, tsonga, kaonde, lunda
PIB *per capita*: US$ 1.311
Mortalidade infantil: 43‰

Zimbábue
Sul da África
Forma de governo: república de sistema misto**
Área: 390.760 km²
População: 15.602.751 hab.
Densidade: 39,9 hab./km²
Capital: Harare
Línguas: inglês*, shona, ndebele
PIB *per capita*: US$ 890
Mortalidade infantil: 47‰

* Língua oficial.
** A denominação "sistema misto" enquadra diversos sistemas que mesclam aspectos do presidencialismo e do parlamentarismo. Frequentemente, o poder executivo é repartido entre um presidente eleito pelo povo que faz as vezes de chefe de Estado e um primeiro-ministro (nomeado pelo parlamento ou pelo presidente) que desempenha as funções de chefe de governo.

Dados sobre os países do mundo

Os dados sobre todos os países independentes do mundo, apresentados nos quadros com as respectivas bandeiras, foram obtidos junto ao IBGE e a organismos internacionais ligados à ONU, e são os mais atualizados disponíveis.
Especial atenção foi dada ao quadro que apresenta a tabela do Índice de Desenvolvimento Humano (IDH) da maioria dos países, que é elaborado e fornecido mundialmente pelo PNUD (Programa das Nações Unidas para o Desenvolvimento). O IDH é um índice calculado a partir da combinação de dados obtidos por várias organizações da ONU, reunidos em três grupos: educação, longevidade e renda. Os indicadores utilizados são o cálculo da expectativa de vida, as taxas de alfabetização de adultos e de escolarização (em seus vários níveis) e os dados do PIB per capita de cada país.
O IDH é a forma mais moderna e abalizada para medir as desigualdades globais.
A versão apresentada neste atlas é a divulgada em 2017, com dados relativos a 2016.

Tabela do Índice de Desenvolvimento Humano

(O primeiro número de cada linha indica a posição do país na ordem de grandeza do IDH; a seguir vem o nome do país; e, por último, o índice propriamente dito. Reproduzimos aqui a classificação desenvolvida pelo PNUD, em quatro ordens de desenvolvimento humano: muito elevado, elevado, médio e baixo.)

Desenvolvimento humano muito elevado

Posição	País	IDH
1	Noruega	0,949
2	Austrália	0,939
2	Suíça	0,939
4	Alemanha	0,926
5	Dinamarca	0,925
5	Cingapura	0,925
7	Países Baixos[1]	0,924
8	Irlanda	0,923
9	Islândia	0,921
10	Canadá	0,920
10	Estados Unidos	0,920
12	Hong Kong (China)[2]	0,917
13	Nova Zelândia	0,915
14	Suécia	0,913
15	Liechtenstein	0,912
16	Reino Unido	0,909
17	Japão	0,903
18	Coreia do Sul	0,901
19	Israel	0,899
20	Luxemburgo	0,898
21	França	0,897
22	Bélgica	0,896
23	Finlândia	0,895
24	Áustria	0,893
25	Eslovênia	0,890
26	Itália	0,887
27	Espanha	0,884
28	República Tcheca	0,878
29	Grécia	0,866
30	Brunei	0,865
30	Estônia	0,865
32	Andorra	0,858
33	Chipre	0,856
33	Malta	0,856
33	Qatar	0,856
36	Polônia	0,855
37	Lituânia	0,848
38	Chile	0,847
38	Arábia Saudita	0,847
40	Eslováquia	0,845
41	Portugal	0,843
42	Emirados Árabes Unidos	0,840
43	Hungria	0,836
44	Letônia	0,830
45	Argentina	0,827
45	Croácia	0,827
47	Barein	0,824
48	Montenegro	0,807
49	Rússia	0,804
50	Romênia	0,802
51	Kuwait	0,800

Desenvolvimento humano elevado

Posição	País	IDH
52	Bielo-Rússia	0,796
52	Omã	0,796
54	Barbados	0,795
54	Uruguai	0,795
56	Bulgária	0,794
56	Casaquistão	0,794
58	Bahamas	0,792
59	Malásia	0,789
60	Palau	0,788
60	Panamá	0,788
62	Antigua e Barbuca	0,786
63	Seychelles	0,782
64	Maurício	0,781
65	Trinidad e Tobago	0,780
66	Costa Rica	0,776
66	Sérvia	0,776
68	Cuba	0,775
69	Irã	0,774
70	Geórgia	0,769
71	Turquia	0,767
71	Venezuela	0,767
73	Sri Lanka	0,766
74	São Cristovão e Nevis	0,765
75	Albânia	0,764
76	Líbano	0,763
77	México	0,762
78	Azerbaijão	0,759
79	Brasil	0,754
79	Granada	0,754
81	Bósnia-Herzegovina	0,750
82	Macedônia	0,748
83	Argélia	0,745
84	Armênia	0,743
84	Ucrânia	0,743
86	Jordânia	0,741
87	Peru	0,740
87	Tailândia	0,740
89	Equador	0,739
90	China	0,738
91	Fiji	0,736
92	Mongólia	0,735
92	Santa Lúcia	0,735
94	Jamaica	0,730
95	Colômbia	0,727
96	Dominica	0,726
97	Suriname	0,725
97	Tunísia	0,725
99	República Dominicana	0,722
99	São Vicente e Granadinas	0,722
101	Tonga	0,721
102	Líbia	0,716
103	Belize	0,706
104	Samoa	0,704
105	Maldivas	0,701
105	Uzbequistão	0,701

Desenvolvimento humano médio

Posição	País	IDH
107	Moldávia	0,699
108	Botsuana	0,698
109	Gabão	0,697
110	Paraguai	0,693
111	Egito	0,691
111	Turcomenistão	0,691
113	Indonésia	0,689
114	Palestina	0,684
115	Vietnã	0,683
116	Filipinas	0,682
117	El Salvador	0,680
118	Bolívia	0,674
119	África do Sul	0,666
120	Quirquistão	0,664
121	Iraque	0,649
122	Cabo Verde	0,648
123	Marrocos	0,647
124	Nicarágua	0,645
125	Guatemala	0,640
125	Namíbia	0,640
127	Guiana	0,638
127	Micronésia	0,638
129	Tadjiquistão	0,627
130	Honduras	0,625
131	Índia	0,624
132	Butão	0,607
133	Timor-Leste	0,605
134	Vanuatu	0,597
135	Congo	0,592
135	Guiné Equatorial	0,592
137	Kiribati	0,588
138	Laos	0,586
139	Bangladesh	0,579
139	Gana	0,579
139	Zâmbia	0,579
142	São Tomé e Príncipe	0,574
143	Camboja	0,563
144	Nepal	0,558
145	Mianmar	0,556
146	Quênia	0,555
147	Paquistão	0,550

Desenvolvimento humano baixo

Posição	País	IDH
148	Suazilândia	0,541
149	Síria	0,536
150	Angola	0,533
151	Tanzânia	0,531
152	Nigéria	0,527
153	Camarões	0,518
154	Papua Nova Guiné	0,516
154	Zimbábue	0,516
156	Ilhas Salomão	0,515
157	Mauritânia	0,513
158	Madagascar	0,512
159	Ruanda	0,498
160	Comores	0,497
160	Lesoto	0,497
162	Senegal	0,494
163	Haiti	0,493
163	Uganda	0,493
165	Sudão	0,490
166	Togo	0,487
167	Benin	0,485
168	Iêmen	0,482
169	Afeganistão	0,479
170	Malauí	0,476
171	Costa do Marfim	0,474
172	Djibuti	0,473
173	Gâmbia	0,452
174	Etiópia	0,448
175	Mali	0,442
176	Congo, República Democrática do	0,435
177	Libéria	0,427
178	Guiné-Bissau	0,424
179	Eritreia	0,420
179	Serra Leoa	0,420
181	Moçambique	0,418
181	Sudão do Sul	0,418
183	Guiné	0,414
184	Burundi	0,404
185	Burkina Faso	0,402
186	Chade	0,396
187	Níger	0,353
188	República Centro-Africana	0,352

[1] Países Baixos é o nome oficial do país, embora ele seja mais comumente chamado de Holanda. Na realidade, esta é a região maior e mais importante da nação e, por isso, acabou se tornando mais conhecida no mundo.
[2] Apesar de a cidade de Hong Kong fazer parte da China, ela é classificada em separado. Isso ocorre porque Hong Kong foi colônia do Reino Unido até recentemente e mantém o sistema econômico capitalista, diferente do restante do país, que adota o sistema socialista com elementos do capitalismo.

Rondônia
Área: 237.765,3 km²
População: 1.787.279 hab.
Densidade: 7,51 hab./km²
Capital: Porto Velho
PIB *per capita*: R$ 19.462,61
Mortalidade infantil: 20,8‰

Pernambuco
Área: 98.076 km²
População: 9.410.336 hab.
Densidade: 95,94 hab./km²
Capital: Recife
PIB *per capita*: R$ 16.722,05
Mortalidade infantil: 14‰

Roraima
Área: 224.301 km²
População: 514.229 hab.
Densidade: 2,29 hab./km²
Capital: Boa Vista
PIB *per capita*: R$ 19.608,40
Mortalidade infantil: 17,6‰

Acre
Área: 164.123,7 km²
População: 816.687 hab.
Densidade: 4,97 hab./km²
Capital: Rio Branco
PIB *per capita*: R$ 17.034,15
Mortalidade infantil: 18,4‰

Bahia
Área: 564.732,6 km²
População: 15.276.566 hab.
Densidade: 27,05 hab./km²
Capital: Salvador
PIB *per capita*: R$ 14.803,95
Mortalidade infantil: 18,9‰

Goiás
Área: 340.110,3 km²
População: 6.695.855 hab.
Densidade: 19,68 hab./km²
Capital: Goiânia
PIB *per capita*: R$ 25.296,60
Mortalidade infantil: 15,8‰

Minas Gerais
Área: 586.521,2 km²
População: 20.997.560 hab.
Densidade: 35,80 hab./km²
Capital: Belo Horizonte
PIB *per capita*: R$ 24.917,12
Mortalidade infantil: 12‰

Piauí
Área: 251.611,9 km²
População: 3.212.180 hab.
Densidade: 12,76 hab./km²
Capital: Teresina
PIB *per capita*: R$ 11.808,08
Mortalidade infantil: 20,4‰

Santa Catarina
Área: 95.737,8 km²
População: 6.910.553 hab.
Densidade: 72,18 hab./km²
Capital: Florianópolis
Renda *per capita*: R$ 36.055,90
Mortalidade infantil: 9,8‰

Alagoas
Área: 27.848,1 km²
População: 3.358.963 hab.
Densidade: 120,61 hab./km²
Capital: Maceió
PIB *per capita*: R$ 12.335,44
Mortalidade infantil: 22,4‰

Ceará
Área: 148.887,6 km²
População: 8.963.663 hab.
Densidade: 60,2 hab./km²
Capital: Fortaleza
PIB *per capita*: R$ 14.255,05
Mortalidade infantil: 15,8‰

Maranhão
Área: 331.936,9 km²
População: 6.954.036 hab.
Densidade: 20,94 hab./km²
Capital: São Luís
PIB *per capita*: R$ 11.216,37
Mortalidade infantil: 23,5‰

Pará
Área: 1.247.955,3 km²
População: 8.272.724 hab.
Densidade: 6,62 hab./km²
Capital: Belém
PIB *per capita*: R$ 15.430,53
Mortalidade infantil: 17,7‰

Rio de Janeiro
Área: 43.781,5 km²
População: 16.635.996 hab.
Densidade: 379,97 hab./km²
Capital: Rio de Janeiro
PIB *per capita*: R$ 40.767,26
Mortalidade infantil: 12,3‰

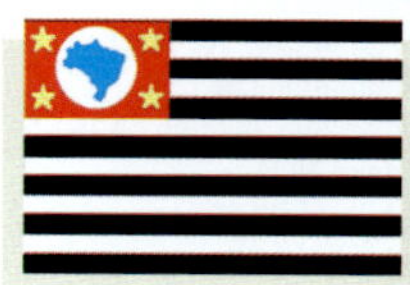

São Paulo
Área: 248.221,9 km²
População: 44.749.699 hab.
Densidade: 180,28 hab./km²
Capital: São Paulo
PIB *per capita*: R$ 42.197,87
Mortalidade infantil: 10,5‰

Amapá
Área: 142.828,5 km²
População: 782.295 hab.
Densidade: 5,47 hab./km²
Capital: Macapá
PIB *per capita*: R$ 17.845,34
Mortalidade infantil: 23,7‰

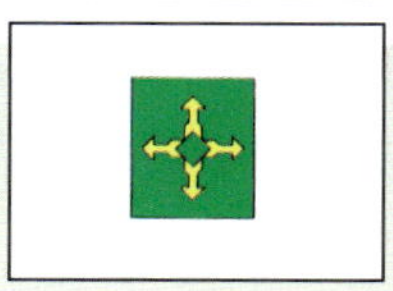

Distrito Federal
Área: 5.779,9 km²
População: 2.977.216 hab.
Densidade: 515,09 hab./km²
Capital: Brasília
PIB *per capita*: R$ 69.216,80
Mortalidade infantil: 11‰

Mato Grosso
Área: 903.198 km²
População: 3.305.531 hab.
Densidade: 3,65 hab./km²
Capital: Cuiabá
PIB *per capita*: R$ 31.396,81
Mortalidade infantil: 17,7‰

Paraíba
Área: 56.468,4 km²
População: 3.999.415 hab.
Densidade: 70,82 hab./km²
Capital: João Pessoa
Renda *per capita*: R$ 13.422,42
Mortalidade infantil: 18‰

Rio Grande do Norte
Área: 52.811,1 km²
População: 3.474.998 hab.
Densidade: 65,80 hab./km²
Capital: Natal
PIB *per capita*: R$ 15.849,33
Mortalidade infantil: 16,1‰

Sergipe
Área: 21.918,4 km²
População: 2.265.779 hab.
Densidade: 103,37 hab./km²
Capital: Aracaju
PIB *per capita*: R$ 16.882,71
Mortalidade infantil: 17,9‰

Amazonas
Área: 1.559.149 km²
População: 4.001.667 hab.
Densidade: 2,56 hab./km²
Capital: Manaus
PIB *per capita*: R$ 22.373,36
Mortalidade infantil: 19,4‰

Espírito Santo
Área: 46.089,3 km²
População: 3.973.697 hab.
Densidade: 86,21 hab./km²
Capital: Vitória
PIB *per capita*: R$ 33.148,56
Mortalidade infantil: 9,6‰

Mato Grosso do Sul
Área: 357.145,5 km²
População: 2.682.386 hab.
Densidade: 7,51 hab./km²
Capital: Campo Grande
PIB *per capita*: R$ 30.137,58
Mortalidade infantil: 14,9‰

Paraná
Área: 199.307,9 km²
População: 11.242.720 hab.
Densidade: 56,40 hab./km²
Capital: Curitiba
PIB *per capita*: R$ 31.410,74
Mortalidade infantil: 10,1‰

Rio Grande do Sul
Área: 281.737,9 km²
População: 11.286.500 hab.
Densidade: 40,06 hab./km²
Capital: Porto Alegre
PIB *per capita*: R$ 31.927,16
Mortalidade infantil: 10,2‰

Tocantins
Área: 277.720,5 km²
População: 1.532.902 hab.
Densidade: 5,51 hab./km²
Capital: Palmas
PIB *per capita*: R$ 17.495,94
Mortalidade infantil: 16,9‰

A

Abacaxis, r. **43** D5
Abadia dos Dourados **54** C3
Abadiânia **44** D3
Abaeté, r. **54** C4, D4
Abaetetuba **41** C10; **43** C7
Abaiara **49** F3
Abbot, gel. de **22** B24
Abdon Batista **62** C5
Abéché **17** C5
Abel Figueiredo **43** D7
Aberdeen **15** E2
Abidjan **17** D3
Abraham's Bay **11** D2
Abreu e Lima **51** D8
Abrigo, rib. do **58** B2
Abrolhos, arq. dos **40**, detalhe; **53** G5
Abu Dhabi **5** D12; **19** H4
Abuja **5** E10; **17** D4
Abunã, r. **42** E3
Acaia, pta. **56** D1
Açailândia **41** C10; **48** C2
Acapulco **9** H8
Acapuzal, sa. do **43** C6
Acará **41** C10; **43** C7
Acará, l. **42** D4
Açará, r. **43** C7
Acará-Mirim, r. **39** C10
Acaraú **49** A2
Acaraú, r. **39** C11/12; **49** C2
Acari, r. **43** D5
Acauã, r. **51** C6
Acklins, i. **10** D2; **11** D2
Aconcágua (p.) **6** G6; **12** F3
Acopiara **49** E3
Açores, is. dos **4** D8; **6** D8; **16** A1; **17** A1
Acorizal **46** E3
Acra **4** E9; **17** D3
Acre, est. do **38** D5/6; **40** D5/6; **42** E1/2
Acre, r. **38** D6; **40** E6
Açu **51** B6
Açu, r. **51** B6; **60** C2
Açuã, r. **42** D3
Açungui, r. **59** F6; **61** D6
A. de Souza, aç. **49** B2
Adamantina **58** C3
Adamawa, maciço de **16** D5
Adana **19** I4
Adare, c. **22** B21
Adelaide **20** H3
Adelaide, r. **60** D2
Áden **19** H5
Áden, g. de **5** E12; **7** E12; **16** C8; **17** C8; **18** H5; **19** H5
Adis Abeba **5** E11; **17** D7
Adolfo **58** C4
Adrianópolis **61** C7
Adriático, mar **14** C3; **15** C3
AFEGANISTÃO **5** D13; **19** G4
Afogados da Ingazeira **51** D5
Afonso Cláudio **57** D1
Afonso Cunha **48** C4
África **16** (mapa físico); **17** (mapa político)
ÁFRICA DO SUL **5** G11; **17** G6
Afuá **43** C7
Agadez **17** C4
Agadir **17** A2
Agalega, is. **16**, detalhe; **17**, detalhe
Agami Nuara, sa. do **43** B6
Agricolândia **48** C4
Agrihan, i. **20** C4
Água, sa. d' **52** B4
Água Amarela, r. **61** D5
Água Azul do Norte **43** D7
Água Bela, r. **60** C2
Água Boa **46** E5
Água Boa, r. **48** D4
Água Bonita, r. **58** D3; **60** C3
Água Branca **51** D5; **52** B2
Água Branca, r. **61** D5
Água Branca, rib. **60** C2
Água Branca, sa. **52** B2
Água Clara **47** H5
Água Comprida **54** D3
Água Doce **62** C4
Água Doce do Norte **57** B2
Água do Macaco, r. **60** B3
Água Fria de Goiás **44** C4
Aguaí **59** D7
Água Limpa, córr. **57** B3; **58** B4
Água Limpa, r. **44** C2
Aguanil **54** D4
Aguapeí, r. **46** E2; **58** C2/4
Aguapeí, sa. do **46** E/F2
Água Preta **51** E7
Água Preta, ig. **42** C3
Água Quente, r. **44** C4
Água Santa **62** B3
Águas Belas **51** F5
Águas Claras **45** A1
Águas da Prata **59** C7
Águas de Lindoia **59** D7
Águas de Santa Bárbara **58** D4
Águas de São Pedro **59** D6
Água Sumida, rib. **58** D1/2
Água Vermelha, repr. **54** D2; **58** A3/4
Agudo **63** B3
Agudo, rib. do **59** B5/6
Agudos **58** D5
Agudos do Sul **61** D6
Agudos Grandes, sa. dos **59** F5/6
Águia Branca **57** B2
Aguiar, la. do **57** C2
Agulha, ilhota **38**, detalhe
Agulhas, c. **16** H6
Agulhas Negras, p. das **6** G7; **12** E5; **39** G11; **56** C1
Ahaggar, mtes. **6** D10; **16** B4
Ahmadabad **19** G4
Ailuk, i. **20** C7
Aimorés **55** D6
Aimorés, sa. dos **57** B2
Aïr (maciço) **16** C4
Aiti, r. **42** D2
Aitutaki, i. **21** F10
Aiuruoca **55** E5
Ajuricaba **62** B3
Aksai Chin **19** G4
Alagoa Grande **51** D7
Alagoas, est. de **39** D/E12; **41** D/E12; **52**
Alagoinhas **41** E12; **53** D5
Alajuela **11** F4
Alalaú, r. **38/39** C7/8
Alambari **59** E6
Alambari, r. **58** D4
Aland, is. **14** B/C1; **15** C1
Alapuã, l. **42** D4
Alasca **4** B2; **9** C3
Alasca, cadeia do **8** C4
Alasca, g. do **4** C2; **6** C2; **8** D4; **9** D4
Alasca, pen. do **6** C2; **8** D3
Albacete **15** E4
ALBÂNIA **5** C10; **15** B3
Albany **9** E11, F10
Albany, r. **8** D10
Albertina **54** E4
Alberto, l. **16** D6
Ålborg **15** D2
Albuquerque **9** F7
Alcântara **48** B3
Alcântaras **49** B2
Alcinópolis **47** G4
Alcobaça **53** F5
Aldabra, is. **16** E8; **17** E8
Aldan, r. **18** D2
Alecrim **62** A2
Alegre **57** D1
Alegre, r. **46** E2; **48** B4; **61** C5
Alegre, rch. **50** E2
Alegrete **41** H9; **63** B2
Alegrete do Piauí **48** D5
Alegria **62** A2
Além Paraíba **55** E6
ALEMANHA **5** C10; **15** D2
Alenquer **43** C6
Alepo **19** I4
Aleutas, cadeia das **8** D3
Aleutas, is. **18** B3; **19** B3
Alexander, i. **22** C13
Alexander, is. **8** D5; **9** D5
Alexandria **17** A6
Alexandria, sa. **51** C5
Alfenas **54** E4
Alfredo Chaves **57** D2
Alfredo Marcondes **58** D2
Alfredo Wagner **62** C6
Aliança **51** D7
Aliança, r. **55** D5/6
Aliança, sa. da **57** D1
Aliança do Tocantins **43** E7
Alicante **15** E4
Alma-Atá **19** G3
Almas **43** E8
Almas, p. das **39** E11; **53** D4
Almas, r. **61** D5
Almas, r. das **43** F7; **44** D2, C3; **59** E/F5, E8
Almas, sa. das **53** E3
Almeirim **41** C9; **43** C6
Almenara **41** F11; **55** B7
Almería **15** E4
Almirantado, is. do **20** E4
Almirante Tamandaré **61** D6
Aloândia **44** D3
Alonso, r. **60/61** C4/5
Alpercata **55** C6
Alpercatas, r. **48** D3
Alpercatas, sa. das **48** D3
Alpes (cord. dos) **6/7** C10; **14** D3
Alpes da Transilvânia (cord.) **14** B3
Alpes Dináricos (cord.) **14** C3
Alpes do Sul (mtes.) **20** I6
Alpes Marítimos (cord.) **14** D3
Alta Floresta **41** D8; **46** B3
Alta Floresta d'Oeste **42** E4
Altai, mtes. **7** C14; **18** F3
Altair **58** B5
Altamira **41** C9; **43** C6
Altamira do Paraná **60** C3
Altaneira **49** E3
Altiplano **12** D3
Alto, p. do **39** C12
Alto Alegre **40** B7; **42** B4; **58** C4; **63** B3
Alto Araguaia **47** F5
Alto Atlas (mtes.) **16** A3
Alto Braço, r. **62** C7
Alto da Bandeira, p. **38**, detalhe; **50**, detalhe
Alto do Rodrigues **51** B6
Alto Feliz **63** B4
Alto Garças **47** F5
Alto Grande, chap. do **50** E4
Alto Pacajá, r. **43** C7
Alto Paraíso de Goiás **44** C4
Alto Rio Novo **57** C1
Altos **48** C4
Alto Taquari **47** G5
Alto Uruguai, sa. do **62** B3
Altun Shan (cadeia) **7** D14
Alvarães **42** C3
Alvarenga **55** D6
Álvares Florence **58** B4
Álvaro de Carvalho **58** D4
Alvinlândia **58** D4
Alvorada **63** C4
Alvorada de Minas **55** C5
Alvorada do Norte **44** C4
Alvorada d'Oeste **42** E4
Alvorada do Sul **60** A4
Amã **5** D11; **19** I4
Amambaí **47** I4
Amambaí, r. **47** I4
Amambaí, sa. **47** I3
Amanã, l. **42** C3
Amandaú, r. **62** A2
Amanu, i. **21** F11
Amapá **43** B7
Amapá, est. do **39** B9; **41** B9; **43** B6/7
Amapari, r. **43** B6
Amaporã **60** B3
Amaral Ferrador **63** C3
Amarante do Maranhão **48** C2
Amarelo, mar **5** D16; **7** D16; **18** D4; **19** D4; **20** A2
Amarelo, r. **7** D15; **18** E4; **19** E4
Amarelos, la. **57** D2
Amargosa **53** D5
Amarillo **9** F8
Amaturá **42** C3
Amazonas, est. do **38/39** C6/8; **40/41** C6/8; **42/43** D2/5
Amazonas, foz do **12** B5; **13** B5
Amazonas, r. **6** F7; **12** C3/4; **13** C3; **39** C8/9; **41** C8/9; **43** C6
Amazônica, bacia **6** F6; **12** C3
Amazônica, floresta **12** C4
Ambarchik **19** B2
Ambergris Cay (i.) **10** G3; **11** G3
América Central **10** (mapa físico); **11** (mapa político)
América do Norte **8** (mapa físico); **9** (mapa político)
América do Sul **12** (mapa físico); **13** (mapa político)
Americana **59** D6
Americano do Brasil **44** D3
Américo Brasiliense **59** C6
Américo de Campos **58** B4
Amery, gel. de **22** C18
Amiens **15** D3
Amirante, is. **16**, detalhe; **17**, detalhe
Amola Faca, r. **62** D6
Amontada **49** B3
Amparo **59** D7
Amparo, sa. do **56** C1
Amparo da Serra **55** D6
Ampere, r. **60** D2
Amsterdã **15** D2
Amundsen, g. de **8** B6; **9** B6
Amundsen, mar de **22** C24
Amur, r. **7** C16; **18** D3
Anaa, i. **21** F11
Anadir **19** B2
Anadir, g. de **18** A2; **19** A2
Anadir, mtes. **7** E18; **18** B2
Anagé **53** E4
Anajás **43** C7
Analândia **59** D6
Anamã **42** C4
Anamu, r. **43** B5
Anápolis **41** F10; **44** D3
Anati Paranã, r. **42** C3
Anauá, r. **42** B4
Anaurilândia **47** I5
Anavilhanas, arq. das **42** C4
Anchieta **57** D2; **62** B2
Anchieta, i. **59** E9
Anchorage **9** C3
Andaman, is. **5** E14; **7** E14; **18** F5; **19** F5
Andaman, mar de **18** F5; **19** F5
Andes (cord. dos) **6** G6; **12** B/G2
ANDORRA **4** C10; **15** D3
Andorra la Vella **15** D3
Andrada, r. **60/61** D2
Andradas **54** E4
Andradina **58** B2
Andreas, c. **14** A4
André da Rocha **63** B4
Andrelândia **55** E5
Andros Town **11** E2
Andros, i. **10** E2; **11** E2
Ándros, i. **14** B4
Anegada, canal de **10** B3
Anéis, pta. dos **51** B7
Aneto, p. de **14** D3
Angara, r. **7** C14; **18** F3
Angatuba **59** E5
Angel, salto del **12** B3
Angelim **51** E6
Angelim, r. **57** B3
Angelina **62** C7
Angical, sa. do **53** C2
Anglesey, i. **14** E2
ANGOLA **5** F10; **17** F5
Angra dos Reis **56** C1
Anguilla, i. de **10** B3; **11** B3
Anguilla Cays (is.) **10** E2; **11** E2
Anhanduí-Guaçu, r. **47** H4/5
Anhanguera **44** E3
Anhembi **59** D6
Anhumas **58** D2
Anhumas, r. **59** C6
Anhumas, rib. **58** D1/2
Anil, r. **49** B4
Anitápolis **62** C6
Ankara **5** D11; **19** I4
Ankaratra, mtes. **16** G8

Annaba **17** A4
Anori **42** C4
Anta Gorda **63** B3
Antananarivo **5** F12; **17** F8
Antártica **5** I12/16; **7** I12/17; **22**
Antártica, pen. **22** B/C13
Antártica Maior **22** B18
Antártica Menor **22** B13
Antas, r. **63** B4
Antas, r. das **60** B2, B4; **61** C5
Antígua, i. de **10** B3
ANTÍGUA E BARBUDA **4** E6; **11** B3
Antilhas (arq. das) **10** E2; **11** D2
Antilhas Holandesas (is.) **11** C4
Antípodas, is. **21** I7
Antofagasta **13** E2
Antonina **61** D7
Antonina do Norte **49** E2
Antônio Carlos **55** E5; **62** C7
Antônio Dias **55** D6
Antônio João **47** I3
Antônio Olinto **61** D5
Antuérpia **15** D2
Aoraki, mte. **7** H18; **20** I6
Apa, r. **39** G8; **47** I3
Apaga Fogo, pta. **53** D5
Apalaches, mtes. **6** D6; **8** F10
Apanha Peixe, aç. do **51** B5
Aparecida **59** D8
Aparecida de Goiânia **41** F10; **44** D3
Aparecida d'Oeste **58** B3
Aparecida do Rio Doce **44** E2
Aparecida do Taboado **47** H6
Apeninos (cadeia dos) **7** C10; **14** C3
Aperibé **56** B3
Apeuzinho, i. **48** A3
Apia **21** F8
Apiacá **57** E1
Apiacá, r. **46** B3
Apiacã, r. **46** C3
Apiacás **46** B3
Apiacás, sa. dos **46** B2/3
Apiaí **58** F5
Apiaí, r. **59** E5
Apiaí Mirim, r. **59** E/F5
Apiau, r. **42** B4
Apodi **51** B5
Apodi, chap. do **49** D5; **51** B5
Apodi, l. do **51** B5
Apodi, r. **51** B5, C5
Aporé **44** E2
Aporé, r. **39** F9; **44** E2; **47** G5
Apuaé, r. **62** B4
Apucarana **60** B4
Apucarana, r. **61** B5
Apucarana, sa. do **61** B5
Apuí **43** D5
Apuiarés **49** B3
Aquidauana **41** G8; **47** H3
Aquidauana, r. **47** G3/H4
Aquiraz **49** B4
Ar Rub' Al Khali, deserto de **18** H5
Arábia, mar da **5** E13; **7** E13; **18** G5; **19** G5
Arábia (pen. da) **18** H4
ARÁBIA SAUDITA **5** D12; **19** H4
Araçá, r. **42** B4
Aracaji, r. **51** C7
Aracaju **13** D6; **41** E12; **52** C2
Aracati **49** C5
Aracatiaçu, r. **49** B3
Aracatimirim, r. **49** C3
Araçatuba **41** G9; **58** C3
Araci **53** C5
Aracruz **57** C2
Araçu **44** D3
Araçuaí **55** B6
Araçuaí, r. **55** B6, C6
Arad **15** B3
Arafura, mar de **5** F16; **7** F16; **18** D6; **19** D6; **20** E3
Aragarças **44** C1
Aragoiânia **44** D3
Aragominas **43** C8
Araguacema **43** E7
Araguaia, r. **12** D4; **13** D4; **39** D10; **44** C2; **46** C6/E5
Araguaiana **46** E5
Araguaína **41** D10; **43** D7
Araguainha **47** F5
Araguapaz **44** C2
Araguari **54** C3
Araguari, r. **54** C/D3
Araíca, r. **50** F2
Araioses **48** B5
Aral, mar de **5** C13; **7** C13; **18** H3; **19** H3
Aral Moreira **47** I4
Arambaré **63** C4
Arame **48** C3
Aramina **59** B6
Arandu **58** E5
Arapeí **59** D9
Arapiraca **41** D12; **52** B3
Arapoim, r. **55** B5
Arapongas **60** B4
Araporã **54** C2
Arapuá **54** C4
Araquari, barra de **62** B7
Arara **51** C7
Arara, sa. da **49** F4
Araranguá **62** D6
Araraquara **59** B6
Araras **59** D6
Araras, aç. **49** C2
Ararendá **49** C2
Arari, l. **43** C7
Arari, r. **42** B2
Araripe, chap. do **39** D11/12; **49** F2/3
Araripina **50** D2
Araruama **56** C3
Araruama, la. de **56** C3
Araruna, sa. da **51** C7
Arataú, r. **43** C7
Aratiba **62** A3
Arauá, r. **42** D4; **52** D2
Araucária **61** D6
Araújos **54** D4
Araxá **54** D4
Arco-Íris **58** C3
Arcos **54** D4
Arcoverde **51** E5
Ardennes (cadeia das) **14** D3
Areal **56** C2
Areal, arr. **63** C1
Arealva **58** D5
Areia **51** C7
Areia, r. da **54** B4; **60** B2
Areial **51** D7
Areias **59** D9
Areias, rib. das **56** B3
Arendal, arr. **63** B3
Arenópolis **44** D2
Arequipa **13** D2
Argel **4** D10; **17** A4
ARGÉLIA **4** D9/10; **17** B3
ARGENTINA **4** H6; **13** G3; **22** D13
Arges, r. **14** B3
Argirita **55** E6
Århus **15** C2
Arica **13** D2
Arinos, r. **39** E8; **46** C2/D3
Aripuanã **41** E8; **46** B2
Aripuanã, r. **39** D8/9; **42** D4; **46** B2
Ariquemes **42** E4
Ariranha **58** C5
Ariranha, arr. da **60** B2
Arkansas, r. **8** F8/9
Arkhangelsk **19** H2
Armação dos Búzios **56** C4
Armando R. Gonçalves, repr. **51** B5
Armando S. Oliveira, usina **59** C7
Armazém **62** D6
ARMÊNIA **5** C12; **19** H3
Arneiroz **49** E2
Arnhem **15** D2
Arnhem, c. **20** F3
Arnhem, terra de **20** F3
Arno, i. **20** D7
Aroeiras **51** D7
Arpoal, pta. do **59** F7
Arraial, r. **61** D7
Arraial do Cabo **56** C3
Arraial Velho, r. **44** C4
Arraial Velho, rib. **45** A2
Arraias **43** F8
Arraias, r. **46** C4; **43** E7
Arroio do Sal **63** B5
Arrojada, rib. **44** D4
Ártico **22**
Artur Nogueira **59** D7
Aruanã **44** C2
Aruba, i. de **10** D4; **11** D4/5
Arujá **59** E7
Arurandeira, r. **43** D7
Arurão, r. **60** B3
Arusha **17** E7
Aruwimi, r. **16** D6
Arviat **9** C9
Ascensão, i. de **4** F9; **6** F9; **16** E2; **17** E2
Ascurra **62** C6
Aseb **17** C8
Ashgabat **5** D12; **19** H4
Ásia **18** (mapa físico); **19** (mapa político)
Ásia Menor **18** I4
Asir **18** H5
Asmara **5** E11; **17** C7
Assis **58** D3
Assis Brasil **40** E6; **42** E2
Assis Chateaubriand **60** C2
Assuã **17** B7
Assuã, barragem de **16** B7
Assuncão **4** G7; **13** E4
Astana **5** C13; **19** G3
Astrakhan **19** H3
Asunción, i. **20** C4
Asyut **17** B6
Ata, i. **21** G8
Atacama, deserto de **12** E2
Atalaia **52** B3; **60** B3
Atalaia do Norte **40** C5; **42** D2
Atalanta **62** C6
Atbara **17** C7
Atbara, r. **16** C7
Atelchu, r. **46** D4
Atenas **5** D11; **15** B4
Athabasca, l. **8** D8; **9** D8
Atibaia **59** E7
Atibainha, r. **59** E7
Atílio Vivacqua **57** D1
Atiu, i. **21** G10
Atlanta **9** F10
Atlas, mtes. **6** D9/10; **16** A3
Atlas Saariano (mtes.) **16** A3
Auaiá-Miçu, r. **46** C5
Aube, r. **14** D3
Auckland **20** H7
Augusta **20** H1
Augusto Correa **43** C8
Augusto de Lima **55** C5
Augusto Pestana **63** B2
Aurora **49** E3; **62** C6
Ausentes, sa. dos **62** A/B4
Austin **9** F9
Austrais, is. **21** G10
AUSTRÁLIA **5** G16; **20** G2
ÁUSTRIA **5** C10; **15** C3
Autazes **43** C5
Avaí **58** D4
Avanhandava **58** C4
Avaré **58** E5
Aveiro **43** C6
Avelino Lopes **48** F4
Aves, is. **10** C4; **11** C4
Avignon **15** D3
Axel-Heiberg, i. **6** A5; **8** B9; **9** B9
Axixá **48** B3
Ayers Rock (mte.) **20** G2
AZERBAIJÃO **5** D12; **19** H4
Azov, mar de **14** A3; **15** A3
Azuero, pen. de **10** F5
Azuis, mtes. **8** E7
Azul, cadeia **8** F10
Azul, r. **60** C2, C3
Azul, sa. **46** E4

B

Babilônia, r. **44** D1
Babitonga, b. de **62** B7
Bacabal **41** C11; **48** C3
Bacajá, r. **42** D3
Bacamarte, rch. **48** D5
Bacaxá, r. **56** C3
Back, r. **8** C8
Bacolod **19** D5
Badajós, l. **42** C4
Badajoz **15** E4
Bady Bassit **58** B4
Baependi, r. **54/55** E4/5
Baffin, b. de **4** B6; **6** B6; **8** B12; **9** B12; **22** B12
Baffin, i. de **4** B6; **6** B6; **8** B11; **9** B11; **22** C12
Bagagem, r. **44** C3
Bagdá **5** D12; **19** H4
Bagé **41** I9; **63** C2
BAHAMAS **4** D6; **11** E1
Bahamas (arq. das) **6** D6; **10** E1
Bahia, est. da **39** E11/12; **41** E11/12; 53
Bahía, is. de la **10** G3 **11** G3
Bahía Blanca **13** F3
Bahr El Ghazal **16** D6
BAREIN **5** D12; **19** H4
Baía da Traição **51** C8
Baía Formosa **51** C8
Baía Grande, l. **46** E1
Baikal, l. **5** C15; **7** C15; **18** E3; **19** E3
Bailique, i. **43** B7
Bairiki **20** D7
Baixa Califórnia **8** F7
Baixa Grande, rch. **51** B5
Baixa Grande do Ribeiro **48** E3
Baixio **49** E4
Baixo Guandu **57** C1
Baker, i. **21** D8
Baku **5** C12; **19** H3
Balança, sa. da **49** F4
Balanças, sa. das **49** D2, E4
Balão, córr. **57** B2
Balaton, l. **14** C3; **15** C3
Balbina, repr. **39** C8; **41** C7/8; **42** C4
Balbinos **58** C4
Balcânica, pen. **7** C11
Balcãs, mtes. **14** B3
Baleares, is. **6** D10; **14** D4; **15** D4
Baleia, pta. da **53** F5
Balikpapan **19** E6
Balkhash, l. **5** C13; **7** C13; **18** G3; **19** G3
Balneário Barra do Sul **62** B7
Balneário Camboriú **62** C7
Bálsamo **58** B4
Balsa Nova **61** D6
Balsas **41** D10; **48** D3
Balsas, r. **8** H9
Balsas, r. das **48** D3, E2
Balseiros, r. **48** D4
Balsinhas, r. **48** D3
Báltico, mar **7** C10; **14** C2; **15** C2
Baltimore **9** F11
Bamaco **4** E9; **17** C3
Banaba, i. **20** E6
Banabuiú, aç. de **49** D3
Banabuiú, r. **49** D4
Bananal **59** D9
Bananal, córr. **57** C2
Bananal, i. do **38** E9; **43** E7
Bananal, r. **43** E7; **56** C1; **57** C2
Bananeiras, sa. das **56** C3
Banda, mar de **5** F16; **7** F16
Bandar Seri Begawan **19** E5
Bandeira **55** B7
Bandeira, p. da **12** E5; **39** G11; **55** D6; **57** D1
Bandeirantes **47** G4; **61** B5
Bandeirantes, i. dos **60** B2
Bandeirantes, rib. **60** B3
Bandeirantes, rib. dos **58** C2
Bandeirantes do Norte, r. **60** A4
Bandeiras, rch. das **53** C5
Banderas, b. de **8** G8; **9** G8
Bandung **19** E6
Bangalore **19** G5
Bangassou **17** D6
Bangcoc **5** E14; **19** E5
BANGLADESH **5** D14; **19** F4
Bangor **9** E11
Bangui **5** E10; **17** D5
Banjul **4** E9; **17** C2
Banks, i. **4** B3; **6** B3; **8** B6; **9** B6; **22** B2
Banks, is. **20** F6

Bannach **43** D7
Barão de Antonina **58** E4
Barão de Cocais **55** D5
Barão de Cotegipe **62** A3
Barão de Melgaço **46** F3
Barão de Monte Alto **55** E6
Barão do Triunfo **63** C4
Baraúna, sa. **42** B4
Barbacena **55** E5
Barbacena, rib. **60** B4
Barbado, r. **46** E2
BARBADOS **4** E7; **11** B4
Barbados, i. de **10** A4
Barbalha **49** F3
Barbaquã, r. **60** C3
Barbosa **58** C4
Barbuda, i. **10** B3; **11** B3
Barcelona **13** B3; **15** D3
Barcelos **42** C4
Barents, mar de **5** B12; **7** B11; **18** I2; **19** I2; **22** B8
Bari **15** C3
Barigui, r. **61** D6
Bariri, repr. **58** D5
Barkly, plto. **20** F3
Barlavento, canal de **10** D3; **11** D3
Barlavento, is. de **10** B4; **11** B4
Barquisimeto **13** B2
Barra **53** C3
Barra, r. da **61** C6
Barra, rch. **51** B5
Barra Bonita **59** D5
Barra Bonita, repr. **59** D5
Barracão **62** A4
Barra de Santo Antônio **52** B4
Barra de São Francisco **57** B2
Barra de São Miguel **51** D6; **52** B4
Barra do Chapéu **58** F5
Barra do Corda **41** D10; **48** C3
Barra do Garças **41** F9; **46** F5
Barra do Jacaré **61** B5
Barra do Piraí **56** C2
Barra do Turvo **59** F5
Barra do Bugres **46** E3
Barra Funda **62** A3
Barra Longa **55** D5
Barra Mansa **41** G11; **56** C1
Barranquilla **13** A2
Barras **48** C4
Barreiras **41** E10; **53** D2
Barreiras, rch. das **50** E4
Barreiras do Piauí **48** E3
Barreirinhas **48** B4
Barreiro, r. **59** F6; **60** C2
Barreiros **51** E7
Barretos **59** B5
Barriga, rch. da **49** C3
Barro Alto **44** C3
Barro Duro **48** C4
Barro Duro, r. **48** B4
Barros, la. **63** C4
Barro Vermelho, pta. **38**, detalhe; **50**, detalhe
Barrow **9** B3
Barrow, c. **8** B3
Barrow, i. **20** G1
Barueri **59** E7
Basílio, arr. **63** C3
Basra **19** H4
Bass, estr. de **20** H4
Bass, i. de **21** G11
Basseterre **11** B3
Basse-Terre **11** B3
Bastia **15** D3
Bastiões, r. **49** E3
Bastiões, sa. dos **49** E2/3
Bataiporã **47** I5
Bataleira, r. **49** F3
Batalha, r. **62** C6
Batatais **59** B6
Batovi, cox. de **63** C2
Batovi, r. **46** D4
Baturité **49** C4
Baturité, sa. de **49** C3/4
Baú, ig. do **43** E6
Bauchi, plto. de **16** C4
Bauru **41** G10; **58** D5
Bauru, r. **58** D5
Bayamo **11** E2
Bayamón **11** C3
Bayeux **51** D8
Bayreuth **15** C3
Beaufort, mar de **4** B2; **6** B2; **8** B4; B4; **22** B2
Bebedouro **59** B5
Bebedouro, córr. do **54** B4
Bebedouro, r. **59** C6
Beberibe **49** C4
Béchar **17** A3
Beijing **5** D15; **19** E3
Beira **17** G7
Beirute **19** I4
Beitbridge **17** G7
Bela Cruz **49** B2
Bela Vista, arr. **63** B1
Bela Vista de Minas **55** D5
Belcher, is. **8** D10; **9** D10
Belém **13** C5; **41** C10; **43** C7; **52** B3
Belém do Brejo do Cruz **51** C5
Belfast **15** E2
Belford Roxo **56** C2
BÉLGICA **4** C10; **15** D2
Belgrado **5** C11; **15** B3
BELIZE **4** E5; **11** G3
Belize City **11** G3
Bellingshausen, mar de **22** C13
Belmiro Braga **55** E5
Belmonte **53** E5; **62** B2
Belmopan **4** E5; **11** G3
Belo Horizonte **13** D5; **41** F11; **55** D5
Belo Jardim **51** E6
Belo Monte **52** B2
Belo Vale **55** D5
Beluchistão **18** G4
Bendengó, sa. da **50** E3/4
Benedito Novo **62** B6
Benevente, r. **57** D2
Bengala, g. de **5** E14; **7** E14; **18** F5; **19** F5
Bengazi **17** A6
BENIN **4** E10; **17** C4
Benin, b. de **16** D4; **17** D4
Benjamin, sa. do **60** D2
Benjamin Constant, r. **60** D2
Bento de Abreu **58** C3
Bento Gomes, r. **47** F3
Bento Gonçalves **63** B4
Benue, r. **16** D5
Bequimão **48** B3
Berbera **17** C8
Bergen **15** D1
Bering, estr. de **4** B1; **6** B1; **8** C2; **9** C2; **22** C3
Bering, mar de **5** C18; **7** C18; **8** C1; **9** C1; **18** B3; **19** B3
Berkner, i. de **22** B14
Berlengas, r. **48** D4
Berlim **5** C10; **15** C2
Bermudas, is. **4** D6; **6** D6; **8** F12; **9** F12
Berna **5** C10; **15** D3
Bernardo José, r. **62** A/B4
Berry, is. **10** E1; **11** E1
Bertioga **59** E8
Bertioga, canal de **59** E7
Bertolínia **48** D4
Beru, i. **20** E7
Beruri **42** C4
Betim **41** G11; **55** D5
Bezerra, r. **44** B4
Bezerros **51** E7
Bialystok **15** B2
Bicudo, r. **55** C5
Bié, plto. de **16** F5
BIELO-RÚSSIA **5** C11; **15** B2
Bighorn, mtes. **8** E8
Biguaçu **62** C7
Bikini, i. de **20** C6
Bilac **58** C3
Bilbao **15** E3
Billings **9** E8
Bimini, is. **10** E1; **11** E1
Bioko, i. de **16** D4
Birigui **58** C3
Birmingham **9** F10; **15** E2
Biscaia, g. de **4** C9; **6** C9; **14** E3; **15** E3
Bishkek **5** C13; **19** G3
Bismarck **9** E8
Bismarck, arq. de **5** F17; **7** F17; **20** E4
Bismarck, mar de **20** E4
Bissau **4** E9; **17** C2
Bitola **15** B3
Bitteroot, cadeia **8** E7
Bitumirim, r. **61** C5
Bituva, r. **62** B5/6, B6
Blanca, b. **12** F3
Blanquilla, i. **10** B4; **11** B4
Blantyre **17** F7
Bloemfontein **5** G11; **17** G6
Bluefields **11** F4
Blumenau **13** E5; **41** H10; **62** B6/7
Boa Esperança **54** D4; **57** B2; **60** C3
Boa Esperança, c. da **5** G10; **7** G10; **16** H5
Boa Esperança, repr. da **39** D11; **41** D11; **48** D3
Boa Saúde **51** C7
Boa Ventura **50** D4
Boa Viagem **49** D3
Boa Viagem, r. **49** D3
Boa Vista **13** B3; **41** B7; **42** B4
Boa Vista do Ramos **43** C5
Boa Vista, r. **51** D6; **57** B2, D1
Boa Vista, sa. da **44** D3; **51** D6/7; **57** C2; **62** C6
Bobaomby, c. **16**, detalhe
Bobo-Dioulasso **17** C3
Boca do Acre **40** D6; **42** E3
Boca do Mato, r. **48** C4
Bocaina **48** D5; **59** D5
Bocaina, r. **59** D9
Bocaiuva **55** C5
Boçoroca **63** B2
Bodele, depressão **16** C5
Bodensee, l. **14** D3; **15** D3
Bodø **15**, detalhe à dir.
Bodó **51** B6
Bodocó **50** D3
Bodoquena **47** H3
Bodoquena, sa. da **47** H3
Boêmia, floresta da **14** C3
Bofete **59** E5
Bogotá **4** E6; **13** B2
Boi, rch. do **51** D6
Boi, sa. do **57** D1
Boi Preto, sa. do **60** D2
Boici, arr. **63** C3
Boipeba, i. **53** D5
Bois, r. dos **39** F10; **44** C3, D/E2
Boise **9** E7
Boituva **59** E6
Bola, r. **51** C7
Bolívar, p. **12** B3
BOLÍVIA **4** F6; **13** D3
Bolmen, l. **14** C2; **15** C2
Bolzano **15** C3
Bom, r. **60** B4
Bom Abrigo, i. do **59** G6
Bombaim **19** G5
Bombinhas **62** C7
Bom-Bocadinho, sa. do **51** C6/7
Bom Conselho **51** F6
Bom Despacho **54** D4
Bom Jardim **48** B3; **51** D7
Bom Jardim da Serra **62** D6
Bom Jardim de Goiás **44** D1
Bom Jardim de Minas **55** E5
Bom Jesus, cox. do **62** B4
Bom Jesus **48** E3; **51** B7, C4
Bom Jesus da Gurgueia, sa. **48** E4
Bom Jesus da Lapa **41** E11; **53** D3
Bom Jesus de Goiás **44** E3
Bom Jesus do Itabapoana **56** B4
Bom Jesus do Norte **57** E1
Bom Jesus do Tocantins **43** E7
Bom Princípio do Piauí **48** B5
Bom Repouso **54** E4
Bom Retiro **62** C6
Bom Sucesso **51** C5; **60** B4
Bom Sucesso, rch. **51** B5
Bom Sucesso de Itararé **58** F5
Bonaire, i. de **10** C4; **11** C4
Bondo **17** D6
Bonfim **42** B4
Bonfim, rib. **57** D1
Bonfim do Piauí **48** E4
Bonfinópolis **44** D3
Bongor **17** C5
Bonin, is. **5** D17; **7** D17
Bonita, la. **45** A2
Bonito **47** H3; **51** E7; **53** C4
Bonito de Santa Fé **50** D4
Bonito, r. **44** D2; **56** C2, C3; **60** C3; **62** B5
Bonito, rib. **56** B3; **58** B4, C4
Boothia, g. de **8** B9; **9** B9
Boothia, pen. de **6** B5; **8** B9; **22** C1
Boqueirão **51** D6/7
Boqueirão, aç. **51** D6
Boqueirão, sa. do **48** D4; **50** E3; **53** C3; **63** B2
Boqueirão do Leão **63** B3
Borá **58** D3
Borá, r. **58** C4
Bora-Bora, i. de **21** F10
Boraceia **58** D5
Borba **43** D5
Borboleta, r. **60** C4
Borborema, plto. da **12** C5; **39** D12; **51** C/D6
Bordeaux **15** E3
Borden, i. **8** B6; **9** B6
Borebi **58** D5
Borisov **15** B2
Borley, c. **22** C17
Bornéu, i. de **5** F15; **7** E15; **18** E5; **19** E5
Bornholm, i. **14** C2; **15** C2
BÓSNIA-HERZEGOVINA **5** C10; **15** C3
Bosques, l. dos **8** E9; **9** E9
Bossangoa **17** D5
Boston **9** E12
Bótnia, g. de **14** C1; **15** C1
BOTSUANA **5** G11; **17** G6
Botucatu **59** D5
Botucatu, r. **63** B3
Botucatu, sa. de **59** D/E5
Botumirim **55** B5
Bouar **17** D5
Bougainville, i. de **20** E5
Bounty, is. **20** I7
Braço, r. do **56** C1
Braço do Norte, r. **62** D6
Braço do Trombudo **62** C6
Braço Norte Direito, r. **57** D1
Braço Norte do Araguaia, r. **43** E/F7
Braço Norte do Rio Itaúnas **57** A2
Braço Norte do Rio São Mateus **57** B2
Braço Sul do Rio Itaúnas **57** B2
Braga, sa. do **49** F4; **50** D4
Bragança **41** C10; **43** C8
Bragança Paulista **59** D7
Braganey **60** C2
Branca, sa. **48** C3; **51** C4
Brancas, montanhas **8** E11
Branco da Conceição, r. **59** F6/7
Branco, c. **6** D9; **16** B1; **51** D8
Branco, mte. **14** D3
Branco, r. **38/39** B7; **42** F4; **46** B/C1, D1; **47** H3; **53** C2; **60** C4
Branco, rib. **48** E2
Branquinha **52** B3
Branquinho, r. **42** D2
BRASIL **4** F7; **13** D4; **38/39** (mapa físico); **40/41** (mapa político)
Brasileira **48** C5
Brasileiro, plto. **6** F7; **12** D5
Brasília **4** F7; **13** D5; **41** F10; **44** C4; **45** A2
Brasília de Minas **55** B5
Brasil Novo **43** C6
Brasnorte **46** D3
Brasov **15** B3
Bratislava **15** C3
Braúna **58** C3
Brazlândia **45** A1
Brazos, r. **8** F9
Brazzaville **5** F10; **17** E5
Brejão **51** F6
Brejinho **51** C7
Brejo **48** B4
Brejo, rch. do **48** E4
Brejo Alegre **58** C3
Brejo da Madre de Deus **51** E6
Brejo dos Santos **51** C5
Brejo Grande **52** C3
Brejo Grande, sa. do **53** D2
Brejolândia **53** D3

Brejo Santo 49 F4
Brejo Seco, rch. 51 E5
Bremen 15 D2
Brest 15 B2; 15 E3
Bretanha (pen.) 14 E3
Breu Branco 43 C7
Breves 41 C9; 43 C7
Bridgetown 11 B4
Brighton 15 E2
Brígida, r. da 51 D/E3
Brilhante, r. 47 H4
Brindisi 15 C3
Brisbane 20 G5
Bristol 15 E2
Britânia 44 C2
Britânicas, is. 6 C9; 14 E2
Brno 15 C3
Brodósqui 59 B6
Brooks, cadeia de 6 B2; 8 C3
Broome 20 F2
Brotas 59 D6
Brotas de Macaúbas 53 D3
Bruce, mte. 20 G1
Brumadinho 55 D5
Brumado 53 E4
Brumado, r. 53 D3/4; 55 D5
BRUNEI 5 E15; 19 E5
Brusque 62 C7
Bruxelas 15 D2
Bryansk 19 I3
Bucaramanga 13 B2
Bucareste 5 C11; 15 B3
Budapeste 5 C10; 15 C3
Buenaventura 13 B2
Buenos Aires 4 G7; 13 F3
Buenos Aires, l. 12 G2; 13 G2
Buenos Aires, r. 48 D2
Buffalo 9 E11
Bug, r. 14 B2, B3
Buíque 51 E5
Bujumbura 17 E6
Bulawayo 17 G6
BULGÁRIA 5 C11; 15 B3
Bulha, r. 60 C4
Bumba 17 D6
Bundaberg 20 G5
Buquira, r. do 59 D/E8
Buranhém, r. 53 F5
Burgos 15 E3
Buricá, r. 62 A2
Buriti Alegre 44 E3
Buriticupu, r. 48 C3
Buriti dos Lopes 48 B5
Buriti dos Montes 48 C5
Buritis, rib. 58 B3
Buritizal 59 B6
Buritizeiro 54 C4
BURKINA FASO 4 E9; 17 C3
BURUNDI 5 F11; 17 E7
BUTÃO 5 D14; 19 F4
Butiá, r. 60 E3
Butte 9 E7
Butuí, r. 63 B1/2
Búzios, c. dos 56 C4
Búzios, i. dos 59 E9
Bylot, i. 8 B11; 9 B11

C

Caapiranga 42 C4
Caarapó 47 I4
Caatinga, sa. da 49 D4; 51 B4
Cabaçaí, r. 46 E2
Cabaceiras 44 C4; 51 D6
Cabeceiras do Piauí 48 C5
Cabeços, sa. dos 51 C5
Cabedelo 51 C8
Cabelo, rch. do 51 B6/7
Cabeluda, i. 38, detalhe; 50, detalhe
Cabinda 17 E4
Cabixi 42 F4
Cabixi, r. 42 F4; 46 D1
Cabo 51 E7/8
Cabo 215 (r.) 60 B2
Cabo Breton, i. do 8 E13; 9 E13
Cabo Frio 56 C3
Cabo Frio, i. de 56 C4
Cabora Bassa, l. 16 F7
CABO VERDE 4 E8; 17 C1
Cabo Verde, is. de 6 E8; 16 C1
Cabo Verde, r. 54 E4
Cabo York, pen. do 20 F4
Cabral, sa. do 52 C2; 55 C5
Cabrália Paulista 58 D4
Cabreúva 59 E7
Cabrobó 50 E3
Cabuji, r. 51 B6
Cabul 5 D13; 19 G4
Caburaí, mte. 42 A5
Caçador 62 B4
Caçapava 59 E8
Caçapava do Sul 63 C3
Cacaré, r. 51 C4
Caçatuba, r. 51 E7
Cacequi, r. 63 B/C2
Cáceres 13 D4; 15 E4; 41 F8; 46 F3
Cachimbo, sa. do 39 D8/9; 46 B4
Cachoeira 53 D5
Cachoeira, r. 58/59 B5; 61 D7
Cachoeira, rib. 48 D2
Cachoeira, sa. da 52 B4
Cachoeira Alta 44 E2
Cachoeira de Goiás 44 D2
Cachoeira de Minas 54 E4
Cachoeira de Pajeú 55 B6
Cachoeira dos Índios 51 C4
Cachoeira do Sul 41 i9; 63 C3
Cachoeira Dourada 44 E3; 54 C2
Cachoeira Paulista 59 D9
Cachoeiras de Macacu 56 C3
Cachoeirinha 63 B4
Cachoeirinha, rib. 45 A2
Cachoeiro de Itapemirim 57 D1
Caciporé, c. 43 B7
Caciporé, r. 43 B7
Cacoal 41 E7; 42 E4
Cadeado, sa. do 59 F5/6
Cádiz 15 E4
Caen 15 E3
Caetanópolis 55 D5
Caetanos 53 E4
Caeté 55 D5
Caeté, r. 42 E2
Caetité 53 E3
Café, sa. do 52 A4
Cafeara 60 A4
Cafelândia 60 C2
Cafuini, r. 43 B5
Cágados, sa. 52 B1
Cagarra, i. 56 D2
Cagliari 15 D4
Caí, r. 63 B4
Caiabis, sa. dos 46 C3
Caiabu 58 D2
Caiapó, r. 44 C/D2
Caiapônia 44 D2
Caibi 62 C2
Caiçá, r. 52 C2
Caiçá, sa. do 52 C/2
Caiçara do Norte 51 B6
Caiçara do Rio do Vento 51 B7
Caicó 41 D12; 51 C5
Caieiras 59 E7
Caiena 4 E7; 13 B4
Caiganga, rib. 58 C2
Caipó, sa. do 39 F9
Cairns 20 F4
Cairo 5 D11; 17 A6
Cairu 53 D5
Cairuçu, p. 56 D1
Cais, r. 48 C5
Caiuá 58 C2
Cajai, r. 51 D7
Cajamar 59 E7
Cajapió 48 B3
Cajari, la. 48 B3
Cajari, r. 43 C6
Cajati 59 F6
Cajazeiras 51 C4
Cajobi 58 B5
Caju, i. do 48 B4
Calabouço, r. 51 C7
Calais 15 D2
Calama 13 E3
Calçado 51 E6
Calçado, p. do 57 D1
Calçoene 43 B7
Calcutá 19 F4
Caldas 54 E4
Caldas, sa. de 44 D3
Caldas Brandão 51 D7
Caldas Novas 44 D3
Caldeirão, sa. do 51 C/D6
Calgary 9 D7
Cali 13 B2
Califórnia 60 B4
Califórnia, g. da 8 G7; 9 G7
Calindó, r. 55 A5
Calmon 62 B4
Calumbi 50 D4
Camaçari 41 E12; 53 D5
Camacho 54 D4
Camagüey 11 E2
Camagüey, arq. de 10 E2; 11 E2
Camalaú 51 D6
Camamu 53 D5
Camandaí, r. 62 B2
Camapuã 47 G4
Camaquã 63 C4
Camaquã, r. 39 i9; 63 C3
Camará, sa. 49 E4; 51 C4
Camaragibe 51 E8
Camaragibe, r. 52 D4
Camararé, r. 46 D2
CAMARÕES 5 E10; 17 D5
Camarões, mte. 16 D4
Cambará, rib. 60 B4
Cambará do Sul 63 B4
Cambé 60 B4
Cambira 60 B4
Camboinha, pta. 51 D8
CAMBOJA 5 E15; 19 E5
Camboriú 62 C7
Cambriú, i. do 59 G6
Cambuci 56 B4
Cametá 41 C10; 43 C7
Camisa, r. 63 B4
Camocim 49 A2
Camocim, b. de 49 A2
Campala 5 F11; 17 D7
Campanário 55 C6
Campeche, b. de 8 G9; 9 G9
Campelo, i. 48 A3
Campelo, la. do 57 B4
Campestre da Serra 63 B4
Campinaçu 44 B3
Campina das Missões 62 A2
Campina do Monte Alegre 59 E5
Campina Grande 13 C6
Campina Grande 41 D12; 51 D7
Campina Grande do Sul 61 D6
Campinápolis 46 E5
Campinas 13 E5
Campinas 41 G10; 59 D7
Campinas do Piauí 48 D5
Campinorte 44 C3
Campo, rib. do 57 B2
Campo Alegre 52 B3
Campo Alegre de Goiás 44 D4
Campo Alegre de Lourdes 53 B3
Campo Belo 54 D4
Campo Belo do Sul 62 C5
Campo Bonito 60 D2
Campo do Tenente 61 D6
Campo Erê 62 B2
Campo Florido 54 D3
Campo Formoso 53 C4
Campo Grande 13 D4; 41 G9; 47 H4; 52 B3
Campo Largo 61 D6
Campo Limpo Paulista 59 E7
Campo Maior 48 C4
Campo Mourão 41 G9; 60 C3
Campo Novo 40 E7; 42 E4; 62 A3
Campo Novo, r. 60 D3
Campo Novo dos Parecis 46 D2/3
Campo Redondo 51 C6
Campos, sa. dos 51 E6
Campos do Jordão 59 D8
Campos dos Goitacazes 13 E5; 41 G11; 57 B4
Campos Novos 62 C4
Campos Novos Paulista 58 D4
Campos Sales 49 F2
Campos Verdes 44 C3
Campo Verde 46 E4
Camurupim, r. 51 B6
Camutanga 51 D7
Canaã 55 D6
Cana Brava, r. 44 B3, C4
Canabrava, rib. 54 B4
Canabrava, sa. da 53 F4/5
Cana Brava do Norte 46 C6
CANADÁ 4 C4; 9 D6; 22 D2/12
Canal, is. do 14 E3; 15 E3
Canal Perigoso 43 C7
Canamã, r. 46 C2
Canamari 42 D1
Cananeia 59 G6
Canarana 46 D5
Canárias, is. 4 D9; 6 D9; 16 B2; 17 B2
Canarreos, arq. de los 10 F2; 11 F2
Canas 59 D9
Canastra, r. 43 E7
Canastra, sa. da 54 D4
Canativa, i. 48 A3
Canaveral, c. 8 G11
Canavieira 48 D4
Canavieiras 53 E5
Canberra 5 G17; 20 H4
Cancela, pta. da 51 C8
Cancún 9 G10
Candeias 53 D5
Candeias, r. 38/39 D7; 42 E4
Candelária 63 B3
Cândido Mendes 48 A3
Cândido Mota 58 D3
Candiota 63 C3
Canela 63 B4
Canelinha 62 C7
Cangalha, sa. da 43 E8; 48 C4
Cangalhas, sa. das 57 D1
Cangati, r. 49 C3
Canguçu 63 C3
Canguçu, sa. do 63 C3
Canhoto, r. 51 E6
Canindé 49 C3
Canindé, r. 39 D11; 48 D4; 49 C3
Canindé de São Francisco 52 B2
Canitar 58 D4
Canoas 41 H9; 63 B4
Canoas, r. 59 C7; 62 C4/6
Canoinhas 62 B5
Canoinhas, r. 62 B5
Cansanção 53 C5
Cantábrica, cord. 14 E3
Cantagalo 56 B3; 60 D3
Cantanhede 48 B3
Cantão 19 E4
Canto do Buriti 48 E4
Cantu, r. 60 C3
Cantu, sa. do 60 C3
Canudos 53 B5
Canumã, r. 43 D5
Canutama 42 D3
Capané, arr. 63 C3
Capanema 43 C8
Capanema, r. 60 D/E2
Capanema, sa. 60 E3
Capanema, sa. do 62 B2
Capão Bonito 59 E5
Capão da Canoa 63 B4
Capão do Leão 63 C3
Capão Fundo, la. 63 C4
Capão Grande, aç. 63 C4
Capão Grande, r. 60 D4
Caparaó 55 D6
Caparaó, sa. do 56 D1
Cap Corse (c.) 14 D3
Capela Nova 55 D5
Capelinha 55 C6
Capelinha, sa. da 52 B2
Capetinga 54 D3
Capiá, rch. 52 B2
Capibaribe, r. 51 D6/E8
Capim, r. 39 C10; 43 C7; 60 A4

Capiravi, r. 61 D6
Capitão, ig. 42 D3
Capitão Andrade 55 C6
Capiti, rch. 51 E5
Capitólio 54 D4
Capivara, r. 48 C5; 52 B2; 58 D3
Capivara, repr. 58 D3; 60 A4
Capivara, rib. 58 D5
Capivara, sa. da 53 E2; 53 B4
Capivari 59 D6
Capivari, r. 47 G3; 56 C3; 59 D/E7, E8; 61 C5; 62 C/D7
Capivari, rib. 44 D2; 58 D3; 59 E5
Capivari Mirim, rib. 59 D6
Capuba, la. 57 D2
Capucapu, r. 43 C5
Caputira 55 D6
Caquetá, r. 12 C2
Carabinani, r. 42 C4
Caracará, r. 49 C3
Caracaraí 41 B7; 42 B4
Caracaraí, sa. do 42 B4
Caracas 4 E6; 13 A3
Caracas, pta. das 50, detalhe
Caracol 47 H3
Caracol, r. 60 C2
Caracol, sa. do 48 E4; 53 B3
Caraguatatuba 59 E8
Caraiba, rch. 50 E3
Carajari, r. 43 D6
Carajás, sa. dos 39 D9
Carangola 55 D6
Carangola, r. 55 D6
Carapebus, praia de 56 C4
Caratacá, rch. 53 B5
Caratasca, laguna de 10 F3; 11 F3
Caratinga 55 D6
Caratuva, r. 60 C3
Carauari 42 D3
Caravelas 53 F5
Carazinho 62 B3
Carbonita 55 C5
Cardiff 15 E2
Cardoso, i. do 59 G6
Careaçu 54 E4
Careiro 42 C4
Careiro da Várzea 43 C5
Carélia (istmo) 18 I2
Cariacica 57 D2
Caribe, mar do 4 E6; 6 E6; 8 H11; 9 H11; 10 E3; 11 E3; 12 A2; 13 A2
Carindiba, r. 57 D2
Carinhanha 53 E3
Carinhanha, r. 39 E9/F10; 41 E10/11
Cariri do Tocantins 43 E7
Caririaçu 49 F3
Cariris Novos, sa. dos 48 D5; 49 E2
Carlos Gomes 62 A4
Carmo, r. do 51 B5, C5
Carmo, sa. do 51 B5/6
Carmo do Paranaíba 54 C4
Carmópolis 52 C3
Carnaíba 51 D5
Carnaíba de Dentro, r. 53 E3
Carnaíba de Fora, r. 53 D3
Carnaúba dos Dantas 51 C6
Carnaúba, r. 51 C6
Carneirinho 54 D2
Carneiro, r. 63 B4
Carneiros 52 B2
Carnot, c. 20 H3
Carolina 48 D2
Carolinas, is. 5 E17; 7 E17; 20 D4
Caroline, i. 21 E10
Cárpatos (cadeia) 7 C11; 14 B3
Carpentária, g. de 20 F3
Carpina 51 D7
Carrapateira 50 D4
Carrapateira, r. 49 E2
Carrapatos, rib. 58 E5
Cartagena 13 A2; 15 E4
Cartago 11 F5
Cartum 5 E11; 17 C6
Caru, r. 48 B2
Caruaru 41 D12; 51 E7
Carupina, mte. 43 B7
Carutapera 48 A3
Casablanca 17 A2
Casa Branca 59 C7
Casa Grande 55 D5
Casamento, la. do 63 C4
Casa Nova 53 B4
Casaques, altiplano dos 18 G3
CASAQUISTÃO 5 C13; 19 G3; 22 D7
Casca 63 B3
Casca, r. 46 E4; 55 D6
Cascade, cadeia 8 E6
Cascalho Rico 54 C3
Cascavel 41 G9; 49 C4; 60 C2
Caseiros 62 B4
Caseyr, c. 16 C9
Casimiro de Abreu 56 C3
Casper 9 E8
Cáspio, mar 5 C12; 7 C12; 18 H3; 19 H3
Cassange, r. 47 F3
Cássia dos Coqueiros 59 C6
Cassilândia 47 G5
Castanhal 41 C10; 43 C7
Castanheira 46 C2
Castelândia 44 E2
Castelhano, rib. 44 D4
Castelhanos, pta. dos 57 D2
Castelo 57 D1
Castelo, r. 57 D1
Castelo, sa. do 57 D1
Castelo do Piauí 48 C5
Castilho 58 B2
Castries 11 B4
Castro 60/61 C6
Castro Alves 53 D5
Cat, i. 10 E2; 11 E2
Cataguases 55 E6
Catalão 44 E3
Catamarca 13 E3
Catanduva 58 C5
Catanduvas 60 D2; 62 C4
CATAR 5 D12; 19 H4
Catarina, r. 48 B5
Catende 51 E7
Cati, r. 63 C1
Catiguá 58 C5
Catingueira 51 D5
Catoche, c. 8 G10
Catolé, rch. 51 D5
Catolé, sa. do 50 D4
Catolé do Rocha 51 C5
Catramba, sa. do 52 D2
Catrimani, r. 42 B4
Catu 53 D5
Catu, r. 49 B4; 53 D5
Catual, chapadão do 55 B5
Catuji 55 C6
Catunda 49 C2
Cauauri, r. 42 B3
Caucaia 41 C12; 49 B4
Cáucaso (mtes.) 7 C12; 18 H3
Cautário, r. 42 E3
Cavaleira, sa. 52 C2
Cavalos, rch. 48 C4
Caveiras, r. 62 C5/6
Caverá, arr. 63 B/C2
Caverá, l. 62 E6
Caverá, r. 62 E6
Cavernoso, r. 60 D3
Caviana, i. 43 C7
Caxambu, r. 61 C5
Caxemira 19 G4
Caxias 41 C11; 48 C4
Caxias do Sul 63 B4 Caxitoré, r. 49 B3
Cayman, is. 10 F3; 11 F3
Cayman Brac, i. 10 E3; 11 E3
Ceará, est. do 39 D11/12; 41 D11/12; 49
Ceará, r. 49 B4
Ceará-Mirim 51 B7
Ceará-Mirim, r. 51 B7
Cedar Rapids 9 E9
Cedral 58 B4
Cedro 50 D3
Cedro, córr. do 45 A2
Cedro, rch. do D5
Cedro de São João 52 C3
Cedros, i. 8 G7; 9 G7
Ceilândia 45 A1
Celebes, i. 5 F16; 7 F16; 18 D6 19 D6
Celebes, mar de 5 E16; 7 E16; 18 D5; 19 D5
Celso Ramos 62 C4
Centenário 62 A4
Centrais, plans. 8 E10
Central, cord. 10 F5; 12 B2; 14 E3
Central, maciço 14 D3
Central, sa. 55 A5
Central, vale 8 F6
Central de Minas 55 C6
Cerco, rch. do 53 D4
Cerquilha, arr. 63 B4
Cerquilho 59 E6
Cerrado de Fora, rib. 44 D2
Cerro Azul, 61 C6
Cerro Caparro, sa. 42 B2
Cerro Grande do Sul 63 C4
Cerro Negro 62 C5
Cervo, rib. 58 C4/5
Cervo, sa. do 54 E4; 59 C7
Cesário Lange 59 E6
Ceské Budejovice 15 C3
Cezarina 44 D3
Chabocão, rch. 51 C4
Chácara 55 E5
CHADE 5 E10; 17 C5
Chade, l. 5 E10; 7 E10; 16 C5; 17 C5
Chafariz, r. 51 C6
Chagos, arq. 7 F13; 18 G6; 19 G6
Chagu, sa. do 60 D2/3
Chalé 55 D6
Chang Jiang, r. 18 E4; 19 E4
Changsha 19 E4
Chapada 62 B3
Chapada, sa. da 52 C2
Chapadão do Céu 44 E1
Chapadão do Sul 47 G5
Chapadinha 48 B4
Chapecó 41 H9; 62 C3
Chapecó, r. 62 B3/4
Chapecó, sa. do 62 B3/4
Chapéu, sa. do 51 C6
Chã Preta 52 B3
Chari, r. 16 C5
Charleston 9 F10; 9 F10/11
Charlotte 9 F10
Charlotte Amalie 11 C3
Charneca, sa. da 56 C2
Charqueadas 63 B4
Charrua 62 A3
Chata, r. da 51 E6
Chatham, is. 21 I8
Chavantes, repr. 58 E4; 61 B6
Chelyabinsk 19 G3
Chemnitz 15 C2
Chengdu 19 E4
Cherbourg 15 E3
Chernovtsy 15 B3
Cherskogo, mtes. 7 B17; 18 C2
Chesterfield, is. 20 F5
Chetumal 9 H10
Chiapeta 62 A3
Chibata, sa. da 57 C1
Chicago 9 E9
Chiclayo 13 C1
Chico, r. 12 G3
Chidley, c. 8 C12
Chihuahua 9 G8
CHILE 4 G6; 13 F2; 22 D13
Chillán 13 F2
Chiloé, i. de 12 G2; 13 G2
Chilumba 17 F7
Chimborazo (p.) 12 C2
Chimbote 13 C1
CHINA 5 D14; 19 F4; 22 D5
China Meridional, mar da 5 E15; 7 E15; 18 E5; 19 E5
China Oriental, mar da 5 D16; 7 D16; 18 D4; 19 D4; 20 A2
Chinchorro, banco 10 G3; 11 G3
CHIPRE 5 D11; 15 A4
Chipre, i. de 7 D11; 14 A4; 18 I4
Chisinau 5 C11; 15 B3
Chita 19 E3
Chitré 11 F5
Chittagong 19 F4
Choiseul, i. 20 E5
Chongqing 19 E
Chonos, arq. dos 12 G2; 13 G2
Chopim, r. 60 D2/E4
Choró 49 C3
Choró, aç. 49 C3
Choró, r. 49 C4
Chorrochó 53 B5
Christchurch 20 I7
Chubut, r. 12 G3
Chuí 41 I9; 63 D3
Chukchi, mar de 8 C1; 9 C1; 18 A2; 19 A2; 22 B3
Chupador, r. 60 C3
Churchill 9 D9
Chuuk, is. 20 D5
Cianorte 60 B3
Cícero Dantas 53 C5
Cíclades, is. 14 B4; 15 B4
Cidade da Guatemala 4 E5; 11 H4
Cidade do Cabo 5 G10; 17 H5
Cidade do Kuwait 5 D12; 19 H4
Cidade do México 4 E5; 9 H8
Cidade do Panamá 4 E6; 11 E5
Cidade Gaúcha 60 B3
Cidade Ocidental 44 D4
Cidreira 63 C4
Cienfuegos 11 F2
Cincinnati 9 F10
Cinco Irmãos, sa. 60 B4
CINGAPURA 5 E15; 19 E5
Cinta, sa. da 48 D2
Cinza, mtes. 20 G4
Cinzas, r. das 61 A5/C6
Cipó, r. 55 C5
Cipó, sa. do 55 C5
Citaré, r. 43 B6
Citera, i. de 14 B4
Ciudad Bolívar 13 B3
Ciudad Guayana 13 B3
Ciudad Juárez 9 F8
Ciudad Obregón 9 G8
Ciudad Victoria 9 G9
Claraval 54 D3
Claro, córr. 57 B2
Claro, r. 44 C/D2, E2; 54 D3; 58 D5; 59 C6, D6, E/F6; 60 B3; 61 D5
Claro, rib. 58 C2
Claro dos Poções 55 C5
Cláudia 46 C4
Clear, c. 14 E2
Clementina 58 C3
Clermont-Ferrand 15 D3
Cleveland 9 E10
Clipperton, i. 21 C14
Cluj-Napoca 15 B3
Coaraci 53 E5
Coari 42 D4
Coari, l. de 42 D4
Coari, r. 42 D3
Coariari, r. 43 D6
Coats, i. 8 C10
Coats, terra de 22 B14
Cobre, r. 60 D3
Cocal 48 B5
Cocal, rib. 48 D2
Cocal do Sul 62 D6
Cocalinho 46 E6
Cocalzinho de Goiás 44 C3
Cochá, r. 55 A5
Cochabamba 13 D3
Cochin 19 G5
Cochrane, l. 12 G2; 13 G2
Coco, r. 10 F4; 11 F4
Coconho, pta. do 51 B7
Cocorobó, aç. 53 B5
Cod, c. 6 C6; 8 E12
Codajas, i. 42 C4
Codó 48 C4
Codozinho, r. 48 C3
Coelho Neto 48 C4
Coetivy, is. 16, detalhe; 17, detalhe
Coiba, i. de 10 F5; 11 F5
Coimbra 15 E3
Coité, r. 51 E5
Coité, rch. 51 C4
Coité do Noia 52 B3

Coivaras **48** C4
Colatina **41** G11; **57** C2
Colbeck, c. **22** B22
Colégio, r. **56** B4
Colíder **41** E8; **46** C4
Colima **9** H8
Colinas **48** D3
Colinas do Sul **44** C3
Colinas do Tocantins **43** E7
COLÔMBIA **4** E6; **13** B2
Colômbia **58** B5
Colombo **5** E13; **19** G5; **61** D6
Colón **11** F5
Colonel Hill **11** E2
Colônia **15** D2
Colônia do Gurgueia **48** E4
Colônia do Piauí **48** D4
Colorado **63** B3
Colorado, plto. do **8** F7
Colorado, r. **6** D4; **8** F7; **12** F3
Colorado do Oeste **41** E7; **42** F4
Columbia **9** F10
Colúmbia, c. **8** A9
Colúmbia, mte. **6** C4; **8** D7
Colúmbia, plto. de **8** E7
Colúmbia, r. **6** C4
Columbus **9** E10
Comandaí, i. do **43** C6
Combinado **43** F8
Comendador Gomes **54** D2
Comendador Levy Gasparian **56** C2
Comissário, sa. do **51** C4/5
Como, l. de **14** D3; **15** D3
Comodoro **46** D2
Comodoro Rivadavia **13** G3
COMORES **5** F12; **17** F8
Comores, is. **7** F12; **16** F8
Comprida, i. **59** E9, F6
Conacri **4** E9; **17** D2
Conceição, i. da **38**, detalhe; **50**, detalhe
Conceição, r. **46** E4; **49** E2; **63** B3
Conceição, rib. **54** B4
Conceição, sa. da **51** D6
Conceição da Aparecida **54** D4
Conceição da Barra **57** B3
Conceição de Ipanema **55** D6
Conceição do Araguaia **43** E7
Conceição do Canindé **48** D5
Conceição do Coité **53** C5
Concepción **13** E4; **13** F2
Conception, pta. **8** F6
Concord **9** E11
Concórdia **62** C3
Condado **51** C5
Conde **51** D8; **53** C6
Condor **62** B3
Confresa **46** C6
Confusão, rib. **58** D3
Confusão, sa. da **51** C7
Congo **51** D6
Congo, bacia do **16** D5
Congo, r. **7** F10; **16** D6/E5; **17** E5
CONGO, REPÚBLICA DEMOCRÁTICA DO **5** F11; **17** D6
CONGO, REPÚBLICA DO **5** F10; **17** E5
Congonhas **55** D5
Congonhas do Norte **55** C5
Congonhinhas **61** B5
Conquista **54** D3
Conselheiro Lafaiete **55** D5
Conselheiro Mairinque **61** B5
Constança **15** B3
Constantino, sa. **44** C2
Contagem **55** D5
Contagem, chap. da **44** C4
Contagem, rib. da **45** A2
Contas, r. de **39** E11; **41** E11/12; **53** D4/E5
Contenda **61** D6
Contendas do Sincorá **53** D4
Contrato, r. **48** E3
Cook, estr. de **20** I7
Cook, is. **4** F2; **6** G2; **21** F9
Cook, mte. **7** H18; **20** I6
Coopers Town **11** E1
Copacabana, pta. de **56** C2
Copaíba, r. **58** D3
Copenhague **5** C10; **15** C2
Coqueiral **54** E4
Coqueiros do Sul **62** B3
Coquimbo **13** E2
Coração de Jesus **55** B5
Coral, mar de **5** F17; **7** F17; **20** F5
Corcunda, sa. **52** B3
Corda, r. **43** D7; **48** C3
Cordeiro, r. **51** E6
Cordeiros, r. dos **51** D6
Cordilheira Alta **62** C3
Cordisburgo **55** D5
Córdoba **13** F3; **15** E4
Córdoba, sa. de **12** F3
Coreaú, r. **49** B2
COREIA DO NORTE **5** C16; **19** D3
COREIA DO SUL **5** D16; **19** D4
Coremas, aç. **50** D4
Corfu, i. de **14** C4; **15** C4
Corguinho **47** G4
Corinto **55** C5
Corixa Grande, r. **47** F2
Corixão, r. **47** G3
Cork **15** E2
Cornélio Procópio **61** B5
Corner Brook **9** E13
Coroa de Frade, rib. **60** A3
Coroaci **55** C6
Coroados **58** C3
Coroatá **48** C3
Coromandel **54** C3
Coronel Ezequiel **51** C6
Coronel Fabriciano **55** D6
Coronel Macedo **58** E4
Coronel Murta **55** B6
Coronel Vivida **60** D3
Corpus Christi **9** G9
Córrego Danta **54** D4
Córrego do Bom Jesus **54** E4
Córrego Novo **55** D6
Corrente, arr. **63** C3
Corrente, r. **44** C4, E2; **48** C4/5, D/E3, D4, F3; **53** D2/3
Corrente Grande, r. **55** C6
Correntes, r. **47** F4; **48** C5
Correntina **53** D2
Corrientes **13** E4
Corrientes, c. **8** G8
Córsega, i. da **14** D3; **15** D3
Coruja, r. **59** F6
Corumbá **13** D4; **41** F8; **47** G3
Corumbá, r. **44** D3
Corumbaíba **44** E3
Corumbataí **59** D6
Corumbataí, r. **59** D6; **60** C4
Corumbataí do Sul **60** C3
Corumbiara, r. **42** F4
Coruripe **52** B/C3
Coruripe, r. **52** C3
Corvo, rib. do **60** A3
Cosenza **15** C4
Cosmópolis **59** D6
Cosmorama **58** B4
COSTA DO MARFIM **4** E9; **17** D3
Costa Marques **40** E7; **42** F3
COSTA RICA **4** E5; **11** G4
Costa Rica **47** G5
Costão, pta. do **59** E8
Costeira, cord. **6** C3; **8** D5/F6
Cotaxé, r. **56** B1
Cotegipe **53** D2
Cotejipe, r. **60** D2
Cotia **59** E7
Cotopaxi, vulcão **6** F6; **12** C2
Cotriguaçu **46** B2
Cotunguba, rib. **51** E7
Couto de Magalhães, r. **46** E5
Covil, sa. do **53** C3
Covó, r. **60** D3
Coxilha **62** B3
Coxim **41** F9; **47** G4
Cozumel, i. **8** G10; **9** G10; **11** G2
Cracóvia **15** B2
Craíbas **52** B3
Craiova **15** B3
Crateús **41** D11; **49** D2
Crato **49** F3
Craverá, cox. do **63** C2
Cravinhos **59** C6
Crepori, r. **43** D5
Creta, i. de **5** D11; **7** D11; **14** B4; **15** B4
Creta, mar de **14** B4; **15** B4
Creus, c. **14** D3
Criciúma **41** H10; **62** D6
Criciúma, r. **57** C1
Criciúma, sa. do **56** D1
Crimeia (pen. da) **14** A3
Cristais **54** D4
Cristais Paulista **59** B6
Cristal **63** C3
Cristal, rib. do **58** D3
Cristal, sa. do **53** D4
Cristalândia do Piauí **48** F3
Cristália **55** B6
Cristalina **44** D4
Cristalino, r. **43** E6
Cristianópolis **44** D3
Cristinápolis **52**
Cristóbal Colón, p. **12** A2
Crixá, r. **44** C3
Crixá Açu, r. **44** B2
Crixá Mirim, r. **44** B2
CROÁCIA **5** C10; **15** C3
Croas, rch. das **51** B5
Croatá, r. **51** D5
Crooked, i. **10** D2; **11** D2
Crozet, is. **5** H12; **7** H12
Crucilândia **55** D5
Cruxati, r. **49** B3
Cruz, rch. da **48** B4
Cruz Alta **63** B3
Cruz das Almas **53** D5
Cruz do Espírito Santo **51** D7
Cruzália **58** D3
Cruzeiro **45** A2; **59** D9
Cruzeiro da Fortaleza **54** C4
Cruzeiro do Sul **13** C2; **40** D5; **42** D1; **60** A3; **63** B3
Cruzeta **51** C6
Cuango, r. **16** E5
Cuanza, r. **16** F5
CUBA **4** D6; **11** F2
Cuba, i. de **6** D6; **10** E2
Cubango, r. **16** F5
Cubatão **59** E7
Cubatão, mar do **59** F6
Cubatão, r. **56** B4; **62** B7, C7
Cubati **51** C6
Cuchumatanes, sa. dos **10** H3
Cucurucu, r. **53** F4/5
Cúcuta **13** B2
Cuenca **13** C2
Cuernavaca **9** H8
Cuiabá **13** D4; **41** F8; **46** E3
Cuiabá, r. **39** F8; **47** E4/F3
Cuitanaú, r. **42** B4
Cuitegi **51** C7
Culiacán **9** G8
Culuene, r. **39** E9; **46** D5
Cumã, b. de **48** D5
Cumaru **51** E7
Cumaru do Norte **43** D7
Cumbe **52**
Cumberland, estr. de **8** C12; **9** C12
Cumbuco, rch. **52** B2
Cuminá, r. **43** B/C5
Cuminapanema, r. **43** C6
Cuncas, r. das **49** F4
Cunene, r. **16** F5
Cunhãmati, r. **49** C3
Cunhaporanga, r. **61** C6
Cunhaú, r. **51** C7
Cupido, r. **57** C2
Cupim Açu, pta. **38**, detalhe; **50**, detalhe
Curaçá **53** B5
Curaçao, i. de **10** C4; **11** C4
Curicuriari, r. **42** C2
Curimatá, r. **48** D3
Curimatau, r. **51** C7
Curisevo, r. **46** D5
Curitiba **13** E5; **41** H10; **61** D6
Curitibanos **62** C5
Curiús, r. **49** E3
Currais Novos **41** D12; **51** C6
Curral Novo, sa. do **52** D1/2
Curral Velho **50** D4
Curtis, i. **21** H8
Curu, r. **49** B/C3
Curuá, i. **43** B7
Curuaés, r. **43** E6
Curuçá **43** C8
Curuca, r. **42** D1
Curunuri, sa. do **43** B6
Curupira, sa. **42** B3
Cururupu **48** A3
Curvelo **55** C5
Cuscuzeiro, sa. **58** C5
Custódia **51** E5
Cuzco **13** D2

D

Da Nang **19** E5
Daca **5** D14; **19** F4
Dacar **4** E9; **17** C2
Dakhla **17** B2
Dalhousie, c. **8** B5
Dalian **19** D4
Dallas **9** F9
Damasco **5** D11; **19** I4
Damavand (p.) **7** D12
Damianópolis **44** C4
Danúbio, r. **14** B3; **15** C3
Dar Es Salaam **17** E7
Daraá, r. **42** B3
Darien, g. de **10** E5; **11** E5
Darling, r. **7** G17; **20** H4
Darnley, c. **22** C18
Darwin **20** F2
Datas **55** C5
Daugava, r. **14** B2
Daugavpils **15** B2
Davao **5** E16; **19** D5
David **11** F5
Davis, estr. de **4** B7; **6** B7; **8** C13; **9** C13; **22** C11
Davis, mar de **22** C18
Dawson **9** C5
Dayton **9** F10
De Aar **17** H6
Deadman's Cay **11** E2
Deccan **7** D13; **18** G5
Delfim Moreira **54** E4
Delfinópolis **54** D4
Delgado, c. **16** F8
Délhi **19** G4
Delmiro Gouveia **52** B2
Demerval Lobão **48** C4
Demin, r. **42** B4
Denise **46** E3
Denver **9** F8
Deputado Irapuan Pinheiro **49** D3
Derrubadas **62** A3
Descalvado **59** C6
Descoberto **55** E5
Descoberto, r. **44** D3
Desespero, mo. do **57** B2
Desna, r. **14** A2
Desordem, sa. da **48** B2/3, C2/3
Detroit **9** E10
Devon, i. **6** B5; **8** B10; **9** B10; **22** B12
Dezesseis de Novembro **62** B2
Dezoito, córr. do **57** B2
Diadema **59** E7
Diamante **50** D4
Diamante d'Oeste **60** C1
Diamante do Norte **60** A3
Diamantina **41** F11; **55** C5
Diamantina, chap. **12** D5; **39** E11; **53** D3/C4
Diamantina, r. **44** D1
Diamantino **41** F9; **46** E3
Dias d'Ávila **53** D5
Dijon **15** D3
Dikson **19** F2
Dili **19** D6
DINAMARCA **5** C10; **15** D2
Dinamarca, estr. da **4** B8; **6** B8; **8** C16; **9** C16; **22** C10
Diogo de Vasconcelos **55** D5
Dionísio Cerqueira **62** B2
Dire Dawa **17** C7

Disappointment, l. **20** G2
Distrito Federal **41** F10; **44** C4; 45
Divina Pastora **52** C2
Divino das Laranjeiras **55** C6
Divino de São Lourenço **57** D1
Divinópolis **41** G11; 54/55 D5
Divinópolis de Goiás **44** B4
Divisa Nova **54** E4
Divisa, sa. da **56** B1
Divisões, sa. das **44** D2
Divisópolis **55** B7
Divisor, sa. do **38** D5; **42** E1
Djado, plto. **16** B5
Djedda **19** I4
Djelfa **17** A4
DJIBUTI **5** E12; **17** C8
Djibuti **17** C8
Dnepropetrovsk **15** A3
Dnieper, r. **7** C11; **15** A3
Dniester, r. **14** B3
Dobrada **59** C5
Doce, r. **39** F/G11; **41** F/G11; **44** D2; **51** B7; **55** D6/7; **57** C2
Dodecaneso (arq.) **14** B4; **15** B4
Dodge City **9** F9
Dodoma **5** F11; **17** E7
Doha **19** H4
Dois de Setembro, r. **57** B2
Dois Irmãos, i. **38**, detalhe; **50**, detalhe
Dois Irmãos, sa. **48** E5; **50** E1
Dois Irmãos das Missões **62** A3
Dois Irmãos do Buriti **47** H4
Dois Lajeados **63** B4
Dois Rios, r. **56** B4
Dois Vizinhos **60** D2
Dolcinópolis **58** B3
Dolomitas (cadeia) **14** C3
Dom Aquino **46** E4
Dom Eliseu **41** C10; **43** D8
Dom Joaquim **55** C5
Dom Pedrito **63** C2
Domingos Martins **57** D2
DOMINICA **4** E6; **11** B3
Dominica, i. de **10** B3
Don, r. **18** I3; **19** I3
Dona Eusébia **55** E6
Dona Inês **51** C7
Donets, r. **14** A3
Dór, r. **60** D3
Dordonha, r. **14** D3
Dores do Rio Preto **57** D1
Doresópolis **54** D4
Dormente, rch. do **50** E2
Dormentes **50** E2
Dortmund **15** D2
Dourada, la. **55** C6
Dourada, sa. **43** F7
Douradina **47** I4; **60** B2
Douradinho, rib. **44** D1
Dourado **59** D5
Dourado, córr. **57** B3
Dourado, r. **58** C4
Douradoquara **54** C3
Dourados **41** G9; **47** I3/4
Dourados, r. **47** I4
Dourados, sa. dos **60** B2/C3
Douro, r. **14** E3; **15** E3
Doutor Camargo **60** B3
Doutor Pedrinho **62** B6
Doverlândia **44** D1
Dra, r. **16** B3
Dracena **58** C2
Drake, passagem de **12** H3; **13** H3; **22** D13
Drakensberg (maciço) **16** H6
Drogobych **15** B3
Druza (p.) **7** B17
Duala **17** D5
Duarte, p. **10** D3
Duas Barras **56** C3
Duas Barras, r. **56** C3
Duas Barras, sa. **56** C3
Duas Estradas **51** C7
Duas Onças, i. das **60** A2
Dublin **4** C9; **15** E2
Dubrovnik **15** C3
Duerê **43** E7
Duff, is. **20** E6
Duluth **9** E9
Dumont **59** C6
Dunedin **20** I7
Duque de Caxias **56** C2
Duque de Gloucester, is. **21** G11
Duques, r. dos **56** C3
Durandé **55** D6
Durango **9** G8
Durão, la. **57** C3
Durban **17** H7
Duro, arr. **63** C4
Dushanbe **5** D13; **19** G4
Dvina, r. **14** B2
Dzungaria **7** C14

E

East London **17** H6
Eauripik, i. **20** D4
Ebon, i. **20** D6
Ebro, r. **14** E3
Echaporã **58** D4
Ecoporanga **57** B2
Edeia **44** D3
Edimburgo **15** E2
Edmonton **9** D7
Eduardo, l. **16** E6
Edwards, plto. de **8** F8
Efate, i. **20** F6
Egeu, mar **14** B4; **15** B4
EGITO **5** D11; **17** B6
Éguas, r. das **53** D2
Eiao, i. **21** E11
Eirunepé **40** D6; **42** D2
El-Aiun **4** D9; **17** B2
Elba, i. de **14** C3; **15** C3
Elba, r. **14** C2
Elbert, mte. **8** F8
Elburz, mtes. **18** H4
El Djouf **16** B3
Eldorado **59** F6
Eldorado dos Carajás **43** D7
Eldorado do Sul **63** C4
Eleuthera, i. **10** E1; **11** E1
El Faiyum **17** B6
El Fasher **17** C6
Eliseu Martins **48** E4
Elizabeth, recife **20** G5
Ellesmere, i. **4** B6; **6** A6; **8** B10; **9** B10; **22** B12
Ellsworth, terra de **22** B24
El Minya **17** B6
El Obeid **17** C6
El Paso **9** F8
El Real **11** E5
EL SALVADOR **4** E5; **11** G4
Ema, rch. da **48** E3
Emas **51** D5
Emauranas, sa. das **49** E3
Embaúba **58** B5
Embira, r. **38** D5/6
Emborcação, repr. **44** E4
Emborcação, repr. de **54** C3
Embu das Artes **59** E7
Embu-Guaçu **59** E7
Emi Koussi (p.) **7** E10; **16** B5
Emilianópolis **58** C2
EMIRADOS ÁRABES UNIDOS **5** D12; **19** H4
Encantadas, sa. das **63** C3
Encanto **51** C4
Encanto, rch. **51** C4
Enderbury, i. **21** E8
Enderby, terra de **22** C17
Endimari, r. **42** E3
Enewetak, i. **20** C6
Engano, córr. do **57** B2
Engano, r. do **62** C3
Engano, rib. do **61** B5
Engenheiro Ávidos, aç. **50** D4
Engenheiro Caldas **55** D6
Engenheiro Coelho **59** D6
Engenheiro Navarro **55** C5
Engenho Velho **62** A3
Ennedi, maciço **16** C6
Entebbe **17** D7
Entrecasteaux, is. **20** E5
Entre Folhas **55** D6
Entre Rios **53** C6
Entre Ríos **12** F4
Enugu **17** D4
Envira **42** D2
EQUADOR **4** F5; **13** C2
Erebango **62** A3
Erechim **62** A3
Ererê **49** E4
Erexim, r. **62** A3
Erfurt **15** C2
Erie **9** E11
Erie, l. **8** E10; **9** E10
ERITREIA **5** E11; **17** C7
Ernestina **63** B3
Ernestina, repr. **63** B3
Erromango, i. **20** F6
Erval Grande **62** A3
Erval Seco **62** A3
Erval Velho **62** C4
Esbjerg **15** D2
Escada **51** E7
Escalvada, i. **57** D2
Escandinávia (pen.) **14**, detalhe à dir.
Escandinávia **7** B10
ESCÓCIA **15** E2
Escondido, r. **10** G4
ESLOVÁQUIA **5** C10; **15** C3
ESLOVÊNIA **5** C10; **15** C3
Esmeralda **62** B4
Esmeraldas **13** B1; **55** D5
Esmirna **19** I4
Espalha, r. **42** E2
ESPANHA **4** C9; **15** E3
Esperança **51** D7
Esperança, r. **62** C6/7
Esperança, sa. da **60/61** D4/5
Esperantina **48** B4
Esperantinópolis **48** C3
Espigão d'Oeste **42** E4
Espigão Mestre **53** C1/D3
Espigão, sa. do **57** C1; **62** B5
Espingardas, r. **44** C2
Espinhaço, mo. do **38**, detalhe; **50**, detalhe
Espinhaço, sa. do **39** F11; **53** D3; **55** B5/6, C5, D5
Espinharas, r. **51** C5
Espinosa **55** A6
Espírito Santo, est. do **39** F/G11; **41** F/G11; 56
Espiritu Santo, i. **20** F6
Espírito Santo do Pinhal **59** D7
Espírito Santo do Turvo **58** D4
Esplanada **53** C6
Estação **62** A3
Estados, i. de los **12** H3; **13** H3
ESTADOS UNIDOS **4** C4; **9** F6; **22** C2/3
Estados Unidos, cord. dos **8** A10
Estância **52** D2
Estância Velha **63** B4
Estepes **18** G3
Estiva **54** E4
Estiva, r. **56** C2; **61** D6
Estiva Gerbi **59** D7
Estocolmo **5** C10; **15** C2
ESTÔNIA **5** C11; **15** B2
Estrasburgo **15** D3
Estreito, repr. **54** D3
Estreito, sa. do **53** C3
Estrela, sa. da **43** B6; **46/47** F4/5; **49** E2
Estrela d'Alva **55** E6
Estrela d'Oeste **58** B3 Estrela do Indaiá **54** D4
Estrela do Norte **44** B3; **58** D2
Estrela do Norte, r. **57** D1
Estrela do Norte, sa. da **57** D1
Estrela do Sul **54** C3
Estrelas, r. das **60** E4
ETIÓPIA **5** E11; **17** D7
Etiópia, maciço da **16** C7
Etna, mte. **14** C4
Etosha, depressão **16** F5
Eubeia, i. de **14** B4; **15** B4
Euclides da Cunha **53** C5
Euclides da Cunha, repr. **59** C7
Euclides da Cunha Paulista **58** D1
Eufrates, r. **18** H4
Eugene **9** E6
Eugenia, p. **8** G7
Eugênio de Castro **63** B2
Eugenópolis **55** E6
Eunápolis **53** F5
Europa **14** (mapa físico); **15** (mapa político)
Eusébio **49** B4
Everest, mte. **7** D14; **18** F4
Everglades **8** G10
Extrema **54** E4
Extrema, rib. **45** A2
Exu **41** D12; **50** D3
Eyre, l. **20** G3

F

Fagundes Varela **63** B4
Faina **44** C2
Fairbanks **9** C4
Fais, i. **20** D4
Faisalabad **19** G4
Fakaofo, i. **21** E8
Falkland, is. **4** H7; **6** H7; **12** H3; **13** H3; **22** D14
Falsino, r. **43** B7
Falso Braço Norte **60** C1
Falso Braço Sul **60** C1
Fama **54** E4
Fanado, r. **55** B6, C6
Fangatau, i. **21** F12
Faraulep, i. **20** D4
Farewell, c. **6** C7; **8** D14; **22** D11
Fargo **9** E9
Farias, r. **60** E4
Farinha, r. **48** D2; **51** D6
Faro **15** E4
Faroe, is. **4** B9; **6** B9
Farofa, sa. da **62** C5/6
Farquhar, is. **16**, detalhe; **17**, detalhe
Farroupilha **63** B4
Fartura, r. **58** B/C4, C/D3
Fartura, sa. da **60** E3/4; **62** B3
Fartura do Piauí **48** E4
Fátima **43** E7
Fátima do Sul **47** I4
Fatu Liva, i. **21** F11
Faú, r. **59** F6
Fauxinal, r. **60** C4
Favela, rch. da **49** E2
Faxa, b. de **14**, detalhe à esq.; **15**, detalhe à esq.
Faxinais, sa. dos **62** C6
Faxinal, rib. do **61** D6
Faxinal do Soturno **63** B3
Fazenda Nova **44** D2
Fdérik **17** B2
Feia, la. **57** B4
Feijão Preto ou Furado, r. **47** F3
Feijó **40** D6; **42** E2
Feio, r. **43** E7; **58** C2/4
Feio, r. do **44** B4
Feira de Santana **13** D6; **41** E12; **53** D5
Feira Nova 52
Feiticeiro, sa. do **51** B6
Feitoria, i. da **63** C3/4
Felício dos Santos **55** C5
Felipe Guerra **51** B5
Felisburgo **55** B7
Feliz, deserto **52** C3
Fênix **60** B4
Fercal **45** A2
Fernando de Noronha, arq. de **4** F8; **6** F8; **12** C6; **13** C6; **38**, detalhe; **40**, detalhe; **50**, detalhe
Fernando Pedrosa **51** B6
Fernandópolis **58** B3
Fernando Prestes **58** C5
Ferraz de Vasconcelos **59** E7
Ferreira Gomes **41** B9; **43** B7
Ferreto, r. **44** C2
Ferro, r. **46** D4
Fez **17** A3
Fianarantsoa **17** G8
Fidalgo, r. **48** D4
Figueira **61** B5
Figueiredo, r. **49** D4
Figuras, sa. das **53** C2
FIJI **20** G7
Fiji, is. **7** F18
Filadélfia **9** F11
Filchner, gel. de **22** B14

FILIPINAS **5** E16; **19** D5
Filipinas, arq. das **7** E16
Filipinas, mar das **5** E16; **7** D16; **18** D5; **19** D5
Filippo, recife de **21** E10
Fimbul, gel. de **22** B15
Finisterra, c. **14** E3
FINLÂNDIA **5** B11; **15** B1; **22** C9
Finlândia, g. da **14** B2; **15** B2
Firminópolis **44** D2
Flamengo, pta. do **51** B7
Flamengo, sa. do **49** E3
Flattery, c. **8** E6
Flinders, cadeia **20** H3
Flint, i. **21** F10
Flor, r. **48** D2
Flora Rica **58** C2
Floraí **60** A3
Floreal **58** B4
Florença **15** C3
Flores **11** H3
Flores, mar das **18** E6; **19** E6
Flores, r. das **48** C3; **56** C2
Flores de Goiás **44** C4
Flores do Piauí **48** D4
Floresta **50** E4; **60** B3
Florestal **55** D5
Floriano **41** D11; **48** D4
Floriano, r. **60** D2
Florianópolis **13** E5; **41** H10; **62** C7
Flórida **60** B4
Florida Keys (is.) **8** G10; **9** G10
Flórida, estr. da **8** G10; **9** G10; **10** F2; **11** F2
Florínia **58** D3
Fogo, cox. do **63** C3
Fogo, la. do **51** B7
Fome, r. da **48** B4
Fongafale **20** E7
Fonseca, g. de **10** G4; **11** G4
Fonte Boa **42** C3
Fora, i. de **51** E8
Fora, la. de **63** C4
Formate, r. **57** D2
Formentera, i. **14** D4
Formiga **54** D4
Formiga, r. **56** C3
Formiga, sa. da **51** B6
Formigueiro **63** B3
FORMOSA **5** D16; **19** D4
Formosa **44** C4
Formosa, estr. de **20** B1
Formosa, i. **7** D16; **18** D4
Formosa, sa. **46** C/D4
Formosa do Sul **62** B3
Formoso **44** B3; **54** A4
Formoso, r. **43** F7; **44** D1; **53** D/E2; **60** C3
Forno, pta. do **56** C4
Forqueta, r. **63** B3
Forquetinha, r. **63** B3
Forquilha **49** B2
Forquilha, aç. **49** B2
Fort McMurray **9** D7
Fort Nelson **9** D6
Fort Providence **9** C6
Fort Vermillion **9** D7
Fort Worth **9** F8
Fortaleza **13** C6; **41** C12; **49** B4
Fortaleza, r. **61** C5
Fortaleza de Minas **54** D4
Fortaleza dos Valos **63** B3
Fort-de-France **11** B4
Fortim **49** C5
Foxe, bacia de **4** B6; **6** B6; **8** C11; **9** C11; **22** C12
Foz do Areia, repr. de **60** D4
Foz do Iguaçu **13** E4; **41** H9; **60** D1
Frade, i. do **38**, detalhe; **50**, detalhe
Frade, p. do **56** C4
Frade, rch. **51** D5
Fraiburgo **62** C5
Franca **41** G10; **59** B6
Franca, sa. de **54** D3; **59** B6
FRANÇA **4** C10; **15** D3
França, repr. **59** E6
Francês mo. do **38**, detalhe; **50**, detalhe
Francês, i. do **57** D2
Franceville **17** E5
Francinópolis **48** D4
Francisco, sa. do **53** B4
Francisco Aires **48** D4
Francisco Alves **60** C2
Francisco Alves, r. **63** B3
Francisco Beltrão **60** E2
Francisco Dantas **51** C4
Francisco Dumont **55** C5
Francisco Morato **59** E7
Franco, sa. do **49** E4
Franco da Rocha **59** E7
Frankfurt **15** D2
Fraser, i. **20** G5
Fraser, r. **6** C3
Frecheirinha **49** B2
Frederico Westphalen **62** A3
Freeport **11** E1
Freetown **4** E9; **17** D2
Frei Gaspar **55** C6
Frei Inocêncio **55** C6
Frei Martinho **51** C6
Freicheiras, sa. **56** B3/4
Fresco, r. **43** D7
Fresno **9** F7
Frio, c. **12** E5; **56** C3
Frísias, is. **14** D2
Frísias Set., is. **14** D2
Frohavet (b.) **14**, detalhe à dir.; **15**, detalhe à dir.
Frome, l. **20** H4
Fronteira **54** D2
Fronteira dos Vales **55** B7
Frøya, i. 14, detalhe à dir.
Fruta, pta. da **57** D2
Frutal **54** D3
Fruteira, r. **57** D1
Fugidos, rib. dos **58** C5
Fukuoka **19** D4
Fumaça, r. da **57** D2
Funafuti, i. **20** E7
Fundão, i. do **56** C2
Fundão, r. **57** C2
Fundo, r. **48** E4
Fundo, rch. **45** A1; **48** D5
Funil, pta. do **51** D8
Funil, r. do **56** C1
Furado, praia do **57** C4
Furnas, repr. **54** D4
Furneaux, is. **20** H4
Furo Carandazinho, r. **47** F3
Futuna, i. **21** F8
Fuxin **19** D3
Fuzhou **19** E4
Fyn, i. **14** C2; **15** C2

G

GABÃO **5** F10; **17** E5
Gabès, g. de **16** A5; **17** A5
Gaborone **5** G11; **17** G6
Gabriel Antunes Maciel, sa. **42** F4
Gabriel Monteiro **58** C3
Gado Bravo, sa. do **48** D2
Gaiba, la. **47** F3
Gajuapara, r. **48** C2
Galápagos, is. **4** E5; **6** E5
Galati **15** B3
Galdhøpiggen (p.) **6** B10; **14** D1
Galera, r. **46** E1/2
Gália **58** D4
Galinhas, pta. de **51** B6
Galinhos **51** B6
Gallinas, pta. **12** A2
Galvão **62** B3
Gama **45** B1
GÂMBIA **4** E9; **17** C2
Gambier, is. **21** G12
Gamboa, pta. da **51** E8
Gameleira, pta. da **51** B7
Gameleira, r. **48** C4, D2
Gameleira, rch. **48** C5
Gameleira, sa. da **48** D4
GANA **4** E9; **17** D3
Ganchos, i. dos **62** C7
Gandu **53** D5
Ganges, r. **7** D14; **18** G4; **19** F4
Gannet, p. **8** E8
Gao **17** C3
Garanhuns **41** D12; **51** E6
Gararu, r. **52** B/E2
Garça **58** D4
Garça, r. da **50** E2/3
Garças, r. das **46** E5
Garda, l. de **14** C3; **15** C3
Gardiner, l. **20** H3
Garganta, r. **51** C6
Garian **17** A5
Garibaldi **63** B4
Garona, r. **14** E3
Garopaba **62** D7
Garruchos **62** B2
Garry, l. **8** C8; **9** C8
Garuva **62** B7
Gaspar **62** B7
Gaspé, pen. **8** E12
Gastão Vidigal **58** B3
Gata, c. **14** A4
Gata, c. de **14** E4
Gaurama **62** A3
Gavião, r. **53** E3/4
Gävle **15** C1
Gdansk **15** C2
Genebra **15** D3
Genebra, l. de **14** D3; **15** D3
General Câmara **63** B4
General Carneiro **46** E5
General Sampaio **49** C3
Gênova **15** D3
Gentio do Ouro **53** C3
George Town **11** E2
Georgetown **4** E7; **11** F3; **13** B4
GEÓRGIA **5** C12; **19** H3
Geórgia do Sul, i. **4** H8; **6** H8; **12** H6; **13** H6
Gerais, chap. das **54** C4
Geral, sa. **39** H9; **44** B4; **53** D/E4; **56** D1; **59** C/D6; **60** D4; **62** B5, D6; **63** B4/5
Geral de Goiás, sa. **39** E/F10; **43** E8
Geraldton **20** G1
Getz, gel. de **22** B23
Ghadamis **17** A5
Ghanzi **17** G6
Ghardaia **17** A4
Ghat **17** B5
Ghats Ocidentais (cadeia) **7** E13; **18** G5
Ghats Orientais (cadeia) **7** E13; **18** G5
Gibraltar, estr. de **14** E4; **15** E4
Gibson, deserto **7** G16; **20** G2
Gilbert, is. **20** D7
Gilbués **48** E3
Gipoia, i. **56** D1
Girau do Ponciano **52** B3
Giruá **62** B2
Giurgiu **15** B3
Gláma, r. **14** C1
Glasgow **15** E2
Glicério **58** C4
Gliwice **15** C2
Glória **53** B5
Glória, r. **55** D6; **62** E6
Glória de Dourados **47** I4
Glória d'Oeste **46** E2
Glória do Goitá **51** E7
Gobi (plto. Desértico) **7** C15; **18** E3
Godoy Moreira **60** C4
Goiabeiras, rch. do **51** D5
Goiana **51** D8
Goiana, r. **51** D7
Goianésia **44** C3
Goianésia do Pará **43** C7
Goiânia **13** D4; **41** F10; **44** D3
Goiás **41** F9; **44** C2
Goiás, est. de **39** F9-10; **41** F9-10; 44
Goiatá, r. **51** D7
Goiatins **43** D8
Goiatuba **44** D3
Goioerê **60** C2
Goio-Erê, r. **60** B/C3
Gomel' **15** A2
Gonaïves **11** D3
Gonâve, i. de la **10** D3
Gonçalves Dias, r. **60** D2
Gonder **17** C7
Gonzaga **55** C6
Gore **17** D7
Görlitz **15** C2
Gorutuba, r. **55** B5
Göta, r. **14** C2
Gothenburg **15** C2
Gotland, i. **14** C2; **15** C2
Gouvelândia **44** E2
Governador Valadares **41** F11; **55** C6
Governador, i. do **56** C2
Governor's Harbour **11** E1
Grã-Bretanha, i. da **14** E2
Graça Aranha **48** C3
Gracho Cardoso 52
Gracias a Dios, c. **10** F4
Graciosa, sa. da **61** D7
Grajaú **48** C2
Grajaú, r. **39** C/D10; **41** C10/11; **48** B3
Graju, r. **51** C8
Gramado **63** B4
Gramame, r. **51** D7/8
Graminha, repr. **59** C7
Grampian, mtes. **14** E2
Gran Chaco **12** E3
GRANADA **4** E6; **11** B4
Granada **11** G4; **15** E4
Granada, i. de **10** B4
Granadinas, is. **10** B4
Grand Bahama, i. **10** E1; **11** E1
Grand Canyon **8** F7
Grand Cayman, i. **10** F3; **11** F3
Grande, b. **12** H3; **13** H3
Grande, i. **56** D1; **58** B2; **60** B1; **63** C4
Grande, la. **49** A2; **52** B4
Grande, laje **60** C1
Grande, pta. **53** D5
Grande, r. **6** D4; **8** F/G8; **9** F/G8; **39** E10-11, G10; **52** B2; **53** C3/D2; **54** D2; **55** E5; **56** B/C3; **58/59** A3/B6; **61** D6
Grande, rch. **52** B2
Grande, sa. **42** E4; **46** B1; **48** D3, C/D5; **49** D1/2; **53** C1, D3
Grande, valão **56** B4
Grande Bacia **6** C4; **8** E7
Grande Bacia Artesiana **20** G4
Grande Baía Australiana **5** G16; **7** G16; **20** H2
Grande Barreira de Recifes **7** F17; **20** F4
Grande cadeia Divisória **7** G17; **20** F4/H4
Grande de Gurupá, i. **43** C7
Grande de Manacapuru, l. **42** C4
Grande de Santa Isabel, i. **48** B5
Grande deserto de Areia **7** G16; **20** G2
Grande deserto Vitória **7** G16; **20** G2
Grande do Falaca, i. **43** C6
Grande Erg Ocidental (dunas) **16** B3
Grande Erg Oriental (dunas) **16** B4
Grande Fossa Africana **16** D/E7
Grande Karoo (cadeia) **16** H6
Grande Khingan, cadeia do **18** D3
Grande Lago do Escravo **4** B4; **6** B4; **8** C7; **9** C7
Grande Lago do Urso **4** B3; **6** B3; **8** C6; **9** C6
Grande Lago Salgado **8** E7; **9** E7
Grande Prairie **9** D7
Grandes Antilhas (arq.) **6** D6; **10** E3; **11** E3
Grandes Lagos **4** C5; **6** C5
Grandes Planícies **6** C4; **8** E8
Grand Rapids **9** E10
Grand Turk **11** D2
Granito **50** D3
Granja **41** C11; **49** B2
Granjeiro **49** E3
Grataú, r. **56** C1
Gravatá **51** E7
Gravatá, r. **50** D2/E3
Gravatá, rch. **51** C6
Gravatá, rib. **55** C6
Gravataí, r. **63** B4
Gravatal **62** D6
Graz **15** C3
Great Abaco, i. **10** E1; **11** E1
Great Exuma, i. **10** E2; **11** E2
Great Falls **9** E7
Great Inagua, i. **10** D2; **11** D2
GRÉCIA **5** D11; **15** B4
Green Bay **9** E10
Green River **9** E7
Gregório, r. **44** B3
Gregório, sa. do **62** C3

Grenoble 15 D3
Groaíras 49 B2
Groaíras, r. 49 C2
Grodno 15 B2
Groenlândia 4 B7; 6 B7; 8 B14; 9 B14; 22 B11
Groenlândia, mar da 4 B9; 6 B9; 8 B18; 9 B18; 22 B10
Groote Eylandt, i. 20 F3
Grossa de Parati, pta. 56 D1
Grossos 51 A5
Grozny 19 H3
Grudzadz 15 C2
Grupiara 54 C3
Guabiraba, r. 60 D1
Guachos, rib. dos 58 C/D3
Guaçu, arr. 60 C1
Guaçuí 57 D1
Guadalajara 9 G8
Guadalcanal, i. de 20 F5
Guadalquivir, r. 14 E4
Guadalupe, i. de 4 E6; 8 G7; 9 G6; 10 B3; 11 B3; 21 B13
Guadiana, r. 14 E4
Guaíba 63 C4
Guaíba, r. 63 C4
Guaiçara 58 C4
Guaimbê 58 C4
Guaíra 60 C1; 59 B5
Guairaçá 60 A3
Guaiúba 49 C4
Guajará 43 D5
Guajará-Mirim 40 E7; 42 E3
Guajiru, r. 51 B7
Guam, i. de 5 E17; 7 E17; 20 C4
Guamá, r. 39 C10
Guamaré 51 B6
Guanabara, b. de 56 C2
Guanacaste, cord. 10 F4
Guanambi 41 E11; 53 E3
Guandu, p. do 57 D1
Guandu, r. 51 C7; 56 C2; 57 C1
Guane 11 F2
Guanhães 55 C6
Guanhães, r. 55 C5
Guantánamo 11 D2
Guapeú, r. 59 F7
Guapiaçu, r. 56 C3
Guapiara 59 F5
Guapiara, r. 59 F6
Guapimirim 56 C3
Guapirama 61 B5
Guaporé, r. 39 E/F8; 42 F4; 46 D1/E2; 63 B3
Guaporema 60 B3
Guará 45 A2
Guarabira 51 C7
Guaraçaí 58 C2
Guaraci 58 B5; 60 A4
Guaraciaba do Norte 49 C2
Guaraíras, la. 51 C7
Guarajus, r. 42 F4
Guaramiranga 49 C4
Guarani 55 E5
Guarani, r. 60 D2/3
Guaraniaçu 60 D3
Guarani das Missões 62 B2
Guarani de Goiás 44 C4
Guarani d'Oeste 58 B3
Guarantã 58 C4
Guarapari 57 D2
Guarapari, r. 57 D2
Guarapuava 41 H9; 60 D4
Guaraqueçaba 61 D7
Guaraqueçaba, r. 61 D7
Guarará 55 E5
Guararapes 58 C3
Guaratinga 53 F5
Guaratinguetá 59 D8
Guaratuba 61 D7
Guaratuba, b. de 61 D7
Guaraú, sa. do 59 F6
Guarda Mor 54 C3
Guareí 59 E6
Guareí, r. 59 E5/6
Guariba 59 C5
Guaribas, r. 48 D5; 53 C3
Guaribas, sa. das 49 D2
Guarinos 44 C3
Guarita, r. 62 A3
Guarujá 59 F7
Guarujá do Sul 62 B2
Guarulhos 59 E7
Guatambu 62 C3
Guatapará 59 C6
GUATEMALA 4 E5; 11 H3
Guaviare, r. 12 B2
Guaviruva, r. 59 F6
Guaxindiba, r. 57 B4
Guaxupé 54 E4
Guayaquil 13 C1
Guayaquil, g. de 12 C1; 13 C1
Guia Lopes da Laguna 47 H3
GUIANA 4 E7; 13 B4
Guiana Francesa 4 E7; 13 B4
Guianas, plto. das 6 E6; 12 B3
Guidoval 55 E6
Guimarães, chap. dos 46 E3/4
Guimarânia 54 C4
GUINÉ 4 E9; 17 C2
Guiné, g. da 6 E10; 16 D3; 17 D3/4
Guiné, plto. da 6 E9
GUINÉ-BISSAU 4 E9; 17 C2
GUINÉ EQUATORIAL 5 E10; 17 D4
Gulu 17 D7
Gurgueia, r. 39 D11; 48 D4
Gurinhatã 54 D2
Gurjão 51 D6
Gurupá 43 C7
Gurupi 41 E10; 43 E7
Gurupi, r. 39 C10; 43 C8; 48 B2
Gurupi, sa. do 48 C2
Guzolândia 58 B3
Gyda, pen. de 18 C2

H

Ha'apai, is. 21 F8
Haia 15 D2
Hai Phong 19 E4
Hainan, i. de 5 E15; 7 E15; 18 E5; 19 E5
HAITI 4 E6; 11 D3
Hakodate 19 C3
Halifax 9 E12
Hall, is. 20 D5
Halmahera, i. de 5 E16; 7 E16; 18 D5; 19 D5
Hamburgo 15 C2
Hamersley, cadeia 20 G1
Hangayan, mtes. 18 F3
Hangzhou 19 D4
Hannover 15 D2
Hanói 5 D15; 19 E4
Hao, i. 21 F11
Harare 5 F11; 17 F6
Harbin 19 D3
Hargeysa 17 D8
Hartford 9 E11
Hatteras, c. 6 D6; 8 F11
Havaí, i. do 21 C10
Havaí, is. do 4 D2; 6 D2; 21 B10
Havana 4 D5; 11 F2
Hébridas Exteriores, arq. das 14 E2; 15 E2
Heidelberg 15 D3
Hejaz 18 I4
Hekla, mte. 6 B9
Helsinki 5 B11; 15 B1
Henderson, i. 21 G13
Heracleia 15 B4
Herat 19 G4
Hercílio, r. 62 B6
Herculândia 58 D3
Hermosillo 9 G7
Herney, bacia de 8 E6
Herval 63 D3
Hidrolândia 49 C2
Hiiumaa, i. 14 B2; 15 B2
Himalaia (cord.) 7 D14; 18 F4
Hindu Kush (maciço) 7 D13; 18 G4
Hiroshima 19 D4
Hispaniola, i. de 6 E6; 10 D3
Hiva Oa, i. 21 F12
Ho Chi Minh 19 E5
Hobart 20 I4
Hokkaido, i. de 5 C17; 7 C17; 18 C3; 19 C3
Holambra 59 D7
HOLANDA ver PAÍSES BAIXOS
Holguín 11 E2
HONDURAS 4 E5; 11 G4
Honduras, g. de 10 G3; 11 G3
Hong Kong 5 D15; 19 E4
Honiara 5 F17; 20 E5
Honolulu 21 B10
Honshu, i. de 5 D17; 7 D17; 18 D4; 19 D4
Horizonte 49 C4
Horizonte, sa. do 57 D1
Horn, c. 4 H6; 6 H6; 12 H3; 22 D13
Hortolândia 59 D6
Houston 9 F9
Howe, c. 20 H5
Howland, i. 21 D8
Hradec-Králové 15 C2
Huallaga, r. 12 C2
Huambo 17 F5
Huancayo 13 D2
Hudson, b. de 4 C5; 6 B5; 8 C10; 9 C10; 22 D12
Hudson, c. 22 C21
Hudson, estr. de 4 B6; 6 B6; 8 C11; 9 C11
Hulha Negra 63 C3
Humaitá 42 D4; 62 A3
Humaitá, r. 42 E1
HUNGRIA 5 C10; 15 C3
Huron, l. 8 E10; 9 E10
Hyderabad 19 G5

I

Iacanga 58 C5
Iaciara 44 C4
Iacri 58 C3
Iaçu 53 D5
Iapó, r. 61 C5
Iaras 58 D5
Iaundê 5 E10; 17 D5
Ibadan 17 D4
Ibaiti 61 B5
Ibaté 59 C6
Ibatiba 57 D1
Ibema 60 D2
Ibérica, pen. 6 C9
Ibiaçá 62 B4
Ibiapaba, sa. da 12 C5; 39 C/D11; 48 C5; 49 B1/C2
Ibiara 50 D4
Ibicaraí 53 E5
Ibicoara 53 D4
Ibicuí, r. 39 H8/9; 63 B1/2
Ibicuí da Armada, r. 63 C2
Ibicuí-Mirim, r. 63 B2
Ibicutinga 49 D4
Ibimirim 51 E5
Ibipeba 53 C3
Ibiporã 61 B5
Ibirá 58 C4
Ibiraci 54 D3
Ibiraçu 57 C2
Ibirapitanga 53 E5
Ibirapuã 53 F4
Ibirapuitã 63 B3
Ibirapuitã, r. 63 BC/2
Ibirarema 58 D4
Ibirité 55 D5
Ibirocaí, arr. 63 B1
Ibitinga 58 C5
Ibitinga, repr. 58 C5
Ibitirá, r. 63 B4
Ibitirama 57 D1
Ibituruna 55 E5
Ibiúna 59 E6
Ibiza, i. de 14 D4; 15 D4
Ibotirama 53 D3
Ibucuí da Faxina, arr. 63 C2
Ica 13 D2
Icamaguã, r. 63 B2
Içana, r. 38/39 B6
Icapuí 49 C5
Içara 62 D6
Icém 58 B4
Icó 49 E4
Iconha, r. 57 D2
Idaho Falls 9 E7
Ielmo Marinho 51 B7
IÊMEN 5 E12; 19 H5
Ienissei, r. 7 B14; 18 F2; 19 F2
Iepê 58 D3
Ierevan 5 C12; 19 H3
Ifalik, i. 20 D4
Igaci 52 B3
Igarapava 59 B6
Igarapava, repr. 54 D3
Igarapé 55 D5
Igarapé-Mirim 43 C7
Igarassu 51 D8
Igaratá 59 E7/8
Igloolik 9 C10
Igreja, mo. da 62 D6
Igrejinha 63 B4
Iguá, r. 56 C3
Iguaçaba, sa. do 63 B3
Iguaçu, cataratas do 60 D1
Iguaçu, r. 39 H9; 41 H9; 60/61 D2/6; 62 B5
Iguape 59 F6
Iguará, r. 48 B4
Iguaraçu 60 B4
Iguariacá, arr. 63 B2
Iguariaçá, sa. do 63 B2
Iguatemi 47 I4
Iguatemi, r. 47 I4
Iguatu 41 D12; 49 E3
Ijsselmeer, l. 14 D2
Ijuí 41 H9; 62 B3
Ijuí, r. 39 H9; 62 A2
Ijuizinho, r. 63 B2
Ilebo 17 E6
Ilha, rib. da 58 C2
Ilhabela 59 E8
Ilha Comprida 59 F6
Ilha das Flores 52 C3
ILHAS MARSHALL 5 E18; 20 C6
Ilha Solteira 58 B2
Ilha Solteira, repr. 47 H6; 58 B2
ILHAS SALOMÃO 5 F17; 20 E6
Ilhéus 13 D6; 41 E12; 53 E5
Ilhotas, pta. das 51 E7
Iliamna, l. 8 D3; 9 D3
Ilicínea 54 D4
Illinois, r. 8 E10
Imabu, r. 43 C5
Imaculada 51 D5
Imaruí, la. 62 D7
Imbaú, r. 61 C5
Imbauzinho, r. 61 C5
Imbé, r. 56 B4
Imbituba 62 D7
Imbituva 61 D5
Imbituva, r. 61 C5
Imbuia 62 C6
Imerari, sa. 42 A4
Imeri, sa. 38 B6/7; 42 B3
Imigrante 63 B4
Imirim, l. 62 D7
Imperatriz 41 D10; 48 C2
Impfondo 17 D5
Inácio Dias, pta. 61 D7
Inajá 60 A3
Inajá, r. 43 E7
Indaiá, r. 54 C/D4
Indaial 62 B6
Indaiatuba 59 E6
Independência 49 D2
Independência, rch. 49 D2
ÍNDIA 5 D13; 19 G4
Indiana 58 D3
Indianapolis 9 F9
Indianópolis 54 C3; 60 B3
Indiara 44 D2
Indiaroba 52 D2
Indiavaí 46 E2
Indigirka, r. 18 C2
Índios, r. dos 60 B3, D1
Indo, r. 7 D13; 18 G4; 19 G4
INDONÉSIA 5 F15; 19 E6
Indore 19 G4
Inferninho, r. 62 C4
Infusão, córr. 44 B3
Ingaí, r. 55 E5
Ingazeira 51 D5
INGLATERRA 15 E2
Ingul, r. 14 A3
Ingulets, r. 14 A3

Inhacapetum, arr. **63** B2
Inhacorá **62** A2
Inhacorá, r. **62** A3
Inhambupe **53** C5
Inhambupe, r. **53** C5-6
Inhandava, r. **62** A/B4
Inhanduí, arr. **63** B1
Inhapim **55** D6
Inhaúma, sa. da **48** C3, D3; **53** E4
Inhopi, r. **47** I4
Inhumas **44** D3
Inhumas, r. **48** D4
Inn, r. **14** C3
Inocência **47** G5
Inúbia Paulista **58** C3
Inuvik **9** C5
Inveja, sa. da **51** E5
Invernadinha, rib. **44** D1
Ipaba **55** D6
Ipanema, r. **51** E6/F5; **52** B2
Ipaporanga **49** C2
Ipatinga **41** F11; **55** D6
Ipê **63** B4
Ipeúna **59** D6
Ipiaçu **54** C2
Ipiaú **53** E5
Ipiguá **58** B4
Ipira **62** C4
Ipirá **53** D5
Ipiranga, r. **57** C3
Ipiranga do Piauí **48** D5
Ipiranga do Sul **62** A3
Ipixuna **42** D2
Ipixuna do Pará **43** C8
Ipojuca **51** E7
Ipojuca, r. **51** E6/7
Iporá **44** D2
Iporã **60** B2
Iporanga **59** F5
Ipswich **15** D2
Ipu **49** C2
Ipueira **51** C5
Ipueira, rch. **50** E3
Ipueiras **49** C2
Iqaluit **9** C12
Iquererim, mo. **62** B7
Iquique **13** D2
Iquiri, r. **42** E3
Iquitos **13** C2
IRÃ **5** D12; **19** H4
Iraí de Minas **54** D3
Iramaia **53** D4
Iranduba **42** C4
Irani, sa. do **62** C3/B4
Irapuã **58** C4
Irapuá, arr. **63** C3
Irapuã, r. **62** B5
Irapuru **58** C2
Iraquara **53** D4
IRAQUE **5** D12; **19** H4
Irati **61** D5; **62** B3
Iratim, r. **60** E4
Irazu, vulcão **10** F5
Irecê **53** C4
Ireng, r. **42** B4
Iricoumé, sa. **43** B5
Irineópolis **62** B5
Iriri, r. **39** D9; **43** C/E6
Iririaçu, b. de **48** A3
Iriri Novo, r. **46** B4/5
Irkutsk **19** E3
IRLANDA **4** C9, **15** E2
Irlanda, i. da **14** E2
Irlanda, mar da **14** E2; **15** E2
IRLANDA DO NORTE **15** E2
Iron Mountain **9** E10
Irrawaddy, r. **18** F4
Irtysh, r. **7** C13; **18** G3
Irupi **57** D1
Isabel, rib. **44** C2
Isabel, sa. **53** E3
Isabella, cord. **10** G4
Isaías Coelho **48** D5
Isiro **17** D6
Islamabad **5** D12; **19** G4
ISLÂNDIA **4** B8; 15, detalhe à esq.; **22** C10
Islândia, i. da **6** B9; **14**, detalhe à esq.
Isolina, r. **60** D2
ISRAEL **5** D11; **19** I4
Israelândia **44** D2
Istambul **15** B3; **19** I3
Itá **62** C3
Itã, aç. de **51** C6
Itabaiana **51** D7
Itabaianinha **52** D2
Itabapoana, r. **57** E1
Itaberaba **53** E4
Itabira **55** D5
Itabira, l. **42** D4
Itabirito **55** D5
Itaboraí **56** C3
Itabuna **41** F11; **53** E5
Itacaiúna, r. **39** D9/10; **43** D7
Itacambira **55** C5
Itacambiruçu, r. **55** B5/6
Itacaré **53** E5
Itacoatiara **41** C8; **43** C5
Itacoca, rib. **60** B3
Itacolomi, r. **49** B2
Itacuruba **50** E4
Itacurubi **63** B2
Itacurubi, arr. **63** B2
Itacuruçá, i. de **56** C2
Itaeté **53** D4
Itaguaçu da Bahia **53** C3
Itaguaí **56** C2
Itaguajé **60** A4
Itaguara **55** D5
Itaguari **44** C3
Itaiacoca, sa. de **61** C6
Itaíba **51** E5
Itaiçaba **49** C5
Itaim, r. **48** D5; **59** E9
Itaim, rch. **48** E5
Itaió, mo. do **62** B6
Itaiópolis **62** B6
Itaipu, pta. de **56** C2
Itaipu, repr. **39** H9; **41** G/H9; **60** D1
Itaitinga **49** C4
Itaituba **41** C8; **43** C5
Itajá **44** E2; **51** B6
Itajaí **41** H10; **62** B7
Itajaí, sa. do **62** C6
Itajaí d'Oeste, r. **62** C5/6
Itajaí do Norte, r. **62** B6
Itajaí do Sul, r. **62** C6
Itajaí-Mirim, r. **62** B/C7
Itaju **58** D5
Itajubá **54** E4
ITÁLIA **5** C10; **15** C3
Itamaracá, i. de **51** D8
Itamaraju **53** F5
Itamarandiba **55** C5
Itamarandiba, r. **55** C6
Itamarati **42** D2
Itambaracá **61** B5
Itambé **51** D7; **60** E4
Itambé do Mato Dentro **55** D5
Itamogi **54** D4
Itanhaém **59** F7
Itanhém **53** F4
Itanhém, r. **53** F4/5
Itaoca **58** F5
Itapagé **49** B3
Itapajipe **54** D2
Itapanhaú, r. **59** E8
Itaparica **53** D5
Itaparica, i. de **53** D5
Itaparica, repr. de **50** E4; **53** B5
Itapecerica da Serra **59** E7
Itapecuru Mirim **48** B3
Itapejara d'Oeste **60** D3
Itapema **62** C7
Itapemirim **57** E2
Itapemirim, r. **57** D1/2
Itaperuna **41** G11 **56** A4
Itapetinga **53** E4
Itapetininga **59** E6
Itapetininga, r. **59** E6
Itapeva **41** G10; **58** F5
Itapevi **59** E7
Itapevi, la. **63** B5
Itapicuru, r. **39** C11, E12; **48** B3; **51** F6; **53** C5/6
Itapicuru, sa. do **48** D3
Itapicuru-Açu, r. **53** C4/5
Itapicuru-Mirim, r. **53** C4/5
Itapicuruzinho, r. **48** C4
Itapipoca **41** C12; **49** B3
Itapira **59** D7
Itapiranga **43** C5
Itapirapuã **44** C2
Itapirapuã, mo. do **61** C6
Itapirapuã, r. **58** F4; **61** C6;
Itapiúna **49** C4
Itapoá **62** B7
Itapoã **45** A2
Itapoaí, r. **62** B7
Itapocuzinho, r. **62** B6
Itápolis **58** C5
Itaporana, r. **42** D4
Itapororó, arr. **63** B1
Itapuã, pta. **57** D2
Itapucá **63** B3
Itapuí **58** D5
Itapura **58** B2
Itapuranga **44** C3
Itaquaquecetuba **59** E7
Itaquatiara, rch. **48** E5
Itaquerê, rib. 58/59 C5
Itaqui **63** B1
Itararé **58** F4
Itararé, r. **39** G10; **58** E/F4; **61** B/C6;
Itarema **49** A3
Itariri, r. **59** F6/7
Itarumã **44** E2
Itata, r. **43** D6
Itatiaia **56** C1
Itatiaiuçu **55** D5
Itatiba **59** D7
Itatins, sa. do **59** F6/7
Itatuba **51** D7
Itaúba **46** C4
Itauçu **44** D3
Itaueira **48** D5
Itaueira, r. **48** D4
Itaueiras, r. **48** D2
Itaúna **55** D5
Itaúna, rib. **58** C3
Itaúna do Sul **60** A3
Itaúnas, r. **57** A2
Itauninhas, r. **57** B2
Itaverava **55** D5
Itinga, r. **43** D8; **48** C3; **55** B6
Itinguçu, r. **59** F6
Itiquira **47** F3
Itiquira, r. **39** F8/9; **47** F3/4
Itirapina **59** D6
Itirapuã **59** B6
Itiúba **53** C5
Itobi **59** C7
Itu **59** E6
Itu, r. **63** B2, B4
Itucumã, r. **42** D2
Itueta **55** D6
Ituiutaba **41** F10; **54** C2
Itumbiara **41** F10; **44** E2
Itumbiara, repr. **44** E3; **54** C2/3
Itupararanga, repr. **59** E6
Itupeva **59** E7
Itupiranga **41** C10; **43** D7
Iturama **54** D2
Ituverava **59** B6
Ituxi, r. **42** D3
Iuiú **53** E3
Iúna **57** D1
Ivaí, r. **39** G/H9; **41** G/H9; **60** B2/C4; **63** B3
Ivaiporã **60** C4
Ivatuba **60** B3
Ivinheima, r. **47** I4
Ivinhema **41** G9; **47** I4
Ivolândia **44** D2

J

J. Antunes, sa. **42** F4
Jaboatão **41** D13; **51** E7
Jaborá **62** C4
Jaborandi **59** B5
Jaboti **61** B5
Jaboticabal **59** C5
Jaboticabal, sa. de **59** C5
Jabre, p. do **39** D12; **51** D5
Jaçanã **51** C6
Jacaré, r. **42** D4; **51** C7, F5; **52** B2, C2; **53** C4; **55** D5
Jacareacanga **43** D5
Jacaré-Guaçu, r. **58/59** C5/D6
Jacaregueaú, r. **46** E5
Jacareí **59** E8
Jacareí, r. **48** B5; **59** D7
Jacareí, rib. **60** A3
Jacaré Pepirá, r. **58/59** C/D5
Jacarezinho **61** B5
Jacarezinho, r. **61** B6
Jacarta **5** F15; **19** E6
Jaciparaná, r. **42** E3
Jackson **9** F10
Jacksonville **9** F10
Jacmel **11** D3
Jacobina **41** E11; **53** C4
Jacobina do Piauí **48** D5
Jacocá, r. **52** C2
Jacu, pta. **57** D2
Jacu, r. **51** C7; **57** D2
Jacu, rch. **51** C6
Jacuba, r. **44** D1
Jacuí **54** D4
Jacuí, r. **39** i9; **41** H9; **59** E9; **63** B3
Jacuí Mirim, r. **59** E9
Jacuí-Mirim, r. **63** B3
Jacuípe **52** A4
Jacuípe, r. **51** E7; **52** A4; **53** C4/D5
Jacuizinho, r. **63** B3
Jacundá **41** C10; **43** D7
Jacupiranga **59** F6
Jacupiranginho, r. **59** F5-6
Jacutinga **62** A3
Jacutinga, r. **62** C4
Jaffna **19** F5
Jaguaquara **53** D5
Jaguara, repr. **54** D3; **59** A6
Jaguarão **63** D3
Jaguarão, arr. **63** C3
Jaguarão, r. **63** D3
Jaguarari **53** C4
Jaguaré **57** B3
Jaguari, r. **59** D7, E7; **63** B2
Jaguari, repr. **59** D7, E8
Jaguariaíva **61** C6
Jaguariaíva, r. **61** C6
Jaguaribara **49** D4
Jaguaribe **49** D4
Jaguaribe, r. **39** D11/12; **49** D4
Jaguari-Mirim, r. **59** C6/7
Jaguaripe **53** D5
Jaguariúna **59** D7
Jaguarizinho, arr. **63** B2
Jaguaruana **41** D12; **49** C5
Jaguaruçu **55** D6
Jaguaticaju, r. **61** C6
Jaíba **55** B5
Jaibaras, r. **49** C2
Jaipur **19** G4
Jales **58** B3
JAMAICA **4** E6; **11** E3
Jamaica, canal da **10** E3; **11** E3
Jamaica, i. da **10** E3
Jamanta, i. da **59** E9
Jamanxim, r. **39** C8, D8/9; **43** D6
Jamari, r. **42** E4
Jambeiro **59** E8
James, b. de **8** D10; **9** D10
Jaminaua, r. **42** E2
Jammu **19** G4
Jampruca **55** C6
Jamundá, r. **39** C8; **41** B/C8
Jan Mayen, i. **8** B18; **9** B18; **22** B10
Janaúba **55** B5
Janaucu, i. **43** B7
Jandaia **44** D2
Jandaíra **51** B6; **53** C6
Janduís **51** B6
Jangada, r. **51** C4; **60** E4; **62** B4
Jangada, rib. **58** C3; **60** C2
Janiópolis **60** C3

Januária **41** F11; **55** B5
JAPÃO **5** D16; **19** C4
Japão, mar do **5** C16; **7** C16; **18** D3; **19** D4
Japão, sa. do **52** B3
Japaraíba **54** D4
Japaratinga **52** B4
Japaratuba, r. **52** C2/3
Japeri **56** C2
Japi **51** C7
Japira **61** B5
Japorã **47** I4
Japurá **42** C3; **60** B3
Japurá, r. **12** C3; **38/39** C6/7; **40** C6; **42** C2
Jaquirana **63** B4
Jaquirana, r. **63** B3
Jaraguá, sa. de **62** B6
Jaraguá do Sul **62** B6
Jaraguari **47** H4
Jaramataia **52** B3
Jaraqui, r. **42** D3
Jararaca, sa. da **51** D/E6
Jarauçu, r. **43** C6
Jardim **47** H3
Jardim, r. **45** A2; **49** F4
Jardim, rch. **49** F3
Jardim, rib. **45** A2
Jardim Botânico **45** A2
Jardim de Angicos **51** B7
Jardim de Piranhas **51** C5
Jardim do Mulato **48** D4
Jardim Olinda **60** A3
Jardines de la Reina, arq. **10** E2; **11** E2
Jardinópolis **59** C6
Jari, l. **42** D4
Jari, r. **39** B9; **41** B9; **42** D4; **43** B6
Jari, sa. do **43** B6
Jarina, r. **46** C5
Jaru **42** E4
Jarvis, i. **21** E9
Jataí **44** D2
Jatapu, r. **43** C5
Jati **49** F3
Jatobá, r. **46** D4; **49** C2; **51** C7
Jatobá, sa. do **53** C2; **49** E3
Jaú **59** D5
Jaú, r. **42** C4; **59** D5
Jauaperi, r. **39** B7/8
Jaundá, r. **43** C7
Jaupaci **44** D2
Jauquara, r. **46** E3
Jauru, r. **46** F2
Java, i. de **5** F15; **7** F15; **18** E6; **19** E6
Java, mar de **5** F15; **7** F15; **18** E6; **19** E6
Javaés, r. **43** E/F7; **44** B2
Javari, r. **12** C2; **38** C/D5
Jebel Toubkal (p.) **6** D9; **16** A3
Jenipapo, r. **43** D7
Jequiá, r. **52** B3
Jequié **41** E11; **53** D4
Jequié, r. **53** D5
Jequitaí **55** B5
Jequitaí, r. **55** C5
Jequitibá **55** D5
Jequitinhonha, r. **39** F11/12; 41; **53** E5, F11; **55** B6/7
Jérémie **11** D3
Jeremoabo **53** C5
Jericó **51** C5
Jericoacoara, pta. **49** A2
Jeriquara **59** B6
Jerônimo Monteiro **57** D1
Jerumenha **48** D4
Jerusalém **5** D11; **19** I4
Jesuânia **54** E4
Jibão, r. **54** a4
Jiboia, córr. **45** A2
Jijoca de Jericoacoara **49** A2
Jilib **17** D8
Ji-Paraná **41** E7; **42** E4
Ji-Paraná, r. **38/39** E7; **42** E4
Jiquiriçá, r. **53** D5
Jirituba, r. **52** B4
Joaçaba **62** C4
Joanópolis **59** D7
João Alfredo **51** D7
João Câmara **51** B7
João Dias **51** C5
João Dourado **53** C4
João Lisboa **48** C2
João Neiva **57** C2
João Pessoa **13** C6; **41** D13; **51** D8
João Pinheiro **54** C4
João Ramalho **58** D3
Joaquim Felício **55** C5
Joaquim Távora **61** B6
Johannesburgo **17** G6
Johnston, is. **21** C9
Joia **63** B2
Joinville **41** H10; **62** B7
Jônicas, is. **14** B4; **15** B4
Jônico, mar **14** C4; **15** C4
Jönköping **15** C2
JORDÂNIA **5** D11; **19** I4
Jordânia **55** B7
Jordão, r. **60** D4
Jorge V, terra de **22** C20
Jos, plto. de **16** C4
José Bonaparte, g. **20** F2
José Bonifácio **58** C4
José da Penha **51** C4
José de Freitas **48** C4
José Dias, pta. **62** B7
José Pedro, r. **57** D1
Juan Fernández, is. **12** F2; **13** F1
Juara **41** E8; **46** C3
Juarez Távora **51** D7
Juatinga, pta. **56** D1
Juatuba **55** D5
Juazeiro **13** C6
Juazeiro **41** D11; **53** B4
Juazeiro, r. **53** D3
Juazeiro do Norte **41** D12; **49** F3
Juba **17** D7
Juba, r. **16** D8
Jucá, r. **49** E2
Júcar, r. **14** E4
Juçaral, r. **48** B4
Jucu, r. **57** D2
Jucu Braço Norte, r. **57** D2
Jucu Braço Sul, r. **57** D2
Juína **46** C2
Juína, r. **46** D2
Juiz de Fora **41** G11; **55** E5
Jujari, r. **42** C4
Juliaca **13** D2
Juliana, p. **12** B4
Júlio de Castilhos **63** B3
Júlio Mesquita **58** D4
Juma, r. **42** D3, **43** D5
Junco, l. do **55** C6
Junco do Seridó **51** C6
Jundi, r. **51** B7
Jundiá, r. **56** C4; **57** B2/3; **62** D6
Jundiá Seca, córr. **57** B2
Jundiaí **59** E7
Jundiaí, r. **59** E6/7
Jundiaí do Sul **61** B5
Juneau **9** D5
Juparanã, la. **57** C2
Juparanã-Mirim, la. **57** C2
Jupi **51** E6
Jupiá, repr. **47** H5; **58** B2
Juquiá, r. **59** E7
Juquiá, sa. 60/ **61** D3
Juquiá-Guaçu, r. **59** F6
Juquitiba **59** E7
Jura (cadeia) **14** D3
Juramento **55** B5
Juranda **60** C3
Jureia, pta. da **59** F7
Jurema, sa. da **53** E4
Juripiranga **51** D7
Juruá **42** C3
Juruá, r. **12** C3; **38** D5/6; **42** D2/E1
Juruaia **54** E4
Juruá Mirim, r. BE **42** E1
Jurubatuba, rib. **44** D3
Juruena **46** C2
Juruena, r. **39** D/E8; **43** E5; **46** B/D2
Jurumirim, repr. **58/59** E5
Juruna, r. **46** C5
Jurupari, r. **42** D2
Juruti **43** C5
Jussara **44** C2; **60** B3
Jussiape **53** D4
Jutaí **42** D2
Jutaí, r. **38** C5/6; **42** C3/D2
Juti **47** I4
Jutlândia (pen.) **14** D2; **15** D2
Juturnaíba, la. **56** C3
Juventud, i. **10** F2; **11** F2

K

K2 (p.) **7** D13; **18** G4
Kabwe **17** F6
Kadavu, i. **20** F7
Kaédi **17** C2
Kakhovskoye, repr. **14** A3
Kalaallit Nunaat **4** B7; **6** B7; **9** B14; **22** B11
Kalahari, deserto de **7** G10; **16** G6
Kalemie **17** E6
Kalgoorlie **20** H1
Kaliningrado **15** B2
Kaloré **60** B4
Kamchatka, pen. **7** C17; **18** C3
Kamen (p.) **7** B14; **18** F2
Kamina **17** E6
Kandahar **19** G4
Kangaroo, i. **20** H3
Kankan **17** D2
Kano **17** C4
Kansas City **9** F9
Kanton, i. **21** E8
Kaohsiung **19** D4
Kapingamarangi, i. **20** D5
Kara, mar de **5** B13; **7** B13; **18** G2; **19** G2; **22** B7
Karachi **19** G4
Karaganda **19** G3
Kara Kum, deserto de **18** G4
Kariba, l. **5** F11; **7** F11; **16** F6
Karlsruhe **15** D3
Karlstad **15** C2
Kárpathos, i. **14** B4
Kasai, r. **16** E5
Kashi **19** G4
Kassala **17** C7
Kassel **15** D2
Katmandu **5** D14; **19** F4
Kattegat (estr.) **14** C2; **15** C2
Kauai, i. **21** B10
Kaukura, i. **21** F10
Kaunas **15** B2
Kayes **17** C2
Kazan **19** H3
Keetmanshoop **17** G5
Keller, rib. **60** B4
Kelowna **9** E7
Kenora **9** D9
Kerch' **15** A3
Kerguelen, is. **5** H13; **7** H13
Kerinci (p.) **7** F15
Kermadec, is. **21** G8
Kerman **19** H4
Key West **9** G10
Kharkov **15** A3
Khaskovo **15** B3
Kiel **15** C2
Kielce **15** B2
Kiev **5** C11; **15** A2
Kigali **17** E6
Kigoma **17** E7
Kilimanjaro (p.) **7** F11; **16** E7
Kimberley **17** G6
Kimberley, plto. **20** F2
Kinabalu, mte. **7** E15; **18** E5
Kindu **17** E6
King, i. **20** I4
Kingman, recife **21** D9
Kingsmill, is. **20** E7
Kingston **4** E6; **11** E3
Kingstown **11** B4
Kinshasa **5** F10; **17** E5
Kiolen, montanhas **14** D1
KIRIBATI **5** E18; **20** D7
Kirinyaga (p.) **7** E11; **16** E7
Kiritimati, i. de **21** D10
Kismaayo **17** E8
Kisumu **17** D7
Kivu, l. **16** E6
Klaipeda **15** B2
Klar, r. **14** C1
Klyuchevskaya Sopka (p.) **18** B3
Knox, Costa de **22** C19
Kodiak **9** D3
Kodiak, i. **8** D3; **9** D3
Kola, pen. de **18** I2
Kolwezi **17** F6
Kolyma, mtes. **7** B18; **18** C2
Kolyma, plan. do **7** B17; **18** C2
Kolyma, r. **18** C2
Koror **20** D3
Koryak, mtes. **7** B18; **18** B2
Kosciuszko, mte. **7** G17; **20** H4
Kosice **15** B3
Kosrae, i. **20** D6
Kotuy, r. **18** E2
Kotzebue **9** C2
Kovel' **15** B2
Kragujevac **15** B3
Krasnoyarsk **19** F3
Kremenochugskoye, repr. **14** A3
Kristiansand **15** D2
Krivoy Rog **15** A3
Kuala Lumpur **5** E15; **19** E5
Kufra, oásis **16** B6
Kugluktuk **9** C6
Kumasi **17** D3
Kunlun, mtes. **7** D14; **18** F4
Kunming **19** E4
Kuopio **15**, detalhe à dir.
Kure, i. **21** B8
Kuria, i. **20** D7
Kurilas, is. **5** C17; **7** C17; **18** C3; **19** C3
Kuujjuaq **9** D11
KUWAIT **5** D12; **19** H4
Kwajalein, i. **20** D6
Kyoga, l. **16** D7
Kyushu, i. de **5** D16; **7** D16; **18** D4; **19** D4
Kyzyl Kum, deserto de **18** G3
Kzyl-Orda **19** G3

L

Labé **17** C2
Labrador (pen.) **8** D12
Labrador City **9** D12
Lábrea **40** D7; **42** D3
La Ceiba **11** G3
Laco, r. **42** E2
La Coruña **15** E3
Ladário **47** G3
Ladoga, l. **5** C11; **7** C11; **18** I2; **19** I2
Lae **20** E4
Lagamar **54** C4
Lagarto **41** E12; **52** C2
Lågen, r. **14** C1
Lages **41** H9; **62** C5
Lagoa **51** C5
Lagoa da Confusão **43** E7
Lagoa da Prata **54** D4
Lagoa de Dentro **51** C7
Lagoa de Velhos **51** C7
Lagoa do Barro do Piauí **48** E5
Lagoa dos Patos **55** B5
Lagoa dos Três Cantos **63** B3
Lagoa Grande **54** C4
Lagoão **63** B3
Lagoa Salgada **51** C7
Lagoa Santa **55** D5
Lagoa Vermelha **62** B4
Lago Eyre, bacia do **20** G3
Lagoinha **59** E8
Lago Norte **45** A2
Lagos **17** D4
Lago Sul **45** A2
Laguna **62** D7
Laguna Caarapã **47** I4
Lahore **19** G4
Lahti **15** B1
Lajeado **63** B3
Lajeado, arr. **63** B2
Lajeado, r. **48** D2
Lajeado do Bugre **62** A3

Laj. do Buriti (r.) **63** B4
Laje de Santos, i. **59** F7
Lajedo **51** E6
Laje do Engenho, r. **63** B3
Laje do Muriaé **56** B3
Lajes **51** B6
Lajes, mo. das **56** C1
Lajes, r. **48** D2
Lajes Pintadas **51** C6
Lamarão, córr. do **45** A2
Lambari, rib. **58** B3
Lambari do Oeste **46** E2
Lamim **55** D5
Lança, r. **62** B6
Lancaster, estr. de **8** B10; **9** B10
Land's End (c.) **14** E2
Landri Sales **48** D4
Lanin, vulcão **12** F2
Lanzhou **19** E4
LAOS **5** E15; **19** E5
Lapa **61** D6
La Paz **4** F6; **13** D3
Lapônia **7** B11; 14, detalhe à dir.
La Plata **13** F4
Laptev, mar de **5** B16; **7** B16; **18** D2; **19** E2; **22** B5
Laquedivas, is. **5** E13; **7** E13; **18** G5; **19** G5
Laranja da Terra **57** C1
Laranja Doce, rib. da **58** D2/3
Laranjal **55** E6
Laranjal, rib. **58** B/C4
Laranjal do Jari **41** C9; **43** C6
Laranjeiras, b. das **61** D7
Laranjeiras do Sul **60** D3
Laranjinha, r. **61** B5
Laranjinhas, r. **61** A5
Larga, sa. **44** C3/4
Lárisa **15** B4
La Rochelle **15** E3
La Ronge **9** D8
Larsen, gel. de **22** C13
La Serena **13** E2
Las Palmas **17** B2
Las Vegas **9** F7
Lassance **55** C5
Lastro **51** C4
Lau, is. **21** F8
Launceston **20** I4
Laurenciano, plto. **6** C6; **8** D12
Lauro de Freitas **53** D5
Lava-Tudo, r. **63** B4
Lavínia **58** C3
Lavras **54** E4
Lavras, sa. de **56** C3
Lavras de Mangabeiras **49** E4
Lavras do Sul **63** C3
Lavrinhas **59** D9
Laysan, i. **21** B8
Lealdade, is. **20** G6
Leandro Ferreira **54** D4
Leão, g. de **14** D3; **15** D3
Leeuwin, c. **7** G15; **20** H1
Le Havre **15** D3
Le Mans **15** D3
Leipzig **15** C2
Leme **59** D6
Lena, r. **7** B16; **18** E3; **19** E3
Lençóis **53** D4
Lençóis Paulista **58** D5
Lençóis, b. dos **48** A3
León **9** G8; **11** G4; **15** E3
Leopoldina **55** E6
Leópolis **61** B5
Lérida **15** D3
Lesbos, i. de **14** B4; **15** B4
Les Cayes **11** D3
LESOTO **5** G11; **17** G6
L'Esperance, recife **21** H8
Leste, c. **20** H7
Leste, Mar do 5 C16; 7 C16; 18 D3; 19 D4
LETÔNIA **5** C11; **15** B2
Leveque, c. **20** F2
Lever, r. **43** E7
Lhasa **19** F4
LÍBANO **5** D11; **19** I4
Liberato Salzano **62** A3
Liberdade, r. **43** E6; **46** C5
LIBÉRIA **4** E9; **17** D2
LÍBIA **5** D10; **17** B5
Líbia, deserto da **7** D11; **16** B6
Líbia, plto. da **16** A6
Libreville **5** E10; **17** D5
Lica, rib. do **60** B3
Lichinga **17** F7
LIECHTENSTEIN **5** C10; **15** D3
Liepaja **15** B2
Lifou, i. **20** G6
Ligeiro, r. **60** B3
Ligúria, mar da **14** D3
Lilongue **5** F11; **17** F7
Lima **4** F6; **13** D2
Limão, Cabeços do **51** B7
Limeira **41** G10; **59** D6
Limeira do Oeste **54** D2
Limnos, i. de **14** B3
Limoeiro **51** D7
Limoeiro, córr. **57** B2
Limoeiro, sa. do **57** C2
Limoeiro do Norte **49** D4
Limón **11** F4
Limpa, la. **57** B4
Limpopo, r. **7** G11; **16** G6
Lincoln **9** E9
Lindi **17** E8
Lindoeste **60** D2
Linha, is. da **4** F2; **6** F2; **21** E10
Linhares **41** F11; **57** C2
Lins **58** C4
Lisboa **4** D9; **15** E4
Lisianski, i. **21** B8
Little Inagua, i. **10** D2; **11** D2
Little Rock **9** F9
LITUÂNIA **5** C11; **15** B2
Liubliana **15** C3
Liungan, r. **14** C1
Liusnan, r. **14** C1
Liverpool **15** E2
Livingstone **17** F6
Livramento **51** D6
Livramento, rch. **51** B5
Livramento de Nossa Senhora **53** D4
Llano Estacado (plan.) **8** F8
Llanos (plan.) **12** B2/3
Llanos de Chiquitos (plan.) **12** D3
Lobamba **17** G7
Lobato **60** A4
Lobito **17** F5
Łódź **15** C2
Logan, mte. **6** B2; **8** C4
Loire, r. **14** E3
Lomami, r. **16** D6
Lombarda, sa. **43** B7
Lombo, sa. do **51** B6
Lomé **4** E10; **17** D4
Londonderry **15** E2
Londres **4** C9; **15** D2
Londrina **41** G9; **60** B4
Long Island (i.) **8** E11; **9** E11; **10** D2; **11** D2
Longá, r. **48** B5
Lontra **55** B5
Lontra, r. **43** D7; **47** H4
Lontras **62** C6
Lontras, r. **60** C3
Lord Howe, i. **20** H5
Lorena **59** D9
Loreto **48** D3
Los Angeles **9** F6; **13** F2
Los Mochis **9** G8
Los Roques, is. **10** C4; **11** C4
Lot, r. **14** D3
Lourdes **58** C3
Luanda **5** F10; **17** E5
Lubango **17** F5
Lübeck **15** D2
Lublin **15** B2
Lubumbashi **17** F6
Lucas do Rio Verde **46** D3
Lucena **51** C8
Lucena, i. do **38**, detalhe; ***50***, detalhe
Lucena, pta. **51** C8
Lucianópolis **58** D4
Luciara **46** C6
Lucrécia, aç. **51** C5
Lüderitz **17** G5
Lugansk 15
Luís Alves, r. **62** B7
Luís Antônio **59** C6
Luís Correia **48** B5
Luís Domingues **48** A3
Luisíada, arq. **20** F5
Luisiânia **58** C3
Luiziana **60** C3
Lulalaba, r. **16** E6
Lule, r. **14**, detalhe à dir.
Luleå **15**, detalhe à dir.
Lunardelli **60** C4
Lupércio **58** D4
Lupionópolis **60** A4
Lusaca **5** F11; **17** F6
Lutécia **58** D3
LUXEMBURGO **4** C10; **15** D3
Luxemburgo **15** D3
Lúxor **17** B7
Luziânia **41** F10; **44** D4
Luzilândia **48** B4
Luzon, estr. de **18** D4; **19** D5
Luzon, i. de **5** E16; **7** E16; **18** D5; **19** D5
Lyakhov, is. **18** C2
Lyon **15** D3
L'vov **15** B3

M

Maanihi, i. **21** F11
Macabuzinho, r. **56** C4
Macacão, córr. **44** C4
Macacos, r. **44** C4
Macacos, rib. **58** C3
Macacu, r. **56** C3
Macaé **56** C4
Macaé, r. **56** C4
Macaé, sa. **56** C3
Macaíba **41** D12; **51** B7
Maçambaba, praia de **56** C3
Macambira **52** C2
Macambira, r. **49** C2
Macapá **13** B4; **41** B9; **43** C7
Macau **41** D12; **51** B6
Macaubal **58** B4
Macaúbas **53** D3
Macaúbas, rib. **55** C5
Macaxeira, pta. de **38**, detalhe; **50**, detalhe
Macdonnell, cadeia **20** G3
MACEDÔNIA **5** C11; **15** B3
Macedônia **58** B3
Maceió **13** C6; **41** D12; **52** B4
Maceté, r. **53** C5
Machacalis **55** C7
Machadinho **62** A4
Machadinho, r. **42** E4
Machadinho d'Oeste **42** E4
Machado **54** E4
Machado, r. **42** E4; **54** E4
Machado, sa. do **49** C3
Machala **13** C2
Macieira **62** B4
Mackay, l. **20** G2
MacKenzie, b. **22** C18
Mackenzie, mtes. **6** B3; **8** C5
Mackenzie, r. **6** B3; **8** C5; **9** C6
Macururé, r. **53** B5
MADAGASCAR **5** G12; **17** F8
Madagascar, i. de **7** F12; **16** F8
Madeira, i. da **4** D9; **6** D9; **16** A2; **17** A2; **56** C2
Madeira, r. **12** C3; **38/39** C8/D7; **42** D/E4
Madras **19** F5
Madre do Sul, sa. **8** H8
Madre Ocidental, sa. **6** D4; **8** G8
Madre Oriental, sa. **6** D4; **8** G8
Madri **4** C9; **15** E3
Madrubá, l. **43** C5
Mãe d'Água **51** D5
Mãe do Rio **43** C8
Mãe Luzia, r. **62** D6
Mafia, i. **16** E8
Mafra **62** B6
Magadan **19** C3
Magalhães, estr. de **12** H3; **13** H3
Magda **58** B3
Magdalena, r. **12** B2
Magdeburg **15** C2
Magé **56** C2
Magé, r. **56** C2
Magu, r. **48** B4
Mahajanga **17** F8
Mahe, i. **16**, detalhe; **17**, detalhe
Maiduguri **17** C4
Maimbá, la. **57** D2
Mai Ndombe, l. **16** E5
Maiorca, i. de **14** D4; **15** D4
Maiquinique **53** E4
Mairinque **59** E6
Mairiporã **59** E7
Maíz, is. Del **10** F4; **11** F4
Majari, r. **42** B4
Major Gercino **62** C7
Major Vieira **62** B5
Majuro **20** D7
Makgadikgadi, depressão salgada **16** G6
Makin Meang, i. **20** D7
Makira, i. **20** E6
Malabo **5** E10; **17** D4
Malacacheta **55** C6
Málaga **15** E4
Malaia, pen. **18** E5
Malaita, i. **20** E6
Malakal **17** C7
Malakula, i. **20** F6
Malanje **17** E5
Malar, l. **14** C2; **15** C2
MALÁSIA **5** E15; **19** E5
MALAUÍ **5** F11; **17** F7
Malauí, l. **7** F11; **16** E7
MALDIVAS **5** E13; **19** G5
Maldivas, is. **7** E13
Male **5** E13; **19** G5
Malhada, sa. da **51** C7
Malhada de Pedras **53** E3
MALI **4** E9; **17** C3
Malindi **17** E8
Malin Head (c.) **14** E2
Malmö **15** C2
Maloelap, i. **20** D7
MALTA **5** D10; **15** C4
Malta **51** C5
Malta, i. de **14** C4
Malvinas, is. **4** H7; **6** H7; **12** H3; **13** H3; **22** D14
Mamanguape **51** C7
Mamanguape, pta. do **51** C8
Mamanguape, r. **51** C7/8
Mambaí **44** C4
Mambaú, r. **59** E7
Mambucaba, r. **56** C1
Mamonas **55** B6
Mamoré, r. **42** E3
Mamori, l. **42** C4
Mamuru, r. **43** C5
Man, i. de **14** E2
Manã, l. **42** D3
Manacapuru 40/41 C7; **42** C4
Manágua **4** E5; **11** G4
Manágua, l. de **10** G4; **11** G4
Manama **19** H4
Manaus **13** C4; **41** C7; **42** C4
Mancha, canal da **14** E3; **15** E2
Manchester **15** E2
Manchúria **18** D3
Manchúria, plan. da **7** C16
Mandacaru, rch. **51** E5
Mandaguari **60** B4
Mandaguari, rib. **58** C/D2
Mandantes, r. dos **50** E4
Mandaú-Mirim, r. **51** E6
Mandioré, la. **47** G3
Mandirituba **61** D6
Manduba, pta. **59** F7
Manduri **58** E4
Manga **55** A5
Mangabeiras, chap. das **39** D10/11; **43** E8; **48** E2/F3; **53** C2
Mangabeiras, sa. das **53** D3
Mangaia, i. **21** G9
Mangaratiba **56** C1
Manguaba, r. **52** B4
Mangueira, la. **39** i9; **41** i9; **63** D3

Mangueirão, r. **63** B3
Mangueirinha **60** D3
Manguinhos, pta. de **51** E7
Mangunça, b. de **48** A3
Manhuaçu **55** D6
Manhuaçu, r. **55** D6
Manhumirim **55** D6
Maniçauá-Miçu, r. **46** C4/5
Manicoré **41** D7; **42** D4
Manicoré, r. **42** D4
Manihiki, i. **21** F9
Manila **5** E16; **19** D5
Manizales **13** B2
Mansa **17** F6
Mansel, i. **8** C10; **9** C10
Manso, r. **44** B4; **46** E4
Mantena **55** C7
Mantiqueira, sa. da **12** E5; **39** G10; **54/55** E4/5; **59** D7/8
Manuel Alves Grande **48** D2
Manuel Urbano **42** E2
Manzanillo **11** E2
Mão Esquerda, r. **52** C2
Mapuera, r. **39** C8; **43** C5
Maputo **5** G11; **17** G7
Maquiné **63** B4
Maquiné, r. **63** B4
Mar de Espanha **55** E5
Mar Del Plata **13** F4
Mar Vermelho **52** B3
Mar, i. do **59** E9
Mar, sa. do **12** E5
Mar, sa. do **39** G/H10; **59** E8/9; **61** D6/7; **62** B6/7
Mara Rosa **44** C3
Maraã **40** C6; **42** C3
Marabá **13** C4; **41** D10; **43** D7
Marabá Paulista **58** D2
Maracá, i. de **12** B4; **43** B7
Maracá, r. **43** B6
Maracaçumé **48** B2
Maracaçumé, r. **48** A3
Maracaibo **13** A2
Maracajá **62** D6
Maracaju **47** H4
Maracaju, sa. de **47** H3/4
Maracanaú **41** C12; **49** B4
Maracás **53** D4
Maradi **17** C4
Maragogi **52** B4
Maragogipe **53** D5
Marahuaca (p.) **6** E6
Marajó, b. de **43** C7
Marajó, i. de **12** C4; **13** C4; **39** C10; **43** C7
Marambaia, p. da **56** D2
Marambaia, rest. da **56** D2
Marambas, r. **62** C5
Maranguape **49** B4
Maranhão, est. do **39** D10/11; **41** D10/11; **48**
Maranhão, r. **44** C3
Marañón, r. **12** C2; **13** C2
Marapi, r. **43** B5
Marapoama **58** C5
Maratagá, r. **48** C4
Maraú **53** E5
Marauaú, r. **42** B4
Maravilha, r. **57** D2
Maravilha, rib. **48** D2
Maravilhas **55** D5
Marcelândia **46** C4
Marcelino Ramos **62** A4
Marcelino Vieira **51** C4
Marco **49** B2
Marcolândia **48** D5
Marechal Cândido Rondon **60** C1
Marechal Floriano **57** D2
Marema **62** B3
Margarita, i. **10** B4; **11** B4; **12** A3; **13** A3
Margherita, p. **16** D6
Maria, i. **21** G10
Maria Helena **60** B2
Marialma, rib. **60** B4
Marialva **60** B4
Mariana **55** D5
Mariana Pimentel **63** C4
Marianas do Norte, is. **5** E17; **7** E17; **20** C4
Mariápolis **58** C3
Mariato, pta. **10** F5
Maricá **56** C3
Maricá, la. de **56** C3
Marié, r. **42** C3
Marie Byrd, terra de **22** B23
Marie-Galante, i. **10** B3; **11** B3
Marilândia **57** C2
Marilena **60** A2
Marília **41** G10; **58** D4
Marimbondo, repr. **54** D2; **58** B5
Maringá **41** G9; **60** B4
Marinheiros, i. dos **63** C3/4
Marinópolis **58** B3
Marins, p. dos **39** G10; **59** D9
Mariópolis **60** E3
Marique, r. **48** B4
Maririçu, r. **57** B3
Marituba, r. **52** C3
Marliéria **55** D6
Marmeleiro, r. **60** E2
Marmelos, r. dos **42** D4
Marne, r. **14** D3
Maroua **17** C5
Marquesas, is. **4** F3; **6** F3; **21** E12
Marra, mtes. **16** C6
Marrakech **17** A2
Marrecas, r. **60** E2, C4
Marrecas, rib. **58** C2
Marrecas, sa. das **53** B4
MARROCOS **4** D9; **17** A3
Marsala **15** C4
Marselha **15** D3
Martim Vaz, is. **4** F8; **6** F8; **38**, detalhe; **40**, detalhe
Martinica, i. da **4** E6; **10** B4; **11** B4
Martinópole **49** B2
Martins de Sá, pta. **59** E8
Maruim, r. **62** C7
Marumbi **60** B4
Marutéa, i. **21** G12
Marzagão **44** D3
Mascate **5** D12; **19** H4
Maseru **5** G11; **17** H6
Mashhad **19** H4
Massagana, r. **42** E4
Massapê **49** B2
Mata **63** B2
Mata, rch. da **48** D2
Mata, rib. da **58** B3
Mata de São João **53** D5
Matadi **17** E5
Matagalpa **11** G4
Mata Grande **52** B2
Matanzas **11** F2
Matão **59** C5
Matão, sa. do **43** E7
Matapan, c. **14** B4
Matapi, r. **43** B7
Mataraca **51** C7/8
Matas, sa. das **49** C2
Mataurá, r. **42** D4
Mata Verde **55** B7
Mateiros **43** E8
Mathias Lobato **55** C6
Matias Cardoso **55** A5
Matina **53** D3
Matipó, r. **55** D6
Mato, r. do **62** B4
Mato Castelhano **62** B3
Matões **48** C4
Mato Grosso do Sul, est. de **39** F8/9; **41** F8/9; **47**
Mato Grosso, est. de **39** E8/9; **41** E8/9; 46/47
Mato Grosso, plto. de **12** D4
Mato Grosso, pta. de **51** D8
Mato Grosso, rib. **58** B3/4
Matos, r. dos **48** C5
Matos Costa **62** B4
Matrinchã **44** C2
Matterhorn (p.) **14** D3
Matthew Town **11** D2
Matupá **46** C4
Matutina **54** D4
Mau, r. **42** B4
Mauá **59** E7
Maués Açu. r. **43** C5
Maués **43** C5
Maui, i. **21** B10
Mauna Kea, mte. **21** C10
MAURÍCIO **5** G12; **17**, detalhe
Maurício, i. **7** G12; **16**, detalhe
Maurilândia **44** D2
MAURITÂNIA **4** E9; **17** B2
Mauriti **49** F4
Maxaranguape **51** B7
Maxaranguape, r. **51** B7
Maya, mtes. **10** G3
Mayaguana, i. **10** D2; **11** D2
Mayotte, i. **16** F8; **17** F8
Mayumba **17** E4
Mazagão **43** C7
Mbabane **5** G11; **17** G7
Mbala **17** E7
Mbandaka **17** D5
Mbeya **17** E7
Mbuji-Mayi **17** E6
McClure, estr. de **8** B6; **9** B6
McKean, i. **21** E8
McKinley, mte. **6** B2; **8** C3
Mead, l. **8** F7; **9** F7
Mearim, r. **48** C3
Medan **19** F5
Medeiros m. do **38**, detalhe; **50**, detalhe
Medellín **13** B2
Medianeira **60** C4
Medicine Hat **9** E7
Mediterrâneo, mar **5** D10; **7** D10; **14** D4; **15** D4; 16 A4; **17** A5; **18** I4
Medonho, r. **48** E2
Meia Ponte, r. **44** E3
Meio, i. do **38**, detalhe; **50**, detalhe
Meio, la. do **57** C2, C3
Mekong, r. **7** E15; **18** E5
Mel, i. do **61** D7
Mel, la. do **54** B3
Mel, pta. do **51** A6
Mel, rch. do **51** E5
Mel, sa. do **51** B5/6
Melado, sa. do **51** C/D5
Melancias, sa. das **49** E/D4; **51** C4
Melanésia **5** F18; **7** F18; **20** E4
Melbourne **20** H4
Melchior, r. **45** A1
Melgaço, r. **57** D2
Melissa, r. **60** C2
Melitopol' **15** A3
Melville, i. **6** B4; **8** B7; **9** B7; **20** F2; **22** B1
Melville, pen. de **6** B5; **8** C10
Memphis **9** F10
Mendocino, c. **6** C3; **8** E6
Mendonça **58** C4
Mendoza **13** F3
Meno, r. **14** C3
Menongue **17** F5
Mequéns, r. **42** F4
Mérida **9** G9
Mérida, cord. de **12** B2
Meridiano **58** B3
Mesopotâmia **18** H4
Messias **52** B4
Messias Targino **51** C5
Messina **15** C4
Metz **15** D3
Mexiana, i. **43** C7
Mexicali **9** F7
MÉXICO **4** D4; **9** G8
México, g. do **4** D5; **6** D5; **8** G9; **9** G9; **10** H1; **11** H1
Miami **9** G11
MIANMAR **5** D14; **19** F4
Michigan, l. **8** E10; **9** E10
MICRONÉSIA **5** E17; **20** D4
Midway, is. **21** B8
Miguel, sa. do **51** C4
Miguel Alves **48** C4
Miguel Calmon **53** C4
Milagres **49** F4; **53** D5
Milagres, sa. dos **51** C7
Milão **15** D3
Milhã **49** D3
Mili, i. **20** D7
Milwaukee **9** E9
Mimoso de Goiás **44** C3
Mimoso do Sul **57** E1
Minaçu **41** E10; **44** B3
Minador do Negrão **52** B3
Minas do Leão **63** C3
Minas Gerais, est. de **39** F11; **41** F11; **54/55**
Minas Novas **55** C6
Mindanao, i. de **5** E16; **7** E16; **18** D5; **19** D5
Mineiros **41** F9; **44** D1
Mineiros do Tietê **59** D5
Minerva, recife de **21** G8
Minneapolis **9** E9
Minorca, i. de **14** D3; **15** D3
Minsk **5** C11; **15** B2
Mira Estrela **58** A4
Miracema **56** B3
Mirador **60** B3
Mirador, sa. **62** C6
Miranda **47** H3
Miranda, r. **39** F/G8; **47** G/H3
Mirandópolis **58** C3
Mirante **53** E4
Mirante do Paranapanema **58** D2
Mirante, sa. do **58** D4/5
Miraselva **60** A4
Mirassol **58** B4
Mirassolândia **58** B4
Mirassol d'Oeste **41** F8; **46** E2
Miratuba, l. **43** C5
Mirim, la. **39** I9; **41** I9; **63** D3
Miriri, r. **51** C/D7
Mirtoo, mar de **14** B4; **15** B4
Miskitos Cays (is.) **10** F4; **11** F4
Miskolc **15** B3
Misratah **17** A5
Missão Velha **49** F3
Mississípi, delta do **8** G10; **9** G10
Mississípi, r. **6** D5; **8** F9; **9** E9
Missões, sa. das **48** D5
Missoula **9** E7
Missouri, r. **6** C4; **8** E9; **9** E9
Moaci Ávidos, r. **57** C2
MOÇAMBIQUE **5** F11; **17** F7
Moçambique, canal de **16** G7; **17** G7
Mocambo, vda. do **53** C3
Mocidade, sa. da **42** B4
Mocó, r. **42** C3
Mococa **59** C7
Mocós, r. **48** C5
Modelo **62** B2
Moeda **55** D5
Moeda, sa. da **55** D5
Moema **54** D4
Mogadíscio **5** E12; **17** D8
Mogi das Cruzes **59** E7
Mogi-Guaçu **59** D7
Mogi-Guaçu, r. **59** C6/D7
Mogi-Mirim **59** D7
Mojave, deserto de **8** F7
Moju **41** C10; **43** C7
Moju, r. **43** C7
MOLDÁVIA **5** C11; **15** B3
Mollendo **13** D2
Molopo, r. **16** G6
Molucas, is. **5** F16; **7** F16; **18** D6; **19** D6
Mombaça **49** D3
Mombasa **17** E8
Momuna, r. **59** F6
Mona, canal de **10** C3
Mona, i. **10** C3; **11** C3
MÔNACO **4** C10; **15** D3
Monção **48** B3
Mondaí **62** C2
Mongaguá **59** F7
MONGÓLIA **5** C15;19 F3
Mongólia Interior **7** C15; **18** E3
Mongu **17** F6
Mongubas, sa. dos **43** B7
Monjolos **55** C5
Monróvia **4** E9; **17** D2
Monsarás, la. **57** C3
Monsenhor Paulo **54** E4
Montanhas **51** C7
Montão de Trigo, i. do **59** E8
Montauri **63** B3
Monte, sa. do **51** D6
Monte Alegre **43** C6
Monte Alegre, r. **44** D2
Monte Alegre de Goiás **44** B4

Monte Alegre de Sergipe **52** C2
Monte Alegre do Piauí **48** E3
Monte Alegre do Sul **59** D7
Monte Alto **59** C5
Monte Alto, sa. **53** E3
Monte Azul **55** B6
Monte Carlo **62** C4
Monte Carmelo **54** C3
Monte Castelo **62** B5
Monte das Gameleiras **51** C7
Montego Bay **11** E3
Monte Horebe **50** D4
Monteiro **51** D5
Monteiro, r. **51** D6
Monteiro Lobato **59** D8
Monteirópolis **52** B2
Monte Mor **59** D6
MONTENEGRO **5** C10; **15** B3
Monte Negro **63** B4
Monterrey **9** G9
Monte Serra, rib. **58** C3
Montes Altos **48** C2
Monte Santo **53** C5
Montes Claros **13** D5
Montes Claros **41** F11; **55** B5
Montes Claros de Goiás **44** C2
Montevidéu **4** G7; **13** F4
Montezuma **55** B6
Montgomery **9** F10
Montividiu **44** D2
Montpelier **9** E11
Montreal **9** E11
Montserrat, i. de **10** B3; **11** B3
Moosonee **9** D10
Morada Nova **49** D4
Morada Nova de Minas **54** C4
Morais, rib. **58** C/D4
Morais, sa. do **49** E3
Morané, i. **21** G12
Moraújo **49** B2
Morena, sa. **14** E4
Moreno **51** E7
Mormaço **63** B3
Moroni **17** F8
Morretes **61** D7
Morrinhos **44** D3
Morrinhos do Sul **63** B5
Morro Agudo **59** B6
Morro Agudo de Goiás **44** C2
Morro da Garça **55** C5
Morro da Viúva, i. **38**, detalhe; **50**, detalhe
Morro do Chapéu **53** C4
Morro do Leão, i. **38**, detalhe; **50**, detalhe
Morro Redondo **63** C3
Morte, vale da **8** F7
Mortes, r. das **39** E/F9; **46** E4, D6; **55** D/E5
Mortlock, is. **20** D5
Morto, r. **62** D6
Morungaba **59** D7
Moscou **5** C11; **19** I3
Mosela, r. **14** D3
Mosquitos, g. dos **10** F5; **11** F5
Mossâmedes **44** D2
Mossoró **13** C6; **41** D12; **51** B5
Mossoró, r. **51** B5
Mostardas **63** C4
Mota, i. do **49** A1
Motoró, rch. **51** E5
Moundou **17** D5
Mourão, r. **60** C3
Moxotó, r. **39** D12; 50/51 E5/F4; **52** B1
Moyale **17** D7
Mozyr' **15** B2
Muaná **43** C7
Mucajaí **42** B4
Mucajaí, r. 38/39 B7; **42** B4
Mucajaí, sa. **42** B4
Muchinga, mtes. **16** F6
Mucugê **53** D4
Mucuim, r. **42** D3
Mucuitu, rch. **51** D6
Mucunambiba, i. **48** B4
Mucura, r. **48** C3
Mucuri **53** G5
Mucuri, r. **39** F11/12; **53** G4/5; **55** C7
Mucurici **57** B2
Mulato, rch. **51** C5
Mulhouse **15** D3
Mulungu **49** C4; **51** D7
Mulungu, r. **51** D5
Mumbaba, r. **51** D7/8
Mundaú, r. **49** B3; **51** F6; **52** B4
Mundo Novo **53** C4
Mundubim, rch. **50** E2
Munhoz **54** E4
Munhoz de Melo **60** B4
Munim, r. **48** B4
Munique **15** C3
Münster **15** D2
Muqui do Sul, r. **57** E1
Muquié do Norte, r. **57** D1
Muquilão, r. **60** C3
Murallón (p.) **12** G2
Mures, r. **14** B3
Muriaé **41** G11; **55** E6
Muriaé, r. **57** B4
Muribeca **52** C2/3
Murici **52** B4
Muritiba, córr. do **57** B2
Murmansk **19** I2
Murray, r. **7** G17; **20** H4
Muru, r. **42** E2
Mururoa, i. de **21** G11
Mutare **17** F7
Mutum **55** D6
Mutum, r. **43** B6; **47** F3/4; **57** C2
Mutum, sa. do **57** C2
Mutumparaná, r. **42** E3
Mutuoca, pta. da **48** A3
Mwanza **17** E7
Mweru, l. **16** E6

N

Nabileque, r. **47** H3
Nacala **17** F8
Nachingwea **17** F7
Nagpur **19** G4
Nairóbi **5** F11; **17** E7
Nakuru **17** E7
Namibe **17** F5
NAMÍBIA **5** G10; **17** G5
Namíbia, deserto da **16** F5
Nampula **17** F7
Nantes **15** E3
Nanumea, i. **20** E7
Nanuque **55** C7
Nápoles **15** C3
Napuka, i. **21** F12
Narandiba **58** D2
Narew, r. **14** B2
Narodnaya (p.) **7** B12
Nashville **9** F10
Nassau **11** E1
Nassau, i. de **21** F9
Nasser, l. **5** D11; **7** D11; **16** B6; **17** B6
Natal **13** C6; **41** D13; **51** B7
Natchez **9** F9
Natividade **43** E7; **56** A4
Natividade da Serra **59** E8
NAURU **5** F18; **20** E6
Navegantes **62** B7
Navio, rch. do **50** E4
Naviraí **41** G9; **47** I4
Nazaré **53** D5
Nazaré da Mata **51** D7
Nazaré do Piauí **48** D4
Nazareno **55** E5
Nazret **17** D7
N'Djamena **5** E10; **17** C5
Ndola **17** F6
Neblina, p. da **6** E6; **12** B3; **38** B6; **42** B3
Necker, i. **21** B9
Negra, la. **63** C4
Negra, pta. **12** C1; **51** B7
Negra, sa. **43** E8; **48** D2; **52** B2
Negrinho, r. **62** B6
Negro, mar **5** C11; **7** C11; **14** A3; **15** A3; **18** I3; **19** I3
Negro, r. **12** C3, F/G3; **13** C3; **38/39** C6/7; **42** B3, C4; **47** G3; **56** B3; **61** E6; **62** B5/6; **63** C2
Nelson, r. **8** D9
Néma **17** C3
Neman, r. **14** B2
NEPAL **5** D14; **19** F4
Nerópolis **44** D3
Neuquén **13** F3
Nevada, sa. **6** D4; **8** F6; **14** E4
Nevado Coropuna (p.) **12** D2
Nevado de Illampu (p.) **12** D3
Nevado Huascaran (p.) **12** C2
Nevado Ojos Del Salado (p.) **12** E3
Nevado Sajama (p.) **12** D3
Neves, r. **48** D3
Névis, i. **10** B3; **11** B3
Newark **9** E11
Newcastle upon Tyne **15** E2
New Georgia, is. **20** E5
New Orleans **9** G10
New Providence, i. **10** E2
Ngami, l. **16** G6
Ngaoundéré **17** D5
Ngulu, i. **20** D3
Nhamundá, r. **43** C5
Niamei **4** E10; **17** C4
Niassa, l. **5** F11; **7** F11; **16** E7
NICARÁGUA **4** E5; **11** G4
Nicarágua, l. de **10** F/G4; **11** FG/4
Nicobar, is. **5** E14; **7** E14; **18** F5; **19** F5
Nicósia **15** A4
Nicoya, g. de **10** F5
Nicoya, pen. de **10** G4
NÍGER **5** E10; **17** C4
Níger, r. **6** E9; **16** C3/D4; **17** C3
NIGÉRIA **5** E10; **17** C4
Nihoa, i. **21** B9
Niihau, i. **21** B9
Nijni Novgórod **19** H3 Nikolayev **15** A3
Nilo, r. **7** E11; **16** B7; **17** B7
Nilo Azul, r. **16** C7
Nilo Branco, r. **16** D7
Nilo Peçanha **53** D5
Nilópolis **56** C2
Nina Rodrigues **48** B4
Nipigon, l. **8** E10; **9** E10
Nipoã **58** B4
Niquelândia **41** E10; **44** C3
Nis **15** B3
Niterói **41** G11; **56** C2
Niuato, i. **20** E7
Niue, i. **21** F9
Niulakita, i. **20** F7
Nogales **9** F7
Nonoai **62** A3
Nonouti, i. **20** E7
Nordvik **19** E2
Norfolk **9** F11
Norfolk, i. **20** G6
Noril'sk **19** F2
Normandia **41** B8; **42** B5
Normandia, colinas da **14** D3
Noroeste, c. **7** G15
Norrköping **15** C2
Norte, c. **7** B11; 14, detalhe à dir.; **20** H7
Norte, c. do **43** B7
Norte, i. do **5** G18; **7** G18; **20** H7; **38**, detalhe
Norte, mar do **4** C10; **6** C10; **14** D2; **15** D2
Norte, r. do **62** B6
Norte, sa. do **46** C2; **57** B2
Norte-Europeia, plan. **14** B2
NORUEGA **5** B10; **15** D1
Noruega, sa. da **55** C5/6
Norvegia, c. **22** B15
Norwich **15** D2
Nossa Senhora Aparecida **52** C2
Nossa Senhora da Glória **52** C3
Nossa Senhora das Dores **52** C2
Nossa Senhora das Graças **60** A4
Nossa Senhora de Lourdes **52** C2
Nossa Senhora do Livramento **46** E3
Nossa Senhora do Socorro **52** C2
Nossa Senhora dos Remédios **48** C4
Nouadhibou **17** B1
Nouakchott **4** E9; **17** C2
Nouméa **20** G6
Nova Aliança **58** C4
Nova Aliança do Ivaí **60** B3
Nova Alvorada **63** B3
Nova Alvorada do Sul **47** H4
Nova América **44** C3
Nova América da Colina **61** B5
Nova Andradina **47** I5
Nova Araçá **63** B4
Nova Aurora **44** E3
Nova Bandeirante **46** B3
Nova Brasilândia **46** E4
Nova Bretanha, i. da **5** F17; **7** F17; **20** E4
Nova Caledônia, i. da **5** G18; **7** G18; **20** G6
Nova Campina **58** F5
Nova Canaã Paulista **58** B3
Nova Crixás **44** C2
Nova Cruz **51** C7
Nova Délhi **5** D12; **19** G4
Nova Escócia **8** E12
Nova Esperança **60** B3
Nova Esperança do Sul **63** B2
Nova Europa **59** C5
Nova Fátima **61** B5
Nova Floresta **51** C6
Nova Friburgo **56** C3
Nova Glória **44** C3
Nova Guarita **46** C4
Nova Guataporanga **58** C2
Nova Guiné, i. da **5** F17; **7** F17; **18** C6; **20** E3
Nova Iguaçu **13** E5; **56** C2
Nova Iguaçu de Goiás **44** C3
Nova Independência **58** C2
Nova Iorque **48** D3
Nova Irlanda, i. **20** E5
Novais **58** B5
Nova Itaberaba **62** B3
Nova Lima **55** D5
Nova Lombardia, r. **57** C2
Nova Luzitânia **58** B3
Nova Marilândia **46** E3
Nova Maringá **46** D3
Nova Mutum **46** D3
Nova Odessa **59** D6
Nova Olímpia **46** E3; **60** B2
Nova Olinda do Norte **41** C8; **43** C5
Nova Olinda, rch. **48** E4
Nova Palmeira **51** C6
Nova Palmeira, rib. **58** C2
Nova Roma **44** B4
Nova Russas **49** C2
Nova Santa Rosa **60** C2
Nova Serrana **54** D4
Nova Sibéria, arq. da **5** B17; **7** B17; **18** C2; **19** C2; **22** B5
Nova Tebas **60** C4
Nova Trento **62** C7
Nova Venécia **57** B2
Nova Veneza **44** D3
Nova Viçosa **41** F12; **53** F5
Nova Xavantina **46** E5
Novaya Zemlya, is. **5** B12; **7** B12; **18** H2; **19** H2; **22** B7
Nova York **9** E11
NOVA ZELÂNDIA **5** G18; **20** H6
Novi Sad **15** C3
Novilho de Cinda, r. **44** B3
Novo, r. **44** C3; **57** D2; **58** D4; **58/59** D5
Novo Airão **42** C4
Novo Aripuanã **42** D4
Novo Brasil **44** C2
Novo Cruzeiro **55** C6
Novo Hamburgo **41** H9; **63** B4
Novo Horizonte **58** C4
Novo Jardim **43** E8
Novo Machado **62** A2
Novo Oriente **49** D2
Novo Oriente do Piauí **48** D5
Novo Planalto **44** B3
Novo Progresso **43** D6
Novo Repartimento **43** D7
Novo São Joaquim **46** E5
Novosibirsk **19** F3
Novo Tiradentes **62** A3
Núbia, deserto da **16** B7
Núcleo Bandeirante **45** A2
Nueva Gerona **11** F2
Nui, i. **20** E7
Nuku Hiva, i. **21** E11
Nukualofa **21** G8
Nukufetau, i. **20** E7
Nukumanu, i. **20** E6

Nukuoro, i. 20 D5
Nullabor, plan. de 20 H2
Nunivak, i. 8 C2; 9 C1
Nuporanga 59 B6
Nuremberg 15 C3
Nuuk 9 C13
Nyala 17 C6

O

Oahu, i. 21 B10
Oates, terra de 22 C21
Oaxaca 9 H9
Ob, r. 7 B13; 18 F3; 19 F3
Óbidos 41 C8; 43 C6
Ocauçu 58 D4
Oceania (mapa físico e político) 20/21
Ocidental, cord. 12 B2
Ocidental, gel. 22 C18
Oder, r. 14 C2
Odessa 15 A3
Oeiras 48 D4
Ogaden 16 D8
Ohio, r. 8 F10
Oiapoque 41 B9; 43 B7
Oiapoque, r. 39 B9; 43 B6
Okavango, Delta do 16 F5
Okeechobee, l. 8 G10; 9 G10
Okhotsk, mar de 5 C17; 7 C17; 18 C3; 19 C3
Oklahoma City 9 F9
Öland, i. 14 C2; 15 C2
Olaria 55 E5
Olenjok, r. 18 E2
Olho d'Água 51 D5
Olho d'Água, sa. 50 E4; 51 D5
Olho d'Água Grande 52 C/2
Olímpia 58 B5
Olinda 41 D13; 51 E8
Olivedos 51 C6
Oliveira dos Brejinhos 53 D3
OMÃ 5 D12; 19 H5
Omdurman 17 C6
Omsk 19 G3
Onça, córr. da 58 C/D3
Onça, r. da 48 C5
Onça, rib. da 58 C5; 59 C6
Onda Verde 58 B4
Onega, l. 18 I2; 19 I2
Ono-i-Lau, i. 21 G8
Onotoa, i. 20 E7
Ontário, l. 8 E11; 9 E11
Oradea 15 B3
Oran 17 A3
Orange, c. 43 A7
Orange, r. 7 G10; 16 G5
Oratório, mo. do 57 B2
Órcadas, is. 14 E2; 15 E2
Órcadas do Sul, is. 22 C14
Orel', r. 14 A3
Orenburg 19 H3
Órgãos, sa. dos 56 C3
Oriental, cord. 12 B2
Oriental, deserto 16 B7
Oriente 58 D4
Orindiúva 58 B4
Orinoco, r. 6 E6; 12 B3; 13 B3
Oriximiná 41 C8; 43 C6
Orizaba, p. de 8 H9
Orlândia 59 B6
Orlando 9 G10
Orléans 15 D3
Orobó, r. 51 D7
Orobó, sa. do 51 E6
Oroluk, i. 20 D5
Orona, i. 21 E8
Orós 49 E4
Orós, aç. de 49 E3
Ortigueira 61 C5
Oruro 13 D3
Osaka 19 D4
Osasco 59 E7
Oscar Bressane 58 D3
Osijek 15 C3
Oslo 5 B10; 15 C2
Osório 63 B4
Osorno 13 G2
Ostend 15 D2
Österdal, r. 14 C1
Östersund 15, detalhe à dir.
Ostras, pta. das 56 C4
Ostrava 15 C3
Osvaldo Cruz 58 C3
Otacílio Costa 62 C5
Otelo, r. 57 C2
Otra, r. 14 D2
Otranto, estr. de 14 C3; 15 C3
Ottawa 4 C6; 9 E11
Ottawa, is. 8 D10; 9 D10
Ottawa, r. 8 E11
Ouachita, mtes. 8 F9
Oudtshoorn 17 H5
Oujda 17 A3
Oulu 15, detalhe à dir.
Ourém 43 C8
Ouricana, sa. da 53 E4
Ouricuri 41 D11; 50 D2
Ouricuri, sa. do 52 B3
Ourilândia do Norte 43 D7
Ourinhos 41 G10; 58 D4
Ourives, r. 48 C3
Ourizona 60 B3
Ouro 62 C4
Ouro, r. do 42 F4; 62 B3
Ouro Branco 51 C6; 52 B2; 55 D5
Ouro Fino 54 E4
Ourolândia 53 C4
Ouro Preto 41 G11; 55 D5
Ouro Preto, r. 42 E3
Ouro Preto d'Oeste 42 E4
Ouro Velho 51 D5
Ouro Verde 58 C2; 62 B3
Ouro Verde de Goiás 44 D3
Ouro Verde de Minas 55 C6
Ouro Verde do Oeste 60 C2
Oviedo 15 E3
Oxford 15 E2
Ozark, plto. 8 F9

P

Pacaás Novos, r. 42 E3
Pacaás Novos, sa. dos 38/39 E7; 42 E3
Pacajá 41 C9; 43 D7
Pacajus 49 C4
Pacajus, aç. 49 C4
Pacaraima, sa. 12 B3; 38/39 B7/8; 42 B4
Pacati, r. 49 C4
Pacatuba 49 C4
Paciência, r. 62 B5
Paço do Lumiar 48 B3
Pacoti, aç. 49 C4
Pacuí, r. 55 B5
Pacujá 49 B2
Pacuneiro, r. 46 D5
Padang 19 E6
Padre, rch. do 51 C/D6
Padre, sa. do 49 E4
Padre Paraíso 55 C6
Paes Landim 48 D4
Pagan, i. 20 C4
Pai Passo, arr. 63 B/C2
Paiçandu 60 B3
Paiçandu, rib. 60 B3
Paim Filho 62 A4
Paineiras 54 C4
Pains 54 D4
PAÍS DE GALES 15 E2
PAÍSES BAIXOS 4 C10; 15 D2
Paiva 55 E5
Pajeú, r. 50 E4/D5
PALAU 5 E16; 20 D3
Palermo 15 C4
Palestina 58 B4
Palestina de Goiás 44 D2
Palhano 49 C5
Palhano, r. 49 C4
Palhoça 62 C7
Palikir 20 D5
Palma 15 D4
Palma, r. da 39 E10
Palma, sa. da 45 A1
Palmares 51 E7
Palmas 13 C5
Palmas 41 E10; 43 E7; 60 E4
Palmas, c. 6 E9; 16 D2
Palmeira 61 D5
Palmeira, r. 44 C2
Palmeira das Missões 62 A3
Palmeira do Piauí 48 E3
Palmeira dos Índios 52 B3
Palmeiral, r. 44 B2/C3
Palmeirante 43 D7
Palmeiras, rib. 45 A2
Palmeiras, sa. das 52 B3; 60 C1/2
Palmeirina 51 F6
Palmeirópolis 43 F7
Palmelo 44 D3
Palmer, terra de 22 B13
Palminópolis 44 D2
Palmital, r. 60 E4
Palmital, sa. do 59 D/E8
Palmópolis 55 B7
Palmyra, i. 21 D9
Palotina 60 C2
Pampá, r. 55 C7
Pampas 12 F3
Pamplona 15 E3
Pamplona, rib. 44 D4
PANAMÁ 4 E5; 11 F5
Panamá 44 E3
Panamá, canal do 10 F4; 11 F4
Panamá, g. do 10 E5; 11 E5; 12 B2; 13 B2
Panamá, sa. do 57 D1
Panambi 62 B3
Pancas 57 C2
Pancas, r. 57 C2
Pandeiros, r. 55 B5
Panelas 51 E7
Panelas, sa. das 52 B2
Pantanal, plan. do 47 F3
Pantanal Mato-Grossense 12 D4; 39 F8
Pântano Grande 63 C3
Papagaio, mo. do 56 D1
Papagaio, r. 46 D/E2
Papagaios, r. 61 D6
Papeete 21 F10
Papua, g. de 20 E4
PAPUA NOVA GUINÉ 5 F17; 20 E4
Papua Ocidental 18 D6; 19 D6
Paquequer, r. 56 C3
PAQUISTÃO 5 D13; 19 G4
Pará, est. do 39 D9; 41 D9; 43 D6
Pará, r. 43 C7; 54/55 D4/5
Paracaí, r. 60 B2
Paracambi 56 C2
Paracatu 41 F10; 54 C4
Paracatu, r. 39 F10; 54 B/C4
Paracuru 49 B3
Pará de Minas 55 D5
Parafuso, sa. do 52 B2
Paragominas 41 C10; 43 C8
Paraguaçu, r. 39 E11/12; 53 D4
Paraguaçu Paulista 58 D3
PARAGUAI 4 G7; 13 E3
Paraguai, r. 6 G6; 12 E4; 13 E4; 39 F8; 47 E3/H2
Paraí 63 B4
Paraíba, est. da 39 D12/13; 41 D12/13; 51
Paraíba, r. 39 D12/13; 51 D6/8, F6; 52 B3
Paraíba do Sul 56 C2/B4
Paraíba do Sul, r. 39 G11; 59 D8/9
Paraibuna, r. 56 C2
Paraibuna, repr. 59 E8/9
Paraim, r. 44 C4; 48 E3
Paraipaba 49 B3
Paraíso 58 C5; 62 B2
Paraíso, r. 54 B6; 55 B6
Paraíso, rib. 44 D1
Paraíso do Norte 60 B3
Paraíso do Tocantins 41 E10; 43 E7
Paraju, r. 57 B2
Paramaribo 4 E7; 13 B4
Parambu 49 E2
Paramirim, r. 53 C3
Paraná 13 F4; 51 C4
Paraná, est. do 39 H9/10; 41 H9/10; 60/61
Paraná, r. 6 G7; 12 E4/F3; 13 E4/F3; 39 G9; 41 G9; 47 I4/5; 48 B3; 58 D1/C2; 60 B2/D1
Paranã, r. 39 E10; 44 B/C4
Paranacity 60 A3
Paranaguá 41 H10; 61 D7
Paranaguá, b. de 61 D7
Paranaíba 41 F9; 47 G/H6
Paranaíba, r. 39 F/G9; 44 E4; 47 G6; 54/55 C3/4; 58 A/B3
Paranaiguara 44 E2
Paranaíta 46 B3
Paranaíta, r. 46 B/C3
Paranapanema, r. 39 G9; 58 D3/4; 59 F6; 61 A5
Paranapiacaba, sa. do 12 E5; 58/59 F5/E7; 61 C/D6
Paranapoema 60 A3
Paranapuanga, r. 59 E/F5
Paranatinga 46 E4
Paranavaí 60 B3
Paranhos 47 I4
Paranoá 45 A2
Paranoá, l. 45 A2
Paranoá, r. 45 A2
Paraopeba, r. 55 C5, D5
Parati 56 D1
Parati, sa. de 56 D1
Paratinga 53 D3
Paratinga, r. 59 D9
Paraú 51 B5
Paraú, r. 51 B5
Parauapebas 43 D7
Paraúna 44 D2
Parazinho 51 B7
Pardinho, r. 63 B3
Pardo, r. 39 F11/12, G9, G1; 47 H50; 53 E4/5;55 B6; 57 D1; 58/59 D4/6; 59 B6/C7, F/G5; 61 C7; 63 B3
Parecis, chap. ou sa. dos 12 D3; 38/39 E7/8; 42 E4; 46 E2
Parecis, r. 46 D3
Pari, r. 58 D3-4
Parima, sa. 38 B7; 42 B3
Parimé, r. 42 B4
Parintins 41 C8; 43 C5
Paripiranga 53 C6
Pariqueraçu, r. 59 F6
Paris 4 C10; 15 D3
Parisi 58 B4
Park Way 45 A2
Parma 15 C3
Parnaguá, l. de 48 F4
Parnaíba 13 C5; 41 C11; 48 B5
Parnaíba, r. 12 C5; 39 D10/C11; 46 C/D5; 48 B4
Parnaibinha, r. 48 E2
Parnamirim 51 B7
Parnarama 48 C4
Parnavaí, rib. 60 B3
Parobé 63 B4
Parry, is. 4 B4; 6 B4; 8 B8; 22 B1
Partido, Cerro 63 C3
Paru, r. 39 C9
Paru do Oeste, r. 39 B/C8; 43 B/C5
Páscoa, i. da 4 G4; 6 G4; 21 G14
Passa Dois, r. 61 D5
Passagem 51 C7, D6
Passagem Franca do Piauí 48 C4
Passa Nove, sa. dos 44 C3
Passa Quatro 54 E4
Passatempo 55 D5
Passa Vinte 55 E5
Passero, c. 14 C4
Passira 51 D7
Passo de Torres 62 E6
Passo do Sobrado 63 B3
Passo Fundo 41 H9; 62 B3
Passo Fundo, r. 62 A/B3
Passo Fundo, repr. 62 A3
Passo Real, repr. 63 B3
Passos 41 G10; 54 D4
Passos Maia 62 B3
Pasto 13 B2
Patagônia 6 H6; 12 G2
Pataque, rch. 51 C6
Pataxás, r. 51 B6
Pateirão, rch. 53 E4
Pati, r. 42 D2
Patiribu, r. 63 B3
Patna 19 F4
Pato Branco 60 E3
Pato Branco, r. 60 E3

Patos **41** D12; **51** D5
Patos, la. dos **39** i9; **41** i9; **63** C4
Patos, r. dos **44** C3; **46** D3; **61** D5
Patos, rib. dos **54** C2, D2; **58** B4, D5
Patos de Minas **41** F10; **54** C4
Patos do Piauí **48** D5
Patras **15** B4
Patrocínio **54** C4
Patrocínio Paulista **59** B6
Patuca, r. **10** G4
Paty do Alferes **56** C2
Pau **15** E3
Pau, la. **57** C3
Pau-a-Pique, r. **53** C5
Pau Atravessado, r. **57** C2
Pau Branco, córr. **49** C4
Pau d'Arco **43** D7
Pau d'Alho **51** D7
Pau Gigante, r. **57** C2
Pau Grosso, r. **48** C3
Pauini **42** D3
Pauini, r. **42** D2
Paula Freitas **61** E5
Paulínia **59** D7
Paulista **51** D8
Paulista, praia do **57** C4
Paulista, r. **53** C/D4
Paulista, rib. **60** C2
Paulistana **41** D11; **48** E5
Paulistas **55** C6
Paulo, rch. **49** B3
Paulo Afonso **41** D12; **53** B5
Paulo Afonso, usina de **53** B5
Paulo de Faria **58** B4
Paulo Frontin **61** E5
Paulo Jacinto **52** B3
Paulo Lopes **62** D7
Paulo Ramos **48** C3
Pavão, r. do **55** C6-7
Paverama **63** B4
Pavuna, r. **56** C2
Paysandu **13** F4
Paz, r. da **60** D2
Peace, r. **6** C4; **8** D7
Pecados Mortais, pta. dos **56** C4
Peças, i. das **61** D7
Pechora, r. **18** H2
Pecos, r. **8** F8
Pécs **15** C3
Pederneiras **58** D5
Pederneiras, r. **58** D5
Pedra, la. da **54** A4; **57** B4
Pedra Azul, p. **57** D1
Pedra Bela **59** D7
Pedra Branca (p.) **56** C2
Pedra Branca **49** D3; **50** D4
Pedra Branca, sa. da **62** C5/6
Pedra do Indaiá **54** D4
Pedra Grande **51** B7
Pedra Lavrada **51** C6
Pedra Preta **51** B6
Pedranópolis **58** B4
Pedrão **53** D5
Pedras, r. das **45** A1; **59** F6; **60** D4
Pedras, rib. das **44** E1; **58** B4
Pedras Altas, cox. **63** C2/3
Pedras de Fogo **51** D7
Pedras de Maria da Cruz **55** B5
Pedras Pretas, pta. das **51** E8
Pedreado, r. **59** F8-9
Pedreira **59** D7
Pedreiras **48** C3
Pedrinhas **52** D2
Pedrinho, r. **60** C4
Pedrinópolis **54** D3
Pedro Cays (is.) **10** E3; **11** E3
Pedro de Toledo **59** F6
Pedro Gomes **47** G4
Pedro Leopoldo **55** D5
Pedro Osório **63** C3
Pedro II **48** C5
Pedro Teixeira **55** E5
Pega-Bem, sa. do **57** B2
Peipus, l. **14** B2; **15** B2
Peixe **43** F7
Peixe, la. do **63** C4
Peixe, r. **39** G9
Peixe, r. do **43** E8; **44** B/C2; **51** C4; **53** C/D5; **55** C5, D5; **57** D1; **58** C2; **59** E8, D/E8
Peixes, r. dos **46** C3, E5
Peixoto, repr. **54** D4
Peixoto de Azevedo **41** E9; **46** C4
Peixoto de Azevedo, r. **46** C4
Pejuaba, r. **48** C5
Pelada, sa. **43** D7; **53** E4
Pelado, sa. do **51** C6
Pelotas **13** F4; **41** I9; **63** C3
Pelotas, r. **39** H9/10; **41** H9/10; **62** A4, C4/D6
Pelotinhas, r. **62** D5
Pemba **17** F8
Pemba, i. **16** E8
Penaforte **49** F3
Penalva **48** B3
Penápolis **58** C4
Pendenga, rib. **58** C2
Penedo **52** C2
Peninos (mtes.) **14** E2
Penitente, sa. do **48** E2
Penrhyn, i. **21** E10
Pentecoste **49** B3
Pentecoste, aç. **49** B3
Peperi-Guaçu, r. **62** B2
Pequenas Antilhas (arq.) **6** E6; **10** B3, C4; **11** B3, C4
Pequeno, mar **59** F6
Pequim **5** D15; **19** E3
Perdida, r. **39** D/E10; **43** E7
Perdido, r. **47** H3
Pereira **13** B2
Pereira Barreto **58** B3
Pereiras **59** E6
Pericumã, r. **48** B3
Peritoró, r. **48** B3
Perm **19** H3
Pernambuco, est. de **39** D11/13; **41** D11/13; **51**
Pérola **60** B2
Perolândia **44** D1
Pérsico, g. **5** D12; **7** D12; **18** H4
Perth **20** H1
PERU **4** F6; **13** C2
Peruaçu, r. **55** B5
Peruíbe **59** F7
Pescador **55** C6
Pescadores, i. dos **59** E9
Pescara **15** C3
Pesqueira **51** E6
Petiguá, arr. **63** C3
Petita, r. **43** E6
Petrolândia **50** E4; **62** C6
Petrolina **41** D11; **50** F2
Petropavlovsk-Kamchatskiy **19** C3
Petrópolis **41** G11; **56** C2
Petrozavodsk **19** I2
Phnom Penh **5** E15; **19** E5
Phoenix **9** F7
Phoenix, is. **21** E8
Piabanha, la. da **57** D2
Piabanha, r. **56** C2
Piacatu **58** C3
Piancó, r. **50** D4/C5
Piatã **53** D4
Piató, la. do **51** B6
Piau **55** E5
Piauí, est. do **39** D11; **41** D11; 48
Piauí, r. **39** D11; **48** D4; **52** C2
Piauí, rch. **49** C2
Piauí, sa. do **48** E4; **53** B3
Piautinga, r. **52** D2
Picada Café **63** B4
Piçarras **62** B7
Pico, mo. do **38**, detalhe, **50**, detalhe
Picos **41** D11; **48** D5
Picui, r. **51** C6
Piedade **59** E6
Piedade, rib. **43** E7
Piedade, sa. da **51** D5
Piedade do Rio Grande **55** E5
Piedras Negras **9** G8
Piên **61** E6
Pierre **9** E9
Pietersburg **17** G6
Pilão Arcado **53** B3
Pilão Arcado, vda. **53** B3
Pilar **52** B4
Pilar de Goiás **44** C3
Pilar do Sul **59** E6
Pilcomayo, r. **12** E3
Pilões **51** C4, C7
Pilões, r. **44** D2
Pilões, rch. dos **51** D5
Pilões, sa. dos **54** C3; **57** D1
Pilõezinhos **51** C7
Pimenta **54** D4
Pimenta Bueno **41** E7; **42** E4
Pimenteiro, vda. **53** B3
Pinaki, i. **21** F12
Pinar Del Río **11** F2
Pindamonhangaba **59** D8
Pindaré, r. **48** C3
Pindaré Mirim **48** B3
Pindo, mtes. **14** B3/4
Pindoba **52** B3
Pindoba, r. **51** B6
Pindorama **58** C5
Pindoretama **49** C4
Pingelap, i. **20** D5
Pinguim, rib. **60** B4
Pinhal, r. **59** E6
Pinhalão **61** B5
Pinhalzinho **59** D7
Pinhão **52** C2; **60** D4
Pinheiro **41** C11; **48** B3
Pinsk **15** B2
Pintada, sa. **50** D4
Pintado, deserto **8** F7
Pintado, r. **44** B3
Pio XII **48** B3
Pioré, rch. **51** E5
Piorini, l. **42** C4
Piquerobi **58** C2
Piqui, r. **46** E2
Piquiá, i. **42** C3
Piquiri, r. **39** G9; **60** C/2
Piquiri, rib. **60** B/C1
Piquiri, sa. do **60** C3
Piracanjuba **44** D3
Piracanjuba, r. **44** D3
Piracema **55** D5
Piracicaba **59** D6
Piracicaba, r. **55** D6
Piracuruca **48** B5
Piracuruca, r. **48** C5
Piraí **56** C2
Piraí, r. **56** C1; **62** B7; **63** C2
Piraí-Mirim, r. **61** C5
Piraju **58** E4
Pirajuba **54** D3
Pirambu **52** C3
Piranhas **44** D2
Piranhas, r. **39** D12; **43** E7; **44** D2; **50/51** D4/C5
Piranhinha, sa. **48** B3
Piranji, r. **48** B5; **49** C4
Piranjuba, r. **44** D3
Pirapetinga, r. **56** C1
Pirapó **62** B2
Pirapó, r. **60** A3/B4
Pirapora **41** F10; **55** C5
Pirapora, r. **59** E6
Piraquara **61** D6
Piraquê-Açu, r. **57** C2
Pirassununga **59** C6
Piratinga, r. 54/55 A4-5
Piratini, r. **62** B2
Piratininga **58** D5
Piratuba **62** C4
Pireneus (mtes.) **14** E3
Pireneus, sa. dos **44** C3/4; **45** A1
Pirenópolis **41** F10; **44** C3
Pires do Rio **41** F10; **44** D3
Pires Ferreira **49** C2
Piriá, r. **48** B4
Piripau, r. **45** A2
Piripiri **41** C11; **48** C5
Pirituba, r. **58** E/F5
Pitanga **60** C4
Pitangueiras **59** C5
Pitangui, r. **61** C5
Pitcairn, i. **21** G13
Pite, r. 14, detalhe à dir.
Pitimbu **51** D8
Pitimbu, r. **51** B7
Pitombeira, rch. **51** D/E3
Pittsburgh **9** E11
Pium **43** E7
Pium, r. do **43** E7
Piúma **57** D2
Piura **13** C1
Piutá, r. **51** E5
Pixuna, r. **42** D4
Placas **43** C6
Plácido de Castro **40** E6; **42** E3
Planaltina **44** C4; **45** A2
Planaltina do Paraná **60** B3
Planalto **58** C4
Planalto da Serra **46** E4
Plano Piloto **45** A2
Planura **54** D3
Platina **58** D4
Platte, r. **8** E8
Plenty, b. de **20** H7
Pleven **15** B3
Plymouth **11** B3; **15** E2
Po, r. **14** C3
Poá **59** E7
Pobeda (p.) **18** C2
Poção **51** E6
Poção, sa. do **51** C5
Poço da Cruz, aç. **51** E5
Poço d'Anta, sa. do **52** C1/2
Poço das Antas, rch. **50** E2
Poções **53** E5
Poço Redondo **52** B2
Poconé **41** F8; **46** F3
Poços de Caldas **41** G10; **54** E4
Poço Verde 52
Podgorica **15** C3
Pohnpei, i. **20** D5
Poinsett, c. **22** C19
Pointe-Noire **17** E4
Poitiers **15** D3
Pojuca **53** D5
Polacos, sa. dos **57** C2
Polinésia **21** E9
Polinésia Francesa **4** F2; **6** F2; **21** F11
Polo Norte **22** A6
Polo Norte Magnético **8** B7; **9** B7; **22** B1
Polo Sul **22** A18
Polo Sul Magnético **22** C20
Poloni **58** B4
POLÔNIA **5** C10; **15** C2
Pombal **51** C5
Pombas, r. **42** D4; **55** E5-6;
Pompéu **54** D4
Ponce **11** C3
Pongaí **58** C4
Pongaí, r. **57** D2
Ponta da Pescada **43** B7
Ponta das Caracas, i. **38**, detalhe
Ponta de Caiobá **61** D7
Ponta do Boi, Farol da **59** E8
Ponta do Morro, sa. da **53** D3
Ponta Grande, la. da **51** B6
Ponta Grossa **41** H9; **43** B7; **61** D5
Ponta Grossa, Farol da **59** E9
Ponta Porã **41** G8; **47** I3
Pontal **59** C6
Pontal, r. do **61** D7
Pontal, rch. do **50** E2
Pontal de Regência **57** B2
Pontal do Araguaia **46** F5
Pontalina **44** D3
Pontalinda **58** B3
Pontão **62** A/B3
Ponte Alta **62** C5
Ponte Alta do Norte **62** C5
Ponte Branca **47** F5
Ponte de Pedra, r. **46** D3
Ponte de Terra, córr. **45** B1
Ponte Nova **55** D6
Ponte Nova, repr. **59** E8
Pontes e Lacerda **46** E2
Pontes Gestal **58** B4
Poopó, l. **12** D3; **13** D3
Popayán **13** B2

Popocatépetl (p.) 6 E4; 8 H8
Populina 58 A3
Poranga 49 C2
Porangaba 59 E6
Porangatu 41 E10; 44 B3
Porcos, r. dos 53 D2; 58 C5; 62 D6
Porongas, córr. 60 B2
Portalegre 51 C5
Portão, r. 62 C4/5
Port-de-Paix 11 D2
Porteira, la. da 63 C4
Porteirinha 55 B5/6
Portel 43 C7
Port Elizabeth 17 H6
Port-Gentil 17 E4
Port Harcourt 17 D4
Port Louis 5 G12; 17, detalhe
Port Moresby 5 F17; 20 F4
Port Said 17 A7
Port Sudan 17 C7
Portland 9 E6, E11/12
Porto 15 E3
Porto Acre 42 E3
Porto Alegre 13 F4; 41 i9; 63 C4
Porto Amazonas 61 D6
Porto Colômbia, repr. 54 D3; 58/59 B5
Porto de Moz 43 C6
Porto de Pedras 52 B4
Porto dos Gaúchos 46 C3
Porto Esperidião 46 E2
Porto Estrela 46 E3
Porto Feliz 59 E6
Porto Ferreira 59 C6
Porto Franco 48 D2
Port of Spain 11 B4
Porto Grande 41 B9; 43 B7
Porto Lucena 62 A2
Porto Murtinho 41 G8; 47 H2
Porto Nacional 41 E10; 43 E7
Porto Novo 4 E10; 17 D4
Porto Primavera, repr. 47 I5; 58 D1
Porto Príncipe 4 E6; 11 D3
Porto Rico 60 A2
Porto Rico, i. de 10 C3; 11 C3
Porto Seguro 41 F12; 53 F5
Porto União 62 B4
Porto Velho 13 C3; 40 D7; 42 E4
Porto-Vila 5 F18; 20 F6
Porto Vitória 60 E4
PORTUGAL 4 C9; 15 E4
Porucaba, r. 52 C3
Posadas 13 E4
Posse, rch. da 50 E4
Posses, rib. das 58 E5
Potengi 49 F3
Potengi, r. 51 B7/C6
Poti, r. 48 C5; 49 D2
Potinga, braço do 61 D5
Potiretama 49 D4
Potosí 13 D3
Pouso Alegre 41 G10; 54 E4
Pouso Novo 63 B3
Poxim, la. 52 B/D3
Poxim, r. 52 C3
Poznan 15 C2
Prado 53 F5
Pradópolis 59 C6
Prados 55 D5
Praga 5 C10; 15 C2
Praia 4 E8; 17 C1
Praia Grande 59 F7; 62 E6
Prainha 43 C6
Pranchita 60 E2
Prata 51 D5
Prata, r. 56/57 B4
Prata, r. da 12 F4; 13 F4; 44 E1; 54 D2/3, C4; 57 C2; 62 B5/6
Prata do Piauí 48 C4
Pratápolis 54 D4
Pratinha 54 D4
Preguiça, barra da 48 B4
Preguiças, r. 48 B4
Presidente Alves 58 D4
Presidente Bernardes 55 D5
Presidente Castelo Branco 60 B3
Presidente Dutra 48 C3
Presidente Epitácio 58 C2
Presidente Figueiredo 42 C4
Presidente Juscelino 48 B3; 55 C5
Presidente Kennedy 43 E7; 57 E1
Presidente Médici 42 E4
Presidente Prudente 41 G9; 58 D2
Presidente Vargas 48 B3
Presidente Venceslau 58 C2
Preto, r. 42 B3, C4; 44 B4, E2; 45 A2; 48 B4; 53 C2; 54 B3/4; 55 E5; 56 C2; 57 B2, B3, D1, E1; 58 B4; 59 F7; 62 B6
Pretória 5 G11; 17 G6
Primavera do Leste 46 E4
Prince George 9 D6
Princesa Elizabeth, terra da 22 C18
Príncipe, i. 16 D4
Príncipe, i. de 17 D4
Príncipe Charles, i. 9 C11
Príncipe de Gales, i. 6 B4/5; 8 B8; 9 B8; 22 B1
Príncipe de Gales, i. 8 D5; 9 D5
Príncipe Eduardo, i. 5 H11; 7 H11
Príncipe Patrick, i. 6 B3; 8 B6; 9 B6
Prinzapolka 11 F4
Pripet, r. 14 B2
Promissão 58 C4
Promissão, repr. 58 C4
Propriá 52
Protásio Alves 63 B4
Providence, c. 20 I6
Providence, i. 16, detalhe; 17, detalhe
Providencia, i. 10 F4; 11 F4
Providência, sa. da 46 C1
Prudente de Morais 55 D5
Prudentópolis 61 D5
Prut, r. 14 B3
Przemysl 15 B3
Psël, r. 14 A2
Pskov, l. 14 B2; 15 B2
Público Cruzeta, aç. 51 C6
Pucallpa 13 C2
Pucumã, r. 48 C3
Puebla 9 H9
Pueblo 9 F8
Puerto Barrios 11 H3
Puerto Montt 13 G2
Puerto Plata 11 D2
Puiú, r. 49 E2
Pukapuka, i. 21 F9
Pukarua, i. 21 F12
Puluwat, i. 20 D4
Punau, r. 51 B7
Pune 19 G5
Pungá, l. 42 D3
Punta Arenas 13 H2
Punta Gorda 11 H3
Pureza 51 B7
Purus, r. 6 F6; 12 C3; 38/39 D6/C7; 40 D6; 42 E2/D4
Pusan 19 D4
Putinga 63 B3
Putumayo, r. 12 C2
Pyongyang 5 D16; 19 D4

Q

Qaanaaq 9 B12
Qaidam Pendi 18 F4
Qattara, depressão de 16 B6
Qikiqtaluk, i. 8 B11; 9 B11; 22 C12
Qilian Shan (cadeia) 7 D14; 18 F4
Qiqihar 19 D3
Qom 19 H4
Quadros, la. dos 63 B5
Quaraí, r. 39 i8; 63 C1
Quaraí-Mirim, r. 63 C1
Quatiguá 61 B6
Quatis 56 C1
Quatro Barras 61 D6
Quebec 9 E11
Quebra-Anzol, r. 54 D3-4
Quebra Cuia, rib. 59 C6
Quebrada, sa. 51 D6
Quebra-Dentes, r. 63 B4
Quedas do Iguaçu 60 D3
Queimada, i. 43 C7
Queimada, sa. 51 C6; 59 E6/7
Queimada Grande, i. 59 F7
Queimada Pequena, i. 59 F7
Queimada Redonda, sa. 51 D/E4
Queimadas 51 D7; 53 C5
Queimadas, sa. das 51 C6
Queimado, la. do 51 B6
Queimados 56 C2
Queirós 58 C3
Quelimane 17 F7
Queluz 59 D9
QUÊNIA 5 E11; 17 D7
Querência 46 D5
Querétaro 9 G9
Quevedos 63 B2
Quezaltenango 11 H4
Quilombo, córr. 45 A2
Quilombo, r. 59 F6
Quinquelerê, r. 49 F2
Quinquelerê, sa. 49 F/E2
Quinta do Sol 60 B3
Quintana 58 D3
Quintos, sa. dos 51 C/D6
Quinze de Novembro, r. 57 B2; 62 B4
Quios, i. de 14 B4; 15 B4
Quioto 19 D4
QUIRGUISTÃO 5 C13; 19 G3
Quirina, sa. da 44 C3/4
Quirino, r. 48 C2; 57 B2
Quirinópolis 41 F9; 44 E2
Quito 4 E6; 13 C2
Quixaba 51 D5
Quixaba, rch. 51 F6
Quixabá 51 D5
Quixadá 41 D12; 49 C3
Quixeramobim 49 D3
Quixeramobim, r. 39 D12; 49 C/D3
Quixerê, r. 49 D4

R

Rabat 4 D9; 17 A3
Race, c. 6 C7; 8 E13
Rafael Godeiro 51 C5
Rafard 59 E6
Rainha Carlota, estr. 8 D5; 9 D5
Rainha Carlota, is. da 4 C3; 6 C3; 8 D5; 9 D5
Rainha Elizabeth, is. 6 B4; 8 B7; 9 B7; 22 B12
Rainha Mary, terra da 22 B15; 22 C19
Rainier, mte. 8 E6
Raïvavaé, i. 21 G11
Raizama, sa. do 44 C3
Rajada, sa. da 51 C5
Rakahanga, i. 21 E9
Raleigh 9 F11
Ralik, is. 7 E18; 20 D6
Ramalho sa. do 53 E3
Ramuro, r. 46 D4
Rancagua 13 F2
Rancharia 58 D3
Rancho Alegre 61 B5
Raoul, i. 21 G8
Rapa, i. 21 G11
Rapid City 9 E8
Rarotonga, i. 21 G9
Rãs, rch. das 53 D3
Rasa, i. 38, detalhe; 50, detalhe; 56 D2
Ras Dashen (p.) 7 E11; 16 C7
Rata, i. 38, detalhe; 50, detalhe
Ratak, is. 7 E18; 20 D6
Ratos, arr. dos 63 C3/4
Raul Soares 55 D6
Rauma 15 B1
Real, r. 53 C5
Rebeca, la. da 46 E1/2
Rebouças, r. 60 C2
Recanto das Emas 45 A1
Recife 13 C6; 41 D13; 51 E8
Recreio, sa. do 50 E2
Recursolândia 43 E8
Redenção 41 D9; 43 D7
Redenção da Serra 59 E8
Redenção do Gurgueia 48 E3
Redentora 62 A3
Redonda, i. 56 D2
Redonda, pta. 51 A6
Refugiado, r. 63 B4
Reggio di Calabria 15 C4
Regina 9 E8
Reginópolis 58 C4
Registro 41 G10; 59 F6
Reikjavik 4 B8; 15, detalhe à esq.
Reindeer, l. 8 D9; 9 D9
REINO UNIDO 4 C9; 15 E2
Reis Magos, r. 57 C2
Relvado 63 B3
Remanso 53 B3
Renascença 60 E3
Rennell, i. 20 F6
Rennes 15 E3
Reno 9 F7
Reno, r. 14 D2; 15 D2
REPÚBLICA CENTRO-AFRICANA 5 E10; 17 D6
REPÚBLICA DOMINICANA 4 E6; 11 D3
REPÚBLICA TCHECA 5 C10; 15 C3
Reriutaba 49 C2
Resende 56 C1
Resende Costa 55 D5
Reserva 61 C5
Reserva, la. 63 C4
Reserva do Cabaçal 46 E3
Resistencia 13 E3
Resplendor, rib. 55 D6
Restinga 59 B6
Restinga Seca 63 B3
Retiro do Meio, córr. 45 A2
Reunião, i. de 5 G12; 7 G12; 16, detalhe; 17, detalhe
Revillagigedo, is. 8 H7; 9 H7; 21 C14
Riachão 48 D2
Riachão, r. 48 D4; 55 B5
Riachão, rch. 51 C5
Riachão do Jacuípe 53 C5
Riachinho 54 B4
Riacho, l. do 48 D4
Riacho de Santana 51 C4; 53 D3
Riacho do Sangue, aç. 49 D4
Riacho dos Cavalos 51 C5
Riacho Fundo 45 A1
Riacho Fundo II 45 A1
Riachuelo 52 C2
Riad 5 D12; 19 H4
Rialma 44 C3
Rianápolis 44 C3
Ribas do Rio Pardo 47 H5
Ribeira 58 F5
Ribeira, la. da 57 C4
Ribeira, r. 58 F5; 61 C6/7
Ribeira de Iguape, r. 39 G10
Ribeira do Pombal 53 C5
Ribeirão 51 E7
Ribeirão, r. 55 B6; 59 F6
Ribeirão Cascalheira 46 D6
Ribeirão Corrente 59 B6
Ribeirão das Lajes, repr. do 56 C2
Ribeirão das Neves 55 D5
Ribeirão do Sul 58 D4
Ribeirão Grande 59 F5
Ribeirão Pires 59 E7
Ribeirão Preto 13 E5; 41 G10; 59 C6
Ribeirão Vermelho 54 E4
Ribeirinha, r. 61 D6
Ribeirópolis 52 C2
Richmond 9 F10
Rifaina 59 B6
Riga 5 C11; 15 B2
Riga, g. de 14 B2; 15 B2
Riiser-Larsen, gel. de 22 B15
Riiser-Larsen, pen. 22 C17
Rijeka 15 C3
Rio Acima 55 D5
Rio Bananal 57 C2
Rio Bom 60 B4
Rio Bonito 56 C3
Rio Bonito, sa. 56 C3
Rio Braço Norte Esquerdo 57 D1
Rio Branco 13 C3; 40 D6; 42 E3
Rio Branco do Sul 61 D6
Rio Claro 59 D6
Rio das Antas 62 B4
Rio das Flores 56 C2
Rio das Ostras 56 C4
Rio de Janeiro 13 E5; 41 G11; 56 C2
Rio de Janeiro, est. do 39 G11; 41 G11; 56

Rio Descoberto, l. do **45** A1
Rio do Campo **62** C5
Rio do Oeste **62** C6
Rio do Prado **55** B7
Rio do Sul **62** C6
Rio Doce **55** D6
Rio dos Bois **43** E7
Rio dos Índios **62** A3
Rio Formoso **51** E7
Rio Fortuna **62** D6
Río Gallegos **13** H3
Rio Grande **13** F4; **41** i9; **63** D3
Rio Grande da Serra **59** E7
Rio Grande do Norte, est. do **39** D12; **41** D12; **51**
Rio Grande do Piauí **48** D4
Rio Grande do Sul, est. do **39** H/I9; **41** H/I9; **62/63**
Rio Lajeado **48** D2
Riolândia **58** A4
Rio Largo **52** B4
Rio Maria **43** D7
Rio Matozinhos **56** C2
Rio Negrinho **62** B6
Rio Negro **47** G4; 60/61 E6
Rio Paranaíba **54** D4
Rio Pardo **63** B3
Rio Pardo de Minas **55** B6
Rio Preto **55** E5
Rio Preto da Eva **43** C5
Rio Preto, sa. do **56** B3/4
Rio Quente **44** D3
Rio Real **53** C6
Rio Rufino **62** C6
Rio Sereno **48** D2
Rio Verde **41** F9; **44** D2
Rio Verde de Mato Grosso **47** G4
Riozinho **63** B4
Riozinho, r. **43** E7; **48** E2, E3
Riversul **58** E4
Road Town **11** B3
Robson, mte. **8** D7
Rocas, atol das **38**, detalhe; **40**, detalhe
Rochedo **47** G/H4
Rochedos Shag (is.) **12** H5; **13** H5
Rochosas, montanhas **6** C4; **8** D7
Ródano, r. **14** D3; **15** D3
Rodeados, rib. **45** A1
Rodeio **62** B6
Rodeio Bonito **62** A3
Rodeiro **55** E6
Rodelas **53** B5
Rodes, i. de **14** B4; **15** B4
Ródope, mtes. **14** B3
Rodrigues, i. do **59** F6
Rolândia **60** B4
Roma **5** C10; **15** C3
Romaria **54** C3
Romelândia **62** B2
ROMÊNIA **5** C11; **15** B3
Roncador, sa. do **39** E9; **46** B5/C6
Rondon **60** B3
Rondon do Pará **43** D7
Rondônia, est. de 38/39 E6/7; 40/41 E6/7; **42** E3/4
Rondonópolis **41** F9; **47** F4
Ronne, gel. de **22** B14
Ronuro, r. **39** E9
Roosevelt, i. **22** A22
Roosevelt, r. 38/39 D/E7; **42** E4; **46** B1
Roraima, est. de **38/39** B7; **40/41** B7; **42** B4
Roraima, mte. **12** B4; **39** B7; **42** A4
Rosa, i. **61** D7
Rosana **58** D1
Rosana, repr. **58** D1; **60** A3
Rosario **13** F3; **48** B3
Rosário do Ivaí **60** C4
Rosário do Sul **63** C2
Rose, i. **21** F9
Roseau **11** B3
Roseira **59** D8
Ross, gel. de **22** A22
Ross, mar de **22** B22
Rostov **19** I3
Roteiro **52** B4
Rotuma, i. **20** F7
Rovno **15** B2
RUANDA **5** F11; **17** E6
Ruapehu, mte. **20** H7
Rub' Al Khali, deserto **7** E12
Rubim de Pedras, r. **55** B7
Rügen, i. **14** C2; **15** C2
Rukwa, l. **16** E7
Rurópolis **43** D6
Russas **49** C5
RÚSSIA **5** B14; **15** B2; **19** F2; **22** D6
Rússia Central, plto. da **7** C11; **18** I3
Ruvuma, r. **16** F7
Ruy Barbosa **53** D4
Ryukyu, is. **5** G16; **7** D16; **18** D4; **19** D4

S

S. ver São (ex.: S. Paulo ver São Paulo)
Saara, deserto do **6/7** D9/11; **16** B3
SAARA OCIDENTAL **4** D9; **17** B2
Saaremaa, i. **14** B2; **15** B2
Saba, i. de **10** B3
Sabana, arq. **10** F2; **11** E/F2
Sabão, r. do **61** C5
Sabará **55** D5
Sabaúdia **60** B4
Sabaúna, r. **53** C5/D6
Sabha, oásis **16** B5
Sabino **58** C4
Sable, c. **8** E12, G10
Sabugi, r. **51** C5
Saco Comprido, sa. do **53** D2
Saco, r. **48** C4
Sacramento **9** F6
Sacuriuiná, r. **46** D3
Sagres **58** C3
Sahel **16** C3
Saicã, arr. **63** BC/2
Saí Guaçu, r. **62** B7
Saí-Guaçu, i. **62** B7
Saint Anthony **9** D13
Saint Barthélemy, i. **10** B3; **11** B3
Saint Denis **15**, detalhe
Sainte-Croix, i. **10** C3; **11** B3
Saint-Étienne **15** D3
Saint Eustatius, i. **10** B3
Saint George's **11** B4
Saint John **9** E12
Saint John's **9** E13; **11** B3
Saint Louis **9** F9; **17** C2
Saint Maarten, i. **10** B3; **11** B3
Saint Paul **9** E9
Saipan, i. **20** C4
Sakami, l. **8** D11
Sakhalin, i. **5** C17; **7** C17; **18** C3; **19** C3
Sal, r. **57** C2
Salado, r. **12** F3
Salamanca **15** E3
Salamandra, sa. da **51** C5
Salerno **15** C3
Sales **58** C4
Sales Oliveira **59** B6
Salete **62** C5
Salgadinho **51** D6, D7
Salgadinho, r. **51** C7
Salgado **52** D2
Salgado, r. **49** E4; **51** B6, C6; **53** E5; **56** B3
Salgado, rch. **49** C2; **51** B7
Salgado, sa. do **53** E5
Salgueiro **41** D12; **50** E3
Salgueiro, rch. **50** E3
Salinas **9** F6
Salinas **55** B6
Salinas, r. **48** D4; **55** B6
Salinópolis **43** C8
Salitre, r. **53** C4
Salmon River, mtes. **8** E7
Salmourão **58** C3
Salomão, is. **7** F18
Salomão, mar de **20** E4
Salônica **15** B3
Salt Lake City **9** E7
Salta **13** E3
Saltinho **59** D6
Salto **13** F4; **59** E6
Salto, r. do **56** C1; **59** E8
Salto, rib. do **44** D1
Salto da Divisa **55** B7
Salto de Pirapora **59** E6
Salto do Céu **46** E2
Salto do Itararé **61** B6
Salto do Jacuí **63** B3
Salto Grande **58** D4
Salto Grande, repr. **58** D4
Salto Osório, repr. de **60** D3
Salto Santiago, repr. de **60** D3
Salto Veloso **62** B4
Salvador **13** D6
Salvador **41** E12; **53** D5
Salvador das Missões **62** B2
Salzburgo **15** C3
Samambaia **45** A1
Samambaia, córr. **45** A1
Samambaia, r. **44** C2
Samara **19** H3
Samarcanda **19** G4
Sambito, r. **48** D5
Samburá, r. **54** D4
SAMOA **21** F8
Samoa Americana, is. **21** F9
Sámos, i. de **14** B4
Sampaio, l. **43** C5
Sana **5** E12; **19** H5
San Ambrosio **13** E2
San Ambrosio, i. de **12** E2
San Andrés, i. **10** F4; **11** F4
San Angelo **9** F8
San Antonio **9** G9
San Carlos de Bariloche **13** G2
San Cristóbal **11** D3; **13** B2
San Diego **9** F7
Sandolândia **43** F7
Sandovalina **58** D2
San Félix, i. de **12** E1; **13** E1
San Fernando de Apure **13** B3
Sangão **62** D6
Sangre de Cristo, mtes. **8** F8
Sangue, r. **39** E8; **46** C2/D3
Sangue, rch. do **49** D4
Sanharó **51** E6
San Jorge, g. **12** G3; **13** G3
San José **4** E5; **11** F5
San Juan **11** C3
San Juan, mtes. **8** F8
San Lorenzo **13** B1
San Lucas, c. **8** G7
San Luis Potosí **9** G8
SAN MARINO **15** C3
San Matías, g. **12** G3; **13** G3
San Miguel **11** G4
San Miguel de Tucumán **13** E3
San Miguelito **11** E5
San Pedro **11** C3
San Pedro Sula **11** G3
San Remo **15** D3
San Salvador **4** E5; **11** G4
San Salvador, i. **10** D2; **11** D2
Santa Albertina **58** B3
Santa Amélia **61** B5
Santa Ana **11** G4
Santa Bárbara **55** D5
Santa Bárbara, rib. **59** B6
Santa Bárbara, sa. de **46** E1/2
Santa Bárbara d'Oeste **59** D6
Santa Bárbara do Leste **55** D6
Santa Branca, repr. **59** E8
Santa Carmem **46** D4
Santa Catarina, est. de **39** H9/10; **41** H9/10; 62
Santa Catarina, i. de **62** C7
Santa Cecília do Pavão **61** B5
Santa Clara **11** E2
Santa Cruz **13** D3; **50** E2; **51** C7
Santa Cruz, is. **20** F6
Santa Cruz, r. **62** C4
Santa Cruz, rib. **54** B4
Santa Cruz Cabrália **53** F5
Santa Cruz da Baixa Verde **50** D4
Santa Cruz da Esperança **59** C6
Santa Cruz do Arari **43** C7
Santa Cruz do Capibaribe **51** D6
Santa Cruz do Escalvado **55** D6
Santa Cruz do Monte Castelo **60** A2
Santa Cruz do Piauí **48** D5
Santa Cruz do Rio Pardo **58** D4
Santa Cruz do Sul **63** B3
Santa Cruz dos Milagres **48** C5
Santa Efigênia de Minas **55** C6
Santa Elena, c. **10** G4
Santa Ernestina **59** C5
Santa Fe **13** F3
Santa Fé **60** A4
Santa Fé, sa. de **57** D1
Santa Fé de Goiás **44** C2
Santa Fé de Minas **54** B4
Santa Fé do Araguaia **43** D7
Santa Filomena **48** E3
Santa Helena **48** B3; **51** C4
Santa Helena, i. de **4** F9; **6** F9; **16** F3; **17** F3
Santa Helena de Goiás **44** D2
Santa Inês **48** B3; **60** A4
Santa Inés, i. **12** H2
Santa Inês, rch. **50** D4
Santa Isabel **44** C3; **59** E7
Santa Isabel, i. **20** E5
Santa Isabel do Ivaí **60** A2
Santa Isabel do Rio Negro **40** C7; **42** C3
Santa Joana, córr. **57** B2
Santa Joana, r. **57** C2
Santa Júlia, r. **57** C2
Santa Júlia, sa. de **57** C2
Santa Juliana **54** D3
Santa Leopoldina **57** D2
SANTA LÚCIA **4** E6; **11** B4
Santa Lúcia, i. de **10** B4
Santa Luz **48** E3; **53** C5
Santa Luzia **41** C10; **48** B3; **55** D5
Santa Luzia do Itanhy **52** E2
Santa Luzia do Norte **52** B4
Santa Luzia do Paruá **48** B3
Santa Maria **13** E4
Santa Maria **41** H9; **45** B1; **63** B3
Santa Maria, r. **44** C4; **47** H4; **51** D5; **57** C2; **63** BC/2
Santa Maria, rch. **48** E4
Santa Maria da Boa Vista **50** E3
Santa Maria da Vitória **53** D2
Santa Maria da Vitória, r. **57** D2
Santa Maria de Jetibá **57** C2
Santa Maria do Salto **55** B7
Santa Marta **13** A2
Santa Marta Grande, c. **62** D7
Santa Marta Pequeno, c. **62** D7
Santa Quitéria **49** C2
Santa Quitéria do Maranhão **48** B4
Santa Rita **51** D8
Santa Rita, pta. de **51** B7
Santa Rita, r. **48** B3
Santa Rita d'Oeste **58** B3
Santa Rita de Ibitipoca **55** E5
Santa Rita do Araguaia **44** D1
Santa Rita do Jacutinga **55** E5
Santa Rita do Pardo **47** H5
Santa Rita do Passa Quatro **59** C6
Santa Rita do Sapucaí **54** E4
Santa Rosa **11** G4; **62** A2
Santa Rosa, b. **43** B7
Santa Rosa, r. **46** B3; **62** A2
Santa Rosa da Serra **54** D4
Santa Rosa de Goiás **44** C4
Santa Rosa do Piauí **48** D4
Santa Rosa do Sul **62** E6
Santa Salete **58** B3
Santa Teresa **57** C2
Santa Teresa, r. **44** B3
Santa Teresinha **51** D5
Santa Tereza de Goiás **44** B3
Santa Tereza do Oeste **60** C2
Santa Terezinha **46** C6
Santa Vitória do Palmar **63** D3
Santana **41** C9; **43** C7; **53** D2
Santana, córr. **57** B2/3
Santana, i. de **48** B4
Santana, r. **48** C2, E4; **51** B6; **54** D4; **56** C2; **61** D6
Sant'Ana, r. **60** D4; **60/61** E3
Santana da Boa Vista **63** C3
Santana da Vargem **54** E4
Santana de Mangueira **50** D4
Santana de Parnaíba **59** E7
Santana do Acaraú **49** B2
Santana do Araguaia **43** E7
Santana do Cariri **49** F3

Santana do Ipanema **52** B2
Santana do Itararé **61** B6
Santana do Livramento **41** i9; **63** C2
Santana do Manhuaçu **55** D6
Santana do Paraíso **55** D6
Santana do Riacho **55** D5
Santana do Seridó **51** C6
Santana dos Garrotes **51** D5
Santarém **13** C4
Santarém **41** C9; **43** C6
Santiago **4** G6; **11** D3, F5; **13** F2; **63** B2
Santiago de Cuba **11** E3
Santiago del Estero **13** E3
Santo Afonso **46** E3
Santo Amaro **53** D5
Santo Amaro, pta. de **59** E8
Santo Anastácio, r. **58** C/D2
Santo André **59** E7
Santo André, rib. **54** B4
Santo Ângelo **41** H9; **62** B2
Santo Antônio **51** C7
Santo Antônio, cox. de **63** C3
Santo Antônio, pta. de **38**, detalhe; **50**, detalhe
Santo Antônio, r. **48** E2; **53** D4; **55** D5-6, E5; **57** B2; **60** D2; **62** D6/7
Santo Antônio, rch. **51** D6/7
Santo Antônio, rib. **44** B4
Santo Antônio da Alegria **59** C6
Santo Antônio da Patrulha **63** B4
Santo Antônio da Platina **61** B5
Santo Antônio de Jesus **53** D5
Santo Antônio de Pádua **56** B3
Santo Antônio do Aracanguá **58** B3
Santo Antônio do Aventureiro **55** E6
Santo Antônio do Caiuá **60** A3
Santo Antônio do Grama **55** D6
Santo Antônio do Içá **40** C6; **42** C2
Santo Antônio do Leverger **46** F3
Santo Antônio do Paraíso **61** B5
Santo Antônio do Pinhal **59** D8
Santo Antônio do Rio Abaixo **55** D5
Santo Antônio Russas, aç. **49** C4
Santo Cristo, pta. de **51** B7
Santo Cristo, r. **62** A/B2
Santo Eduardo, sa. de **56** A/B4
Santo Estêvão **53** D5
Santo Expedito **58** C2
Santo Hipólito **55** C5
Santo Inácio **60** A4
Santo Inácio, r. **59** E5; **60** A4
Santo Onofre, r. **53** D3
Santos **13** E5; **41** G10; **59** E7
Santos Dumont **55** E5
São Bartolomeu, r. **44** D4; **45** A2; **57** D1
São Benedito **49** C2
São Benedito, r. **43** E5
São Benedito do Sul **51** E7
São Bento **48** B3; **51** C5
São Bento, r. **44** D4; **48** C3
São Bento Abade **54** E4
São Bento do Norte **51** B7
São Bento do Sapucaí **59** D8
São Bento do Sul **62** B6
São Bento do Tocantins **43** D7
São Bento do Trairi **51** C6
São Bento do Una **51** E6
São Bernardo do Campo **59** E7
São Borja **41** H8; **63** B1
São Caetano **51** E6
São Caetano do Sul **59** E7
São Carlos **59** D6; **62** C2
São Carlos do Ivaí **60** B3
São Cristóbal, i. **20** E6
São Cristóvão **52** D2
São Cristóvão, i. de **10** B3
São Cristóvão, rch. **51** D/E4
São Cristóvão do Sul **62** C5
SÃO CRISTÓVÃO E NÉVIS **4** E6; **11** C3
São Desidério **53** D2
São Domingos **4** E6; **11** C3; **44** B4; **62** B3
São Domingos, córr. **57** B2
São Domingos, r. **44** B4; **54** D2; 54/55 A4/5; **56** B4; **57** C1; **58** C5
São Domingos, rch. **51** D/E3, E4
São Domingos, sa. **49** D3
São Domingos do Araguaia **43** D7
São Domingos do Maranhão **48** C3
São Domingos do Norte **57** C2
São Domingos do Sul **63** B4
São Domingos Grande, r. **57** D1
São Domingos Pequeno, córr. **57** D1
São Félix do Araguaia **41** E9; **46** C6
São Félix do Xingu **41** D9; **43** D6
São Félix do Tocantins **43** E8
São Fernando **51** C5
São Fidélis **56** B4
São Francisco **9** F6
São Francisco **55** B5
São Francisco, i. de **62** B7
São Francisco, r. **12** C5; **13** C5; **39** D12/G10; **41** E11; **44** E2; **50** F2; **52** B2; **53** C/D3, B5; **54** D3; **54/55** D4/B5; **55** B7; **56** B3; **60** C1/2, C3, C4
São Francisco, r. de **46** C3
São Francisco, rch. **51** C4
São Francisco, sa. de **60** C2
São Francisco de Assis **63** B2
São Francisco de Goiás **44** C3
São Francisco de Paula **54** D4
São Francisco de Sales **54** D2
São Francisco do Piauí **48** D4
São Francisco do Sul **62** B7
São Gabriel **63** C2
São Gabriel da Cachoeira **40** C6; **42** C3
São Gabriel da Palha **57** B2
São Geraldo do Araguaia **43** D7
São Gonçalo **13** E5; **56** C2
São Gonçalo, aç. **51** C4
São Gonçalo, canal de **63** C/D3
São Gonçalo, r. **49** B4
São Gonçalo, sa. **49** E4; **50** D4
São Gonçalo do Abaeté **54** C4
São Gonçalo do Amarante **49** B4; **51** B7
São Gonçalo do Piauí **48** D4
São Gotardo **54** D4
São Jerônimo **63** B/C4
São Jerônimo, r. **60** D4; **61** B5
São João Batista do Glória **54** D4
São João **60** D3
São João, r. **53** E3/D4; **55** B6; **56** C3; **58** D4; **61** C5; **62** B5
São João, rch. **48** D5
São João, rib. **55** B6, D4
São João d'Aliança **44** C4
São João da Baliza **42** B4
São João da Barra **57** B4
São João da Boa Vista **59** D7
São João da Ponte **55** B5
São João da Serra **48** C5
São João de Iracema **58** B3
São João de Meriti **56** C2
São João Del Rei **55** E5
São João do Caiuá **60** A3
São João do Cariri **51** D6
São João do Jaguaribe **49** D4
São João do Manhuaçu **55** D6
São João do Manteninha **55** C6
São João do Oeste **62** C2
São João do Oriente **55** D6
São João do Paraíso **55** B6
São João do Pau d'Alho **58** C2
São João do Piauí **48** E4
São João do Tigre **51** E6
São João dos Patos **41** D11; **48** D4
São João Grande, r. **57** C2
São Joaquim **62** D6
São Joaquim da Barra **59** B6
São Jorge **63** B4
São Jorge, i. de **48** A3
São Jorge do Ivaí **60** A3
São Jorge do Patrocínio **60** B2
São José **62** C7
São José, b. de **48** B3
São José, i. de **38**, detalhe; **50**, detalhe
São José, r. **51** B5, C6; **57** B2
São José da Boa Vista **61** B6
São José da Coroa Grande **51** E7
São José da Lagoa Tapada **51** C4
São José da Safira **55** C6
São José da Tapera **52** B2
São José das Palmeiras **60** C2
São José de Caiana **50** D4
São José de Espinharas **51** C5
São José de Mipibu **51** C7
São José do Barreiro **59** D9
São José do Belmonte **50** D4
São José do Bonfim **51** D5
São José do Divino **48** B5; **55** C6
São José do Egito **51** D5
São José do Goiabal **55** D6
São José do Herval **63** B3
São José do Mantimento **55** D6
São José do Norte **63** D3
São José do Ouro **62** A4
São José do Peixe **48** D4
São José do Ribamar **48** B3
São José do Rio Claro **46** D3
São José do Rio Pardo **59** C7
São José do Rio Preto **41** G10; **58** B4
São José do Seridó **51** C6
São José do Xingu **46** C5
São José dos Ausentes **63** B4
São José dos Campos **41** G10; **59** E8
São José dos Cordeiros **51** D6
São José dos Dourados, r. **58** B3/4
São José dos Pinhais **61** D6
São Julião **48** D5
São Leopoldo **63** B4
São Lourenço **54** E4
São Lourenço da Mata **51** E8
São Lourenço do Sul **63** C3
São Lourenço, g. de **8** E12; **9** E12
São Lourenço, i. **8** C1; **9** C1
São Lourenço, r. **8** E11; **9** E11
São Lourenço, r. **39** F8/9; **47** F3; **48** E4; **58/59** C5; **62** B6
São Luís **13** C5; **41** C11; **42** B4; **48** B3
São Luís de Montes Belos **44** D2
São Luís do Paraitinga **59** E8
São Luís do Quitunde **52** B4
São Luís Gonzaga do Maranhão **48** C3
São Luís, valão **56** B4
São Luiz do Norte **44** C3
São Luiz Gonzaga **63** B2
São Mamede **51** C5
São Manuel **59** D5
São Manuel, r. **46** B3/E4
São Marcos, b. de **48** D5
São Marcos, r. **39** F10; **44** D4; **54** B3-4
São Martinho **62** D6/7
São Martinho da Serra **63** B3
São Mateus **57** B3
São Mateus, p. **56** B4
São Mateus, r. **55** C6/7; **57** B2; **58** D3
São Mateus do Maranhão **48** B3
São Mateus do Sul **61** D5
São Miguel Arcanjo **59** E6
São Miguel das Missões **63** B2
São Miguel de Taipu **51** D7
São Miguel do Gostoso **51** B7
São Miguel do Guamá **43** C8
São Miguel do Guaporé **42** E4
São Miguel do Passa Quatro **44** D3
São Miguel do Tapuio **48** C5
São Miguel dos Campos **52** B3
São Miguel dos Milagres **52** B4
São Miguel, r. **52** B3; **54** B4; **55** B6/7; **61** C7
São Nicolau **62** B2
São Nicolau, r. **48** C5
Saône, r. **14** D3
São Paulo **13** E5; **41** G10; **59** E7
São Paulo, est. de **39** G10; **41** G10; **58/59**
São Paulo de Olivença **42** C2
São Pedro **51** B7; **59** D6
São Pedro, r. **55** B6, C6; **50** D2/E3; **56** C3
São Pedro, rib. **44** D1
São Pedro, sa. de **50** D4
São Pedro da Aldeia **56** C3
São Pedro da Cipa **46** F4
São Pedro da União **54** E4
São Pedro do Ivaí **60** B4
São Pedro do Paraná **60** A2
São Pedro do Suaçuí **55** C6
São Pedro do Turvo **58** D4
São Pedro e São Paulo, penedos de **4** E8; **6** E8; **38**, detalhe; 40, detalhe
São Petersburgo **19** I3
São Rafael **51** B6
São Rafael, cox. **63** C1/2
São Raimundo das Mangabeiras **48** D3
São Raimundo Nonato **41** D11; **48** E4
São Roque **59** E7
São Roque, c. de **6** F8; **12** C6
São Roque de Minas **54** D4
São Sebastião **45** A2; **59** E8
São Sebastião, i. de **12** E5
São Sebastião, r. **61** C7
São Sebastião da Amoreira **61** B5
São Sebastião da Bela Vista **54** E4
São Sebastião de Lagoa de Roça **51** D7
São Sebastião do Alto **56** B3
São Sebastião do Oeste **54** D4
São Sebastião do Paraíso **54** D4
São Sebastião do Passé **53** D5
São Sebastião do Rio Preto **55** D5
São Sebastião do Rio Verde **54** E4
São Sebastião do Uatumã **43** C5
São Sebastião do Umbuzeiro **51** E6
São Sepé **63** C3
São Sepé, arr. **63** B/C3
São Simão, r. **42** F4
São Simão, repr. **44** E2; **54** C2
São Tomás de Aquino **54** D3
São Tomé **60** B3
São Tomé, c. de **57** B5
São Tomé, i. de **16** D4; **17** E4
São Tomé, r. **46** B3
SÃO TOMÉ E PRÍNCIPE **17** D4
São Valentin (p.) **12** G2
São Vendelino **63** B4
São Vicente **51** C6; **59** E7
São Vicente, c. de **14** E4
São Vicente, i. de **10** B4
São Vicente, r. **48** D5
São Vicente, rib. **54** B4
São Vicente de Minas **55** E5
São Vicente do Sul **63** B2
SÃO VICENTE E GRANADINAS **4** E6; **11** B4
Sapão, r. **53** C2
Sapata, pta. da **38**, detalhe; **50**, detalhe
Sapé **51** D7
Sapopema **61** B5
Sapporo **19** C3
Sapucaí, r. **54** E4; **60** C2
Sapucaia **56** B3
Sapucaia do Sul **63** B4
Sapucaí-Guaçu, r. **54** E4
Sapucaí Mirim **54** E4
Sapucaí-Mirim, r. **59** B5/6
Saquarema **56** C3
Saquarema, la. de **56** C3
Sarajevo **15** C3
Sarandi **60** B4
Sarandi, arr. **63** C1
Sarandi, rib. **60** C2
Sarapuí **59** E6
Saratov **19** H3
Sardenha, i. da **5** D10; **14** D3; **15** D3
Sardoá **55** C6
Sargento, r. **62** B2
Sariri, r. **42** E3
Sarutaiá **58** E4
Saskatchewan, r. **8** D8
Saskatoon **9** D8
Satuba **52** B4
Saturno, r. **63** B3
Saudade, rib. **46** C3
Saudade, sa. da **54** C4
Saudades **62** B2
Saueruinã, r. **46** D/E2
Savaii, i. **21** F8
Savannah **9** F10
Save, r. **16** G7
Sayan, mtes. **18** F3
SCIA – Estrutural **45** A1
Scotia, mar de **12** H5; **13** H5
Seabra **53** D4
Seattle **9** E6
Sebastiana, r. **56** C3
Sebastianópolis do Sul **58** B4
Secretário, r. do **56** C2
Ségou **17** C3
Segredo **63** B3
Seixas, pta. do **51** D8
Sekondi-Takoradi **17** D3

Sela Gineta, i. 38, detalhe; 50, detalhe
Selbach 63 B3
Selma, rib. 60 B2
Selvíria 47 H5
Selwyn, cadeia 20 G3
Semipalatinsk 19 F3
Sena, r. 14 D3; 15 D3
Senador Amaral 54 E4
Senador Firmino 55 D5
Senador Georgino Avelino 51 C7
Senador Guiomard 42 E3
Senador José Porfírio 43 C6
Senador Pompeu 49 D3
Senador Sá 49 B2
Sena Madureira 40 D6; 42 E2
Sendai 19 C4
SENEGAL 4 E9; 17 C2
Senegal, r. 16 C2
Senhora do Porto 55 C5
Senhora dos Remédios 55 D5
Senhor do Bonfim 41 E11; 53 C4
Sentinela do Sul 63 C4
Sento Sé 53 B4
Sepatini, r. 42 D3
Sepituba, pta. 59 E8
Sepoti, r. 42 D4
Sepotuba, r. 46 E3
Sept Îles 9 D12
Serengeti, plan. 16 E7
Sergipe, est. de 39 E12; 41 E12; 52
Sergipe, r. 52 C2
Seridó, r. 51 C5/6
Seriema, r. 49 E3
Sério 63 B3
Sernambetiba, pontal de 56 D2
Serpa 43 C5
Serra 41 G11; 57 D2
Serra Alta 62 B2
Serra Azul 59 C6
Serra Azul de Minas 55 C5
Serra Caiada 51 C7
Serra da Bocaina, p. da 39 G10; 59 D9
Serra da Graciosa, p. da 39 H10; 61 D7
Serra da Igreja, p. da 39 H10; 62 D6
Serra da Raiz 51 C7
Serra da Saudade 54 D4
Serra do Mel 51 B5/6
Serra do Navio 41 B9; 43 B6
Serra do Ramalho 53 D3
Serra do Salitre 54 D4
Serragem, r. da 59 D8
Serra Grande 50 D4
Serra Grande, pta. 53 E5
SERRA LEOA 4 E9; 17 D2
Serra Negra 59 D7
Serra Negra, r. 61 D7
Serra Negra do Norte 51 C5
Serrania 54 E4
Serranópolis 44 E2
Serranos 55 E5
Serra Redonda 51 D7
Serra Talhada 50 E4
Serrinha 41 E12; 51 C7; 53 C5
Serrinha dos Pintos 51 C5
Serrote, aç. 49 C3
Sertaneja 61 B5
Sertânia 51 E5
Sertão Santana 63 C4
Sertãozinho 59 C6
Seruini, r. 42 E3
SÉRVIA 5 C11; 15 B3
Sesmaria, r. 56 C1
Sete Barras 59 F6
Sete de Setembro, r. 46 D5
Sete Lagoas 55 D5
Sete Quedas, i. de 60 B1
Setúbal 15 E4
Seul 5 D16; 19 D4
Sevastopol' 15 A3
Severnaya Dvina, r. 7 B12; 18 H2
Severnaya Zemlya, is. 5 A15; 7 A15; 18 F1; 19 F1; 22 A6
Sevilha 15 E4
Seward 9 D4
Seward, pen. 8 C2
Seychelles, is. 7 F12
SEYCHELLES 5 F12; 17, detalhe
Sfax 17 A5
Shakleton, gel. de 22 C19
Shannon, r. 14 E2
Shasta, mte. 8 E6
Shebeli, r. 16 D8
Shenyang 19 D3
Shetland, is. 14 E1; 15 E1
Shetland do Sul, is. 22 C13
SIA 45 A2
Siauliai 15 B2
Sibéria 18 D/F2; 22 C6
Sibéria Central, plto. da 7 B15; 18 F2
Sibéria Ocidental, plan. da 7 B13; 18 G2
Sibéria Oriental, mar da 5 B17; 7 B17; 18 C2; 19 C2; 22 B4
Sibéria Setentrional, plan. da 18 F2
Sicília, estr. da 14 C4
Sicília, i. da 5 D10; 7 D10; 14 C4; 15 C4
Sidra, g. de 16 A5; 17 A5
Siena 15 C3
Sigefredo Pacheco 48 C5
Sikhote Alin, cadeia de 7 C16; 18 D3
Silian, l. 14 C1; 15 C1
Silveira, la. 63 D3
Silveirânia 55 E5
Silveiras 59 D9
Silves 43 C5
Simão Dias 52 C2
Simões Filho 53 D5
Simolândia 44 C4
Sinai 16 B7
Sinal, mo. do 46 C4
Sincorá, sa. do 53 D4
Sinimbu 63 B3
Sino, pedra do 56 C2
Sinop 41 E8; 46 C/D4
Sinos, r. dos 63 B4
Sioux Falls 9 E9
Siple, i. 22 B24
Siqueira Campos 61 B6
Sira, r. 14 D2
Siracusa 15 C4
Siret, r. 14 B3
SÍRIA 5 D11; 19 I4
Síria, deserto da 18 I4
Sirinhaém 51 E7
Sirinhaém, r. 51 E7
Siriri 52 C2
Sistema Ibérico (mtes.) 14 E3
Sítio, sa. do 51 E5
Sítio d'Abadia 44 C4
Sítio Novo 51 C7
Sjælland, i. 14 C2; 15 C2
Skagerrak (estr.) 14 D2; 15 D2
Skopje 15 B3
Smallwood, repr. 8 D12; 9 D12
Smyley, i. 22 B13
Snake, r. 8 E7
Snug Corner 11 D2
Sobat, r. 16 D7
Sobradinho 45 A2; 53 B4; 63 B3
Sobradinho II 45 A2
Sobradinho, repr. de 39 D11; 41 D11; 53 C3/B4
Sobradinho, rib. 45 A2
Sobral 13 C5; 41 C11; 49 B2
Socavão, r. 61 C6
Sociedade, is. da 4 F2; 6 F2; 21 F10
Socorro 59 D7
Socorro do Piauí 48 D4
Socotra, i. de 5 E12; 7 E12; 18 H5; 19 H5
Soda, mtes. 16 B5
Sófia 5 C11; 15 B3
Sokoto 17 C4
Sol, p. do 39 G11; 55 D5
Solânea 51 C7
Soledade 63 B3
Soledade, aç. 51 D6
Soledade, r. 51 D6; 55 C5/6
Soledade de Minas 54 E4
Solidão 51 D5
Solimões, r. 12 C3; 38/39 C6/7; 42 C4
Solwezi 17 F6
SOMÁLIA 5 E12; 17 D8
Sombrio 62 E6
Sombrio, l. 62 E6
Somerset, i. 6 B5; 8 B9; 22 B1
Songkhla 19 E5
Sono, r. do 54 C4
Sonora 47 F4
Sonora, deserto de 8 F7
Sonsorol, is. 20 D3
Sorocaba 13 E5; 41 G10; 59 E6
Sorriso 46 D4
Sota-Vento, is. de 10 B3; 11 B3
Sousa 41 D12; 51 C4
Southampton 15 E2
Southampton, i. 4 B5; 6 B5; 8 C10; 9 C10; 22 D12
Souto Soares 53 D4
Spanish Town 11 E3
Spartivento, c. 14 C4
Spencer, g. de 20 H3
Split 15 C3
Springbok 17 G5
Springfield 9 F9
Sredinnyy, mtes. 18 C3
SRI LANKA 5 E14; 19 F5
Sri Lanka, i. 7 E14; 18 F5
St. ver Saint
Sta. ver Santa
Stanley 13 H4
Stanovoy, mtes. 7 C16; 18 D3
Stara Zagora 15 B3
Starbuck, i. 21 E10
Stavanger 15 D2
Stewart, i. 20 I6
Sto. ver Santo
Stor, l. 14 C1; 15 C1
Stuttgart 15 D3
Styr', r. 14 B2
Suaçuí Grande, r. 55 C6
SUAZILÂNDIA 5 G11; 17 G7
Sucre 4 F6; 13 D3
Suçuarana, sa. da 53 E2
Sucunduri, r. 43 D/E5
Suçuraca, la. 57 C3
Sucuriú, r. 39 F/G9; 47 G5
Sucuru, r. 51 D6
Sud Mennucci 58 B3
SUDÃO 5 E11; 17 C6
SUDÃO DO SUL 5 E11; 17 D6
Sudbury 9 E10
Sudd 16 D7
Sudeste, c. 20 I4
Sudeste/Octogonal 45 A2
Sudetos, mtes. 14 C2
SUÉCIA 5 B10; 15 C2; 22 C9
Suez 17 B7
Suez, canal de 16 A7; 17 A7
Suiá-Miçu, r. 46 C/D5
SUÍÇA 5 C10; 15 D3
Sukkur 19 G4
Sul, i. do 5 H18; 7 H18; 20 I6
Sul, r. do 57 B2
Sulina 60 D3
Sulu, mar de 18 D5; 19 D5
Sumaré 59 D6
Sumatra, i. de 5 E14; 7 E14; 18 E6; 19 E5
Sumaúma, r. 52 B3
Sumé, aç. 51 D6
Sundsvall 15 C1
Sununu, r. 60 C3
Superagui, i. do 61 D7
Superior, l. 8 E10; 9 E10
Surabaya 19 E6
Surgut 19 G2
SURINAME 4 E7; 13 B4
Surtsey, i. 14, detalhe à esq.
Surubim 51 D7
Surubim, r. 48 C4
Surucucus, sa. dos 42 B4
Suruguá, rib. 60 B3
Surumu, r. 42 B4
Suva 20 F7
Suwarrow, i. 21 F9
Suzano 59 E7
Svalbard, is. 5 B10; 7 B10; 22 B9
Sverdrup, is. 8 B8/9; 9 B8
Sydney 9 E13; 20 H5
Syktyvkar 19 H2
Szczecin 15 C2

T

Ta o Hae 21 E11
Tabaporã 46 C3
Tabapuã 58 B5
Tabatinga 40 C6; 42 D2
Tabatinga, r. 55 C5
Tabatinga, rib. 45 A1
Tabatinga, sa. 42 B4
Tabatinga, sa. da 48 F3; 53 C2
Taboão da Serra 59 E7
Taboleiro Grande 51 B4
Taborda, sa. 52 B2
Tábua, laguna da 48 B4
Tabuaeran, i. 21 D10
Tabuleiro, rib. 55 B5-6
Tabuleiro, sa. do 59 D5/6; 62 C/D7
Tabuleiro do Norte 49 D4
Tacanica, r. 61 D6
Taciba 58 D2
Taciuã, l. 42 D4
Tacna 13 D2
Tacuru 47 I4
Tacutu, r. 42 B4
TADJIQUISTÃO 5 D13; 19 G4
Tagaçaba, r. 61 D7
Taguaí 58 E4
Taguatinga 45 A1
Tahanea, i. 21 F11
Tahat, mte. 16 B4
Tahuriunã, r. 46 D/E2
Taiaçu 59 C5
TAILÂNDIA 5 E15; 19 E5
Tailândia 43 C7
Tailândia, g. da 5 E15; 7 E15
Tainhas, r. 63 B4
Taió, r. 62 C5
Taiobeiras 55 B6
Taipei 5 D16; 19 D4
Taitao, pen. de 12 G2
Taiti, i. do 21 F11
Taiuva 59 C5
TAIWAN 5 D16; 19 D4
Tajamulco, vulcão de 10 H4
Tajauí, r. 43 B7
Takaroa, i. 21 F11
Takla Makan, deserto de 18 F4
Talamanca, cord. de 10 F5
Talcahuano 13 F2
Talhado, rib. do 58 B3
Tallahassee 9 F10
Tallinn 5 C11; 15 B2
Taloyoak 9 C9
Tama, i. 20 F6
Tamaduã, r. 62 B5
Tamale 17 C3
Tamanduá, arr. 60 E2
Tamanduá, córr. 45 A1
Tamanduá, rib. 59 E5
Tamanduete, r. 60 B2
Tambaú, r. 59 C6/7
Tamboril 49 C2
Tâmisa, r. 14 E2
Tamitatoala, r. 39 E9; 46 D4
Tampa 9 G10
Tampere 15 B1
Tampico 9 G9
Tana, l. 16 C7
Tanami, deserto 20 F3
Tanana, r. 8 C4
Tanezrouft 16 B3
Tanga 17 E7
Tanganica, l. 5 F11; 7 F11; 16 E7; 17 E7
Tangará 62 C4
Tangará da Serra 46 E3
Tânger 17 A3
Tanque Novo 53 D3
TANZÂNIA 5 F11; 17 E7
Taongi, i. 20 C6
Tapaiúna, rib. 46 C3
Tapajós, r. 12 C4
Tapajós, r. 39 D8; 43 D5/C6
Tapará, sa. do 43 C6
Tapauá 42 D4
Tapauá, r. 38/39 D6/7; 42 D3
Tapera, la. 57 D2

Taperoá **53** D5
Taperoá, r. **51** D5/6
Tapes **63** C4
Tapira **54** D4; **60** B2
Tapiracuí, r. **60** B2
Tapiraí **54** D4; **59** E6
Tapirapecó, sa. **42** B3
Tapuio, r. **49** D4
Tapuio, rch. do **51** B5
Tapulo, r. **48** B3
Tapurah **46** D3
Taquara **63** B4
Taquara, r. **48** E3; **57** D2
Taquaral **59** C5
Taquaral, r. **59** C5
Taquaral, sa. do **53** E3/4, D/E4
Taquara Verde, sa. **60** E4; **62** B4
Taquarembó, arr. **63** C2
Taquaretê, rib. **58** D3
Taquari **63** B4
Taquari, r. **39** F8; **41** F8; **47** G3/4; **58** F5; **63** B4
Taquari, rib. **45** A2
Taquari, sa. do **61** D7
Taquari Mirim, r. **58** F5
Taquaritinga **59** C5
Taquarivaí **58** E5
Taquaruçu, r. **47** H3/4, H5
Taquaruçu, repr. **58** D2; **60** A4
Taquaruçu, rib. **58** C2
Taquarussu **47** I5
Tarabaí **58** D2
Taranto **15** C3
Tarauacá **40** D5; **42** E2
Tarauacá, r. **38** D6
Tarawa, i. **20** D7
Tarrafas **49** E3
Tartarugalzinho **43** B7
Tartu **15** B2
Tarumã **58** D3
Tashkent **5** C13;19 G3
Tasiilaq **9** C15
Tasmânia, i. da **5** H17; **7** H17; **20** I4
Tasmânia, mar da **5** H17; **7** G17; **20** H5
Tasso Fragoso **48** E3
Tatakoto, i. **21** F12
Tatuí **59** E6
Tatuí, r. **59** E6
Tauá **49** D2
Taubaté **59** E8
Tavares **63** C4
Taymyr, pen. de **18** E2
Tbilisi **5** C12; **19** H3
Teerã **5** D12; **19** H4
Tefé **40** C7; **42** C3
Tefé, l. **42** C3
Tefé, r. **42** C/D3
Tegucigalpa **4** E5; **11** G4
Tehuantepec, g. de **8** H9; **9** H9
Tehuantepec, istmo de **8** H9
Teixeira de Freitas **53** F5
Tejo, r. **14** E3; **15** E4
Tejupá **58** E4
Tel Aviv **19** I4
Telêmaco Borba **61** C5
Teles Pires, r. **39** D8; **43** D5; **46** B3/E4
Telha **52** C3
Telha, r. da **63** B4
Temuco **13** F2
Tenente Ananias **51** C4
Tenente Laurentino Cruz **51** C6
Tenente Lira, r. **46** E3
Teodoro Sampaio **58** D2
Teófilo Otoni **13** D5; **41** F11; **55** C6
Teotônio Vilela **52** B3
Tequiá, la. **52** B4
Teraina, i. **21** D10
Terenos **47** H4
Teresina **13** C5; **41** D11; **48** C4
Teresina de Goiás **44** B4
Teresinha **51** F6
Teresópolis **56** C3
Terra de Francisco José (is.) **5** A12; **7** A12; **18** H1; **19** H1; **22** A8
Terra do Fogo **4** H6; **6** H6; **12** H3; **13** H3; **22** D13
Terra Nova **50** E3
Terra Nova, i. da **4** C7; **6** C7; **8** E13; **9** E13; **22** D11
Terra Nova, rch. da **50** E3
Terra Roxa **59** B5
Terra Santa **43** C5
Território Britânico do Oceano Índico (is.) **5** F13
Tesouras, r. **44** C2
Tesouro **46** F5
Tete **17** F7
Thabana Ntlenyana (p.) **7** G11; **16** G6
Thar, deserto de **18** G4
Thásos, i. de **14** B3
The Bight **11** E2
Thimphu **19** F4
Thjorsá, r. **14**, detalhe à esq.
Thompson **9** D9
Thunder Bay **9** E10
Thurston, i. **22** C24
Tianguá **49** B2
Tianjin **19** E4
Tibaji, r. **39** G/H9; **61** B5/D6
Tibau do Sul **51** C7
Tibesti **7** D10; **16** B5
Tibete, plto. do **7** D14; **18** F4
Tibiriçá, r. **58** C4
Tibre, r. **14** C3
Tien Shan (cadeia) **7** C14; **18** F3
Tietê **59** E6
Tietê, r. **39** G9/10; **41** G9; **58/59** B2/E8
Tigre, r. **18** H4; **19** H4
Tigre, r. do **61** B5
Tigre, rib. do **60** A2
Tijucas do Sul **61** D6
Tijucas, r. **62** C6/7
Tijuco, r. **54** C2, D3
Tijuco-Preto, córr. do **57** D2
Tiksi **19** D2
Timbaúba **51** D7
Timbaúba dos Batistas **51** C5
Timbé do Sul **62** D6
Timbira, r. **48** B3
Timbiras **48** C4
Timbó **62** B6
Timbó Grande **62** B5
Timbó, r. **62** B5
Timbuí, r. **57** C2
Timburi **58** E4
Timisoara **15** B3
Timmins **9** E10
Timoé, i. **21** G12
Timon **41** D11; **48** C4
Timonha, r. **49** B1
Timor, i. de **5** F16; **7** F16
Timor, mar de **18** D6; **19** D6; **20** F2
TIMOR-LESTE **5** F16; **19** D6
Timóteo **55** D6
Tinharé, i. de **53** D5
Tinto, r. **51** C7
Tiracambu, sa. do **48** B2
Tiradentes **55** E5
Tirana **15** C3
Ti ros **54** C4
Tirreno, mar **14** C4; **15** C4
Titicaca, l. **4** F6; **12** D2; **13** D2
Tiúma, rch. **51** D7
Tobago, i. de **10** B4; **11** B4
Tobi, i. **20** D3
Tobias Barreto **52** D2
Tobruk **17** A6
Tocantinópolis **43** D8
Tocantins, est. do **39** D/E10; **41** D10; **43** E7/8
Tocantins, r. **6** F7; **12** D5; **13** C5; **39** C/E10; **41** D10; **43** C/F7; **44** C3
Tocantinzinho, r. **44** C4
Tocantionópolis **41** D10
Tocobiren, sa. **42** B4
Todos os Santos, r. **55** C6 C7
TOGO **4** E10; **17** D4
Tokelau, is. **21** E8
Toledo **60** C2
Toliara **17** G8
Tombador, sa. do **46** C2/D3
Tombos **55** D6
Tombouctou **17** C3
Tomé-Açu **41** C10; **43** C7
Tonalá **9** H9
Tonantins **42** C3
TONGA **21** G8
Tongareva, i. **21** E10
Toque Toque, i. do **59** E8
Toque, pta. do **56** D1
Tóquio **5** D16; **19** C4
Tormenta, r. **60** D2
Toronto **9** E10
Toropi, r. **63** B2/3
Toropi-Mirim, r. **63** B2
Torre de Pedra **59** E5
Torrens, l. **20** H3
Torreón **9** G8
Torres **63** B5
Torres, estr. de **20** F4
Tortinho, rib. **45** A2
Torto, rib. **45** A2
Tortuga, i. **10** C4; **11** C4
Touggourt **17** A4
Toulon **15** D3
Toulouse **15** D3
Tourinho, r. **60** C2
Touros **51** B7
Touros, r. dos **63** B4
Tours **15** D3
Trabalhador, canal do **49** C4
Tracunhaém **51** D7
Traipu, r. **52** B2/3
Trairão **43** C6
Traíras, r. **44** C3
Trairi **49** B3
Trairi, r. **51** C6/C7
Tramandaí **63** C4
Trapiá, rch. **51** C4
Trapirá, pta. **49** A2
Travesseiro **63** B3
Tremembé **59** D8
Três Corações **54** E4
Três de Maio **62** A2
Três Forquilhas, r. **63** B4
Três Fronteiras **58** B3
Três Irmãos, pta. dos **51** B7
Três Irmãos, repr. **58** B3
Três Lagoas **41** G9; **47** H5
Tres Marías, is. **8** G8; **9** G8
Três Marias, repr. **54** C4
Três Passos **62** A3
Três Pontas **54** E4
Três Ranchos **44** E3
Três Rios **41** G11; **56** C2
Treze de Maio **62** D6
Treze Tílias **62** C4
Tributos, mo. dos **62** C5
Tricolor, r. **60** C2
Trieste **15** C3
Trindade **44** D3
Trindade, i. da **4** F8; **6** F8; **38**, detalhe; **40**, detalhe
Trindade, pta. da **59** E9
Trinidad, i. de **10** B4; **11** B4
TRINIDAD E TOBAGO **4** E6; **11** B4
31 de Março, p. **38** B6; **42** B3
Trípoli **5** D10; **17** A5
Tristão da Cunha, is. **4** G9; **6** G9; **16** H2; **17** H2
Triunfo **50** C4
Triunfo Potiguar **51** B5
Trombetas, r. **39** B8; **43** C5
Trombudo Central **62** C6
Trombudo, r. **62** C6
Tromelin, i. **16**, detalhe; **17**, detalhe
Tromsø **15**, detalhe à dir.
Trondheim **15**, detalhe à dir.
Tronqueira, rch. **53** B3
Tronqueiras, r. **55** C6
Trujillo **11** G3; **13** C2
Tsumeb **17** F5
Tuamotu, arq. de **4** F2; **6** F2; **21** F11
Tubarão **41** H10; **62** D6
Tubarão, pta. do **51** B6
Tubarão, r. **51** B6
Tubuai, i. **21** G11
Tucano **53** C5
Tucano, sa. **42** B4
Tucson **9** F7
Tucumã **43** D7
Tucunduba, r. **49** B2
Tucuruí **41** C10; **43** C7
Tucuruí, repr. **39** C10; **41** C10; **43** D7
Tucuruvi, rib. **58** C3
Tueré, r. **39** C9
Tuiuti **59** D7
Tulcea **15** B3
Tumiritinga **55** C6
Tumucumaque, sa. de **12** B4; **39** B8/9; **43** B6
Tunápolis **62** B2
Tunas **63** B3
Tunas, cox. das **63** C3
Tunguska Inferior, r. **18** F2
Túnis **5** D10; **17** A5
TUNÍSIA **5** D10; **17** A5
Tuntum **48** C3
Tupã **58** C3
Tupaciguara **54** C3
Tupanci do Sul **62** A4
Tuparendi **62** A2
Tuparetama **51** D5
Tupãssi **60** C2
Tupequém, sa. **42** B4
TURCOMENISTÃO **5** D12; **19** H3
Turiaçu **48** A3
Turiaçu, b. de **48** A3
Turiaçu, r. **48** A/B3
Turim **15** D3
Turiúba **58** B4
Turkana, l. **5** E11; **7** E11; **16** D7
Turks e Caicos, is. **4** D6; **10** D2; **11** D2
Turku **15** B1
Turmalina **58** B3
Turneffe, is. **10** G3; **11** G3
TURQUIA **5** D11; **15** A4; **19** I4
Tururu **49** B3
Turvânia **44** D2
Turvelândia **44** D2
Turvo, r. **44** D2; **56** C1; **58** B4/C5, D4/5; **59** E6, E6/F6, F5/G5, F6; **61** C6, D5; **62** A3
Turvolândia **54** E4
Tutoia **41** C11; **48** B4
Tutuila, i. **21** F8
TUVALU **20** E7

U

Uagadugu **4** E9; **17** C3
Uaicurapá, l. **43** C5
Uaitã, r. **42** A4
Uarini **42** C3
Uaru, sa. **42** A4
Uatatás, r. **42** B4
Uatumã, r. **39** C8; **43** C5
Uauá **53** B5
Uauaris, r. **42** B4
Uaupés, r. **38** B6
Ubá **55** E6
Ubajara **49** B2
Ubangui, r. **16** D6
Ubaporanga **55** D6
Ubarana **58** C4
Ubatã **53** E5
Ubatuba **59** E9
Uberaba **13** D5; **41** F10; **54** D3
Uberaba, la. **47** F3
Uberaba, r. **54** D3
Uberlândia **13** D5; **41** F10; **54** C3
Ubirajara **58** D4
Ubiratã **60** C3
Ucayali, r. **12** C2; **13** C2
Uchôa **58** B4
UCRÂNIA **5** C11; **15** B3
Uele, r. **7** E11
Ufa **19** H3
UGANDA **5** E11; **17** D7
Uíca, r. **48** D4
Uirapuru **44** C3
Uiraúna **51** C4
Ujelang, i. **20** D5
Ulan Bator **5** C15; **19** E3
Ulianópolis **43** C8
Ulithi, i. **20** C4
Uluru (mte.) **20** G2
Uma, r. **57** D2
Umari **49** E4
Umari, r. do **51** B5
Umbaúba **52** D2
Umburanas **53** C4
Umburanas, sa. das **51** D6

Umburatiba 55 C6
Umbuzeiro 51 D7
Umbuzeiro, r. 51 B5/6, D6
Umeå 15, detalhe à dir.
Umuarama 41 G9; 60 B2
Una 53 E5
Una, pta. de 59 F7
Una, r. 51 D7, E6/7; 53 D5
Una do Prelado, r. 59 F6/7
Unaí 54 B4
Ungava, b. de 8 D12; 9 D12
Ungava, pen. de 6 C6; 8 D11; 22 C12
União 48 C4
União da Vitória 61 E4
União dos Palmares 52 B3
União Paulista 58 B4
Uniflor 60 B3
Unini, r. 42 C4
Upanema 51 B5
Uppsala 15 C2
Urais, mtes. 7 C12; 18 H3
Urânia 58 B3
Uraricaá, r. 42 B4
Urariquera, r. 38/39 B7; 42 B4
Urini, r. 42 C3
Ursos, i. dos 22 B9
Urtiqueira, sa. do 60 C3/4
Uru 58 C4
Uru, r. 44 C3
Uruaçu 44 C3
Uruará 43 C6
Urubaxi, r. 42 C3
Urubici 62 D6
Urubu, r. 43 C5; 51 C7; 56 B4
Uruburetama, s 49 B3
Uruçanga, r. 62 D6
Uruçu, r. 42 D3
Uruçuca 53 E5
Uruçuí, sa. 48 E3
Uruçuí Preto, r. 48 D3
Uruçuí Vermelho, r. 48 E3
Urucuia 54 B4
Urucuia, r. 39 H9; 54 B4
URUGUAI 4 G7; 13 F4
Uruguai, r. 12 E4; 13 E4; 62 A2/3, C2/4
Uruguaiana 41 H8; 63 B1
Urumqi 19 F3
Urupá, r. 42 E4
Urupema 62 C/D6
Urussanga 62 D6
Urutaí 44 D3
Ushuaia 13 H3
Ústí 15 C2
Ustyurt, platô de 18 H3
Utirik, i. 20 C7
Uummannarsuaq, c. 6 C7; 8 D14; 22 D11
UZBEQUISTÃO 5 C12; 19 G3

V

Vaal, r. 16 G6
Vaasa 15 B1
Vacacaí, r. 63 B3/C2
Vacaraí-Mirim, arr. 63 B3
Vacaria 41 H9; 63 B4
Vacaria, r. 47 H4; 55 B6; 63 B3
Vaduz 15 D3
Valdés, pen. 12 G3
Valdivia 13 F2
Vale do Sol 63 B3
Valença 53 D5; 56 C2
Valencia 13 A3
Valência 15 E4
Valentim, sa. do 48 D4; 57 D1
Valinhos 59 D7
Valladolid 15 E3
Valletta 15 C4
Valparaíso 13 F2; 58 C3
Van 19 H4
Vanavana, i. 21 G11
Vancouver 9 E6
Vancouver, i. 4 C3; 6 C3; 8 E6; 9 E6
Vänern, l. 14 C2
Vanikoro, i. 20 F6
Vanini 63 B4
Vanua Levu, i. 20 F7
VANUATU 5 F18; 20 F6
Vanuatu, is. 7 F18
Varati, rch. 51 C5
Vardar, r. 14 B3
Vargeão 62 B3
Vargem 59 D7; 62 C5
Vargem, r. 61 D5
Vargem Alta 57 D2
Vargem Bonita 54 D4
Vargem Grande 48 B4
Vargem Grande do Sul 59 C7
Varginha 41 G10; 54 E4
Varjão 45 A2
Varjota 49 C2
Varna 15 B3
Varre-Sai 56 A4
Varsóvia 5 C11; 15 E2
Várzea 51 C6, C7
Várzea, r. da 61 D6; 62 B3
Várzea Alegre 49 E3
Várzea da Palma 55 C5
Várzea Grande 41 F8; 46 E3; 48 D4
Várzea Paulista 59 E7
Varzelândia 55 B5
Vassouras, sa. das 51 D/E3
Våsterdal, r. 14 C1
VATICANO 5 C10; 15 C3
Vatnajökull, gel. 14, detalhe à esq.
Vattern, l. 14 C2; 15 C2
Vaupés, r. 12 B2
Vaza-Barris, r. 39 E12; 52 C2; 53 C5
Veadeiros, chap. dos 44 B/C4
Veado, r. 57 D1; 60 B2
Veado, rib. do 58 C2
Veados, rib. dos 59 E5
Veja, i. 14, detalhe à dir.
Velhaco do Sul, arr. 63 C4
Velhas, r. das 39 F11; 54 D3; 55 C5
Venâncio Aires 63 B3
Vendeia, Colinas da 14 E3
Veneza 15 C3
VENEZUELA 4 E6; 13 B3
Venezuela, g. da 12 A2; 13 A2
Venha Ver 51 C4
Venta, r. 14 B2
Vento, sa. do 52 B2
Vera Cruz 51 C7; 53 D5
Veracruz 9 G9
Verde, c. 16 C1
Verde, r. 39 F9; 44 B2, C3, D1/E2, D2, D4/5; 46 D3, E1; 47 G/H5; 53 C3; 54 D2, E4; 58 E/F5; 60 C2
Verde, sa. 51 B6; 52 B3
Verde Grande, r. 39 F11; 53 E3; 55 A5, B5
Verdejante 50 D4
Verde Pequeno, r. 53 E3; 55 A5
Verdinho, r. 44 D2
Veríssimo 54 D3
Veríssimo, r. 44 D3
Verkhoyansk, mtes. 7 B16; 18 D2
Vermelha, b. 47 G3
Vermelha, sa. 48 D4/E3, E3/4, 51 D5
Vermelho, mar 5 D11; 7 D11; 16 B7; 17 B7; 18 I4; 19 I4
Vermelho, r. 8 E9, F8; 39 D10; 43 E8; 44 C2, C4
Vermelho, rib. 60 B4
Verona 15 C3
Vertente do Lério 51 D7
Vertentes, sa. das 49 B3
Vespasiano 55 D5
Vesterålen, i. 14, detalhe à dir.
Viadutos 62 A3
Viamão 63 C4
Viana 48 B3; 57 D2
Vianez, i. do 63 C4
Vianópolis 44 D3
Vicência 51 D7
Vicente Dutra 62 A3
Vicente Pires 45 A1
Vicentinópolis 44 D3
Viçosa 51 C5; 52 B3; 55 D6
Viçosa, r. 57 D1
Viçosa do Ceará 49 B1
Victoria 5 F12; 17, detalhe
Victoria, mte. 20 E4
Victoria de las Tunas 11 E2
Vidal Ramos 62 C6
Videira 62 C4
Viedma 13 G3
Vieiras 55 D6
Vieiras, r. dos 60 C2
Viena 5 C10; 15 C3
Vientiane 5 E15; 19 E5
VIETNÃ 5 E15; 19 E5
Vigia 43 C7
Vigo 15 E3
Vila Bela da Santíssima Trindade 46 E2
Vila Boa 44 C4
Vila dos Remédios 38, detalhe; 50, detalhe
Vila Flor 51 C7
Vila Flores 63 B4
Vila Nova do Sul 63 C3
Vila Nova, r. 43 B7
Vila Pavão 57 B2
Vila Rica 46 C6
Vila Velha 41 G11; 57 D2
Vilhena 41 E8; 42 F4
Villahermosa 9 H9
Vilnius 5 C11; 15 B2
Viña Del Mar 13 F2
Vinhedo 59 E7
Vinnitsa 15 B3
Virgem da Lapa 55 B6
Virgens, is. 10 B3; 11 B3
Virgolândia 55 C6
Viri, r. 60 D2
Visconde do Rio Branco 55 D6
Viseu 41 C10; 43 C8
Vista Alegre 62 A3
Vista Alegre do Prata 63 B4
Vista Serrana 51 C5
Vístula, r. 14 C2; 15 C2
Vitebsk 15 A2
Viti Levu, i. 20 F7
Vitor Meireles 62 B6
Vitória 13 E5; 41 G11; 57 D2
Vitória, cataratas de 16 F6
Vitória, i. 4 B4; 6 B4; 8 B7; 9 B7; 22 B1
Vitória, i. da 59 E9
Vitória, i. de 57 D2
Vitória, l. 5 F11; 7 F11; 16 E7; 17 E7
Vitória, terra de 22 B21
Vitória da Conquista 41 F11; 53 E4
Vitória das Missões 62 B2
Vitória de Santo Antão 51 E7
Vitória do Mearim 48 B3
Vitória do Xingu 43 C6
Vitorino 60 E3
Vitorino, r. 60 E3
Vitorino Freire 48 C3
Vladivostok 19 D3
Vlorë 15 C3
Volga, r. 7 C12; 18 H3; 19 H3
Volgogrado 19 H3
Volta, l. 16 D3
Volta Grande, repr. 54 D3; 59 B6
Volta Redonda 41 G11; 56 C1
Von Den Steinen, r. 46 D4
Vorá, r. 60 B4
Vorkuta 19 G2
Voronezh 19 I3
Vosges (cadeia) 14 D3
Votorantim 59 E6
Votuporanga 58 B4
Vulcão, is. do 5 D17; 7 D17

W

Wad Medani 17 C7
Waddington, mte. 8 D6
Wadi Halfa 17 B7
Wake, i. 20 C6
Wallis, is. 21 F8
Walvis Bay 17 G5
Wanderlândia 43 D7
Warta, r. 14 C2
Washington 4 D6; 9 F11
Watling, i. 10 D2; 11 D2
Wau 17 D6
Weddell, mar de 22 B14
Wellington 5 H18; 20 I7
Wellington, i. 12 G2; 13 G2
Wenzhou 19 D4
Weser, r. 14 D2
Whitehorse 9 C5
Whitney, mte. 8 F7
Wichita 9 F9
Wight, i. de 14 E2
Wilhelm, mte. 20 E4
Wilkes, terra de 22 B20
Williston 9 E8
Windhoek 5 G10; 17 G5
Winnipeg 9 D8
Winnipeg, l. 4 C5; 6 C5; 8 D9; 9 D9
Winnipegosis, l. 8 D8; 9 D8
Witmarsum 62 B/C6
Woodruffe, mte. 20 G3
Wrangel, i. 18 A2; 19 A2; 22 B4
Wroclaw 15 C2
Wuhan 19 E4
Wuyi Shan (cadeia) 7 D15; 18 E4
Wyndham 20 F2

X

Xai Xai 17 G7
Xambré 60 B2
Xambré, r. 60 B2
Xambrê, rib. 60 B2
Xangai 19 D4
Xangri-Lá 63 B4
Xangu, r. 60 D3
Xanxerê 62 B3
Xapuri 40 E6; 42 E2
Xavantina 62 C3
Xi'an 19 E4
Xiamen 19 E4
Xingó, usina de 52 B2; 53 B6
Xingu, r. 12 C4; 39 C/D9; 41 D9; 43 D/E6; 46 C5
Xinguara 43 D7
Xique-Xique 53 C3
Xiruá, r. 42 D3
Xué, r. 42 D3
Xuí, arr. 63 D3

Y

Yablonovyy, mtes. 18 E3
Yakutsk 19 D2
Yamal, pen. 18 G2
Yamoussoukro 4 E9; 17 D3
Yangtze, r. 18 E4; 19 E4
Yangon 5 E14; 19 F5
Yap, i. 20 D3
Yaqui, r. 8 G7
Yaren 20 E6
Yekaterinburg 19 G3
Yellowknife 9 C7
Yellowstone, r. 8 E8
Yokohama 19 D4
Yonne, r. 14 D3
York, c. 20 F4
Yucatán, canal de 8 G10; 9 G10; 10 G2; 11 G2
Yucatán, pen. de 6 D5; 8 G10
Yukagir, plto. de 7 B17; 18 C2
Yukon, r. 6 B2; 8 C2/4; 9 C2/4
Yuma 9 F7
Yuzhno-Sakhalinsk 19 C3

Z

Zacarias 58 C4
Zagreb 15 C3
Zagros, mtes. 7 D12; 18 H4
Zambeze, r. 7 F11; 16 F6/7; 17 F6
ZÂMBIA 5 F11; 17 F6
Zanzibar 17 E7
Zanzibar, i. de 16 E8
Zapala 13 F3
Zaporozh'ye 15 A3
Zaragoza 15 E3
Zé Doca 48 B3
Zeil, mte. 20 G3
Zhengzhou 19 E4
Zhitomir 15 B2
ZIMBÁBUE 5 F11; 17 F6
Zinder 17 C4
Zumbi, pta. do 48 A3
Zurique 15 D3